Licht und Spaß – Elektronisches Basteln mit Licht

René Bohne, Christoph Emonds, Mario Lukas,
Roksaneh Krooß, Lina Wassong, Alex Wenger

O'REILLY®

Beijing · Cambridge · Farnham · Köln · Sebastopol · Tokyo

Kommentare und Fragen können Sie gerne an uns richten:

O'Reilly Verlag
Balthasarstr. 81
50670 Köln
E-Mail: kommentar@oreilly.de

Bibliografische Information Der Deutschen Bibliothek

Die Deutsche Bibliothek verzeichnet diese Publikation in der Deutschen Nationalbibliografie; detaillierte bibliografische Daten sind im Internet über *http://dnb.dnb.de* abrufbar.

Lektorat: Volker Bombien, Köln
Korrektorat: Dr. Dorothée Leidig, Freiburg
Umschlaggestaltung: Michael Oreal, Köln
Produktion: Karin Driesen, Köln
Satz: le-tex publishing services GmbH, Leipzig, *www.le-tex.de*
Belichtung, Druck und buchbinderische Verarbeitung:
Druckerei Mediaprint, Paderborn

ISBN: 978-3-95875-037-1

Dieses Buch ist auf 100% chlorfrei gebleichtem Papier gedruckt.

Inhaltsverzeichnis

Einleitung ix

1. Das Hexentreppentier 1

Material 2

Benötigtes Werkzeug 2

Anleitung 2

Der Marienkäfer 8

Der Drache 8

Der Tiger 9

Das geht auch 10

2. Die Korkenmaus 11

Material 12

Benötigtes Werkzeug 12

Anleitung 13

Das geht auch 18

3. Das Glühwürmchen-Glas 19

Benötigte Bauteile 20

Werkzeuge 20

Die Vorbereitung 20

LEDs und Knopfzellenhalter verlöten . . . 21
Der Bau des Schalters . . . 22
Die Halterung festkleben . . . 24
Die Glühwürmchen leuchten lassen . . . 26

4. Der Color-Twister . . . 29
Benötigte Bauteile . . . 30
Benötigtes Werkzeug . . . 30
Holzbearbeitung . . . 32
Löten . . . 34

5. Mit Licht Grüße versenden: der Platinen-Geschenkanhänger . . . 39
Benötigte Bauteile und Werkzeuge . . . 40
Die Vorbereitung . . . 40
Die Umsetzung . . . 41
Fehlerbehebung . . . 54
So geht's auch . . . 55
Links zu Projekten . . . 56

6. Das Launometer zeigt gute Laune . . . 57
Benötigte Bauteile . . . 58
Die Vorbereitung . . . 60
Die Umsetzung . . . 61
Das Ausprobieren . . . 72
So geht's auch . . . 76
Links . . . 76
Zusammenfassung . . . 76

7. Die leuchtenden Hosenträger . . . 77
Benötigte Bauteile für die LED-Hosenträger . . . 87
Werkzeuge . . . 87
Aufbau . . . 88
Die Installation der LED-Bibliothek . . . 89
Das Hochladen des NeoPixel-Codes . . . 92
Arduino-Leiterplatte vorbereiten . . . 96

Box zusammenbauen ... 98
Die Vorbereitung der LED-Hosenträger ... 100
LED-Streifen zuschneiden ... 100
Klettband anbringen ... 102
LED-Streifen zusammenlöten ... 104

8. Lichtschranken ... 109
Lichtschranke mit Photodiode ... 109
Lichtschranke mit Phototransistor ... 114
Lichtschranke mit Abstandssensoren ... 117
Ausblick ... 122

9. Sonnenlicht aus der Konserve ... 123
Materialien ... 124
Werkzeug ... 124
Schaltung ... 128
Löten ... 129
Wetterfest machen ... 132

10. Laser-Pong: Wer ist hier schneller als das Licht? ... 135
Benötigte Bauteile ... 136
Benötigtes Werkzeug ... 137
Optional ... 137
Der Aufbau beginnt ... 137
Zusammenbau der einzelnen Teile ... 155
Das Spiel ... 158
So gehts auch ... 158
Der Schaltplan ... 161
Links ... 161
Zusammenfassung ... 161

11. Die Milchstraße im Schlafzimmer ... 163
Materialien ... 164
Werkzeug ... 164

12. Die Glasfaserqualle 173
Benötigte Bauteile 174
Werkzeuge 174
Die Vorbereitung 175
Schritt 1: LED-Streifen und PVC-Schlauch zurechtschneiden 175
Schritt 2: Glasfasern vorbereiten 177
Schritt 3: Glasfasern in den Schlauch kleben 177
Schritt 4: LED-Streifen präparieren 180
Schritt 5: Glasfaser-Halterung kleben 180
Schritt 6: Lampe zusammenbauen 181

13. Der LED-Würfel fordert das Glück heraus 185
Benötigte Bauteile 186
Benötigtes Werkzeug 187
Optional 188
Die Einzelteile 188
Zusammenbauen der Elektronik 204
Zusammenbau des Würfels 207
Die Ansteuerung der LEDs 210
So gehts auch 211
Links 212
Zusammenfassung 212

14. Lichtwecker 213
Materialien 214
Werkzeug 214
Übersicht 214
Holzarbeiten 216
Sonnenstrahlen 219
LED-Streifen 221
Software 222
Erweiterungen/Ideen 226
Links 227

15. Infrarot-Thermometer 229
Vorbereitung 230
Einfacher Aufbau auf dem Steckbrett 230
Der Sensor 231
Schaltplan 233
Steckbrett 233
Arduino-Sketch 235
Fehlerbehebung 236
So geht es auch: ein mobiles Thermometer 237
Weiterführende Informationen 260
Ausblick 260
16. Dunkelheitssensor: Wie dunkel ist es? 261
Aufbau auf dem Steckbrett 262
Schaltplan 263
Steckbrett 263
Arduino-Sketch 264
Mobile Version 267
Für Experten 271
So geht es auch: Für Hobby-Astronomen 271
Verbindung mit dem Internet 272
Ausblick 278
17. Die Laserharfe oder Licht hörbar machen 279
Benötigte Bauteile und Werkzeuge 280
Die Umsetzung 281
Fehlerbehebung 297
So geht es auch 299
Links zu Projekten 299
18. Mit Licht die Zeit lesen: die Wortuhr 301
Benötigte Bauteile und Werkzeuge 302
Die Vorbereitung 303
Die Umsetzung 303
Anzeigen der Uhrzeit 312

Fehlerbehebung 319
So geht es auch 319
Links zu Projekten 320

Index 321

Einleitung

Man nehme …

… sechs erfahrene Makerinnen und Maker und bittet sie, sich jeweils drei originelle Elekronik-Bastelprojekte zu überlegen, die man an einem Wochenende bauen kann, sei es allein, sei es gemeinsam.

Dann lädt man diese Makerinnen und Maker zu einem gemeinsamen Wochenende im Januar 2015 nach Leinefelde ein und trägt 18 faszinierende Elektronikprojekte rund um das Thema Licht zusammen und bringt sie in eine sinnvolle Reihefolge. Anschließend gibt man den Lichtkünstlerinnen und -künstlern knappe sechs Wochen Zeit, ihre Projekte zu beschreiben und zu fotografieren und sich gegenseitig zu zeigen.

Heraus gekommen ist dabei ein wunderschönes Bastelbuch zum Thema Licht und Elektronik, das für jeden etwas bereit hält: für den jungen Bastler, der gemeinsam mit seinem Vater eine originelle Papierfigur faltet und sie mit leuchtenden LEDs bestückt (die sich auch auf jedem Geek-Schreibtisch gut macht) genauso wie für die Textilgestalterin, die mithilfe eines Arduino LED-Streifen in allen erdenklichen Farben und Muster auf Textilien zum Leuchten bringen kann. Oder die Laserharfe für die nächste Party, um Musik damit zu machen, oder das selbstgebaute Infrarot-Thermometer für den Hobby-Bierbrauer oder oder oder.

Die Autorinnen und Autoren sowie der Lektor bedanken sich herzlich für die ideelle und materielle Unterstützung ihrer Arbeit bei der Make Light Initiative des BMBF wie auch bei Karina und Stephan Watterott von Watterott Electronic.

Alle Beteiligten wünschen viel Bastelspaß bei *Licht und Spaß – Basteln mit Licht*

Im Mai 2015

René Bohne
Volker Bombien
Christoph Emonds
Mario Lukas
Roksaneh Krooß
Lina Wassong
Alex Wenger

Aufbau des Buches

Die Projekte sind vom Einfachen zum Komplexen hin geordnet. Es wird jeweils angegeben, welche Bauteile benötigt werden. Dabei wurde darauf geachtet, dass die verwendeten Bauteile überall erhältlich sind und nicht teuer sind. Auch zu Beginn wird jeweils angegeben, wie lang ungefähr das Basteln an einem Projekt dauern wird.

Manche Projekte benötigen elektronisches Hintergrundwissen, um die Bastelschritte nachvollziehen zu können. Deshalb erläutern die Autoreninnen und Autoren gelegentlich – vom sonstigen Text abgesetzt – einige Grundlagenthemen der Elektronik. Diese Passagen sind immer als *Themeninsel* bezeichnet.

Gelegentlich sind bei der Bastelei wichtige Dinge zu beachten, es geht ja immerhin auch um Elektrizität, wenn auch meistens in schwacher Form. Oder es werden Materialien und Werkzeuge eingesetzt, bei denen man etwas Besonderes beachten muss. Diese Textstellen wurden mit *Warnung* bezeichnen.

Tipps haben die Autorinnen und Autoren die Passagen genannt, in denen Hinweise gegeben werden, um etwas schneller an ein Bastelziel zu gelangen oder mit denen man einen Schritt etwas eleganter erledigen kann.

Wird Code in den Projekten verwendet, dann steht dieser auch unter *http://github.com/LichtUndSpass* zum freien Download zur Verfügung.

Das Hexentreppentier 1

von Roksaneh Krooß

Abbildung 1-1:
Ein fertiger Marienkäfer

Das Hexentreppentier ist ein kleines Projekt, das sich mit den einfachsten Bauteilen innerhalb von 30 Minuten realisieren lässt. Es eignet sich sehr gut für den Einstieg in das Basteln mit LEDs und Licht, da in dem Projekt erklärt wird, wie ein Stromkreis aufgebaut ist, was die Zeichen + und – auf einer Batterie bedeuten und wie eine LED grundsätzlich funktioniert.

Material

- 2 Bierdeckel (0,20 €)
- 1–2 LED (0,50 €)
- 1 Pappe (1 €)
- 1 Fotokarton (1 €)
- 1 Knopfzellen-Batterie (0,50 €)

Benötigtes Werkzeug

- Tacker
- Klebestift
- Klebeband

Anleitung

Schritt 1

Eine Hexentreppe zu basteln, ist vielen vielleicht schon aus dem Kindergarten bekannt. Dazu werden zwei gleich lange Pappstreifen in einem rechten Winkel aufeinandergeklebt. Um ein Hexentreppentier zu basteln, reichen zwei Streifen von je ca. 25 cm Länge und 1 cm Breite aus.

Weil die Hexentreppe später im Inneren des Tieres verschwindet und von außen nicht mehr sichtbar ist, können dafür auch Pappreste aus dem Haushalt wie alte Tiefkühlpizza-Kartons oder Schachteln verwendet werden.

Abbildung 1-2:
Die Pappstreifen werden aus alten Kartons ausgeschnitten

Im Wechsel werden nun die einzelnen Pappstreifen übereinandergefaltet, bis eine Art Ziehharmonika entsteht.

Abbildung 1-3:
Die Pappstreifen werden aufeinandergelegt und abwechselnd übereinandergefaltet

Schritt 2

Die gebastelte Hexentreppe wird dann in die Mitte eines Bierdeckels geklebt. Damit der Bierdeckel später nicht mehr als Bierdeckel zu erkennen ist, kann man ihn zuvor mit etwas Pappe bekleben.

Abbildung 1-4:
Die gefalteten Pappstreifen werden in die Mitte des Bierdeckels geklebt

Schritt 3

Jetzt muss eine Batteriehalterung gebaut werden, die halb so hoch ist wie die zusammengedrückte Hexentreppe. Dazu faltet man am besten ein Stück Pappe mehrfach, bis sie etwa halb so hoch ist wie die Hexentreppe, und klebt die Pappe kurz hinter der Hexentreppe mit Klebeband fest.

Abbildung 1-5:
Eine „Batteriehalterung" wird hinter der Hexentreppe fixiert

Themeninsel: Die Batterie

Batterien gibt es in vielen verschiedenen Größen und Formen. Sie werden auch als galvanische Zellen bezeichnet. Bei den meisten Projekten in diesem Buch werden Batterien als Stromquellen verwendet.

In sogenannten Schaltplänen, auf die wir an späterer Stelle im Buch zurückkommen werden, werden Batterien als zwei parallele Striche, ein längerer und einen kürzerer, dargestellt.

Abbildung 1-6:
Das Schaltplan-Symbol für einen Batterie

Die beiden Striche stehen jeweils für die beiden Pole einer Batterie. Jede Batterie hat zwei Pole, einen +-Pol und einen −-Pol. Der +-Pol wird auch als Anode bezeichnet. Wenn hingegen der −-Pol gemeint ist, spricht man von einer Kathode. Das ist wichtig, weil die elektrische Ladung in einer Batterie immer nur in ein und dieselbe Richtung fließen kann. Daher spricht man auch von einer Gleichspannung.

Wenn man sich eine Batterie genauer anschaut, erkennt man, dass auf jeder Batterie ein + und ein – aufgemalt oder eingraviert sind. Dadurch weiß man beim Basteln, wie herum die Batterie eingesetzt werden muss.

Batterien gibt es in vielen verschiedenen Formen:

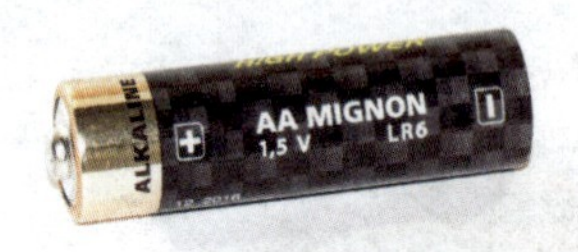

Abbildung 1-7:
Links: Blockbatterie. Mitte: Mignon. Rechts: Knopfzelle.

Für die ersten Projekte in diesem Buch reicht eine Knopfzelle aus. Sie heißt so, weil sie an einen Hosen- oder Jackenknopf erinnert. Je mehr LEDs jedoch bei den Projekten zum Einsatz kommen, desto komplexer wird auch die Stromversorgung der Projekte.

Schritt 4

Mit einem zweiten Stück Klebeband kann man nun die Batterie auf der Pappe befestigen. Dabei ist darauf zu achten, dass der +-Pol der Batterie nach oben zeigt.

Abbildung 1-8:
Die Batterie wird auf der Halterung fixiert

Im nächsten Schritt wird die LED durch die Hexentreppe geschoben. Es ist wichtig, dass sich das kürzere Bein der LED unter der Batterie befindet. Das längere Bein der LED liegt mit etwas Abstand über dem +-Pol der LED.

Abbildung 1-9:
Die LED wird durch die Hexentreppe hindurchgesteckt und mit der Batterie verbunden

Themeninsel: Die LED

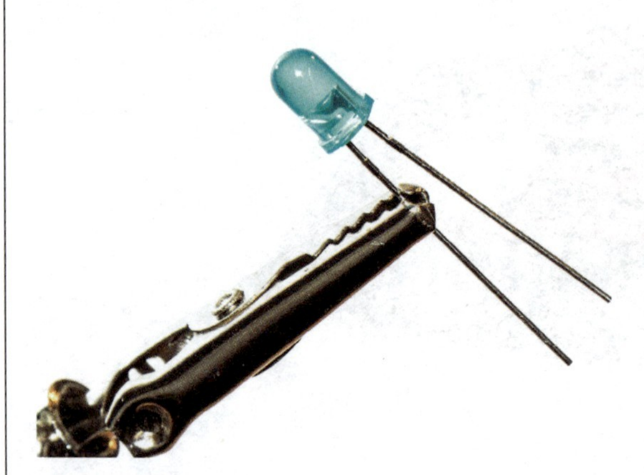

Abbildung 1-10:
LED

Eine LED oder auch Leuchtdiode wird in den meisten Projekten dieses Buches als Lichtquelle verwendet. LEDs leuchten, sobald elektrischer Strom durch sie hindurchfließt, zum Beispiel der Strom aus einer Batterie.

Wie bei einer Batterie fließt auch bei einer LED der Strom nur von einer bestimmten Richtung in die andere. Man spricht dann von der sogenannten Durchlassrichtung. Deshalb haben LEDs auch wie Batterien einen Plus- und einen Minuspol.

Welcher der Plus- bzw. Minuspol der Leuchtdiode ist, lässt sich testen, indem man ein Bein der LED an den Plus- und das andere an den Minuspol der Knopfzelle hält. Ist die Polung korrekt, wird die LED leuchten. Leuchtet die LED nicht, sollte sie aufleuchten, sobald man die Position der Beine tauscht. Gerade wenn man das erste Mal mit LEDs arbeitet, sollte man diesen Test einmal durchführen, um mit der Polung vertraut zu werden.

Bei den meisten LEDs haben daher auch die beiden Beinchen unterschiedliche Längen. In den meisten Fällen handelt es sich bei dem längeren Beinchen um den Pluspol. Das muss jedoch nicht immer der Fall sein und sollte vor dem Basteln mit LEDs immer getestet werden. Mit Permanent-Marker kann der Pluspol dann gekennzeichnet werden. Das hilft, um die Pole während des Bastelns voneinander unterscheiden zu können, denn manchmal müssen die Beine geknickt oder gekürzt werden. Durch die Markierung kann man sich von Anfang an Frust und Arbeit ersparen.

Schritt 5

Sobald die Batterie befestigt und die LED in die Hexentreppe geklemmt wurde, kann man einen zweiten Bierdeckel auf das obere Ende der Hexentreppe kleben.

Abbildung 1-11:
Der zweite Bierdeckel wird nun von oben auf die Hexentreppe geklebt

Anschließend werden die beiden Bierdeckel hinter der Hexentreppe zusammengetackert.

Abbildung 1-12:
Die beiden Bierdeckel werden hinter der Hexentreppe mit Hilfe eines Tackers verbunden

Wenn nun die beiden Bierdeckel aufeinandergedrückt werden, sollte die LED leuchten. Sobald der Druck nachlässt, sollte auch die LED aufhören zu leuchten.

Leuchtet die LED jedoch nicht, ist zu prüfen, ob beide Beine im zusammengedrückten Zustand auch wirklich die Batterie berühren, ob die Polung richtig ist oder ob die Batterie leer ist.

Schritt 6

Wenn die LED aufleuchet, kann man sich dem Äußeren des Tieres widmen. Dabei sind der Kreativität keine Grenzen gesetzt. Hier ein paar Vorschläge:

Der Marienkäfer

Die Bierdeckel werden zu Beginn des Bastelvorgangs mit schwarzer Pappe beklebt. Aus roter Pappe lassen sich nun zwei Flügel ausschneiden und mit schwarzen Punkten bekleben. Sobald die Grundkonstruktion des Hexentreppentieres fertig ist, können die Flügel auf die obere Pappe aufgeklebt werden. Wenn man die Flügel nur an der vorderen Seite anklebt und anschließend ein bisschen nach oben knickt, wirkt der Marienkäfer direkt viel plastischer.

Abbildung 1-13:
Marienkäfer

Der Drache

Die Bierdeckel werden zu Beginn mit grüner Pappe beklebt. Aus einer schwarzen Pappe werden zwei Halbkreise geschnitten. Knickt man sie 2 mm von den Halbkreisen um, kann man sie als Augen auf den oberen Deckel kleben. Es sieht realistischer aus, wenn man zusätzlich einen weißen Punkt in die Augen klebt und in deren Mitte eine Pupille einzeichnet.

Aus einer anderen farbigen Pappe kann man einen Streifen ausschneiden, aus dem man auf einer Seite Dreiecke herausschneidet, so dass Zacken entstehen. Wer eine Zackenschere besitzt, kann die Dreiecke natürlich auch damit herausschneiden.

Die andere Seite des Streifens wird im Abstand von 1 cm etwa 3 mm tief senkrecht eingeschnitten. Wenn man diese Einschnitte abwechselnd nach rechts und links umknickt, kann man sie als Klebefläche benutzen und den Streifen auf die Mitte des Deckels kleben. So erhält man einen Kamm auf dem Drachenrücken. Natürlich darf der Drache auch zum Krokodil werden – wie bereits erwähnt, sind der Kreativität keine Grenzen gesetzt.

Abbildung 1-14:
Drache

Der Tiger

Die Bierdeckel werden zu Beginn des Bastelvorgangs mit gelber oder orangefarbener Pappe beklebt. Aus schwarzer Pappe kann man aus freier Hand Streifen ausschneiden.

Die Streifen müssen nicht gerade sein. Dies gibt dem Tiger später einen natürlicheren Effekt. Im Anschluss werden die Streifen auf die Bierdeckel geklebt.

Für die Augen kann man wie beim Drachen Halbkreise aus schwarzer Pappe ausschneiden. Wenn man die gerade Seite ein Stück umknickt, erhält man eine Klebefläche und kann so die Augen auf die Bierdeckel kleben. Kleinere weiße Punkte kann man verwenden, um die Augen realistischer zu gestalten. Die Pupillen lassen sich einfach mit einem schwarzen Stift einzeichnen.

Abbildung 1-15:
Tiger

Das geht auch

Statt die Bierdeckel zu Beginn des Bastelvorgangs zu bekleben, kann man sie auch bemalen. Dabei ist jedoch zu beachten, dass die Zeit mit eingeplant werden sollte, die die Farbe zum Trocknen benötigt.

Warum nicht einfach mal 2 LEDs nebeneinander in der Hexentreppe fixieren? Dies sieht ein bisschen so aus, als ob das Tier zwei Zähne hätte.

Die Korkenmaus 2

von Roksaneh Krooß

Abbildung 2-1:
Die fertig gebastelte Korkenmaus

Bei der Korkenmaus handelt es sich um ein Projekt, das mit einfachen Materialien, die man im Haushalt findet, umsetzbar ist. Im Vergleich zum ersten Projekt dieses Buches kommt neben den Funktionen der Batterie und der LED nun das Löten hinzu.

Material

- 1 Korken aus echtem Kork (0,20 €)
- 1 LED (0,50 €)
- 1 Plastiklöffel (0,50 €)
- 1 Batteriehalter (1 €)
- 1 Knopfzellen-Batterie (0,50 €)
- 1 Zahnstocher (0,05 €)

Benötigtes Werkzeug

- Lötkolben
- Lötzinn
- Abisolierzange
- Kabel
- Zange
- Dritte Hand
- Schere
- Schraubenzieher
- (Teppich-) Messer
- Filzstift

Für die Korken kann man einfach mal die lokalen Weinhändler ansprechen. Sie haben meistens Korken vorrätig und freuen sich, dass die benutzten Korken eine kreative Weiterverwendung erfahren.

Abbildung 2-2:
Korken aus Kork

Anleitung

Um das Projekt nachzubauen, einfach die folgenden Schritte ausführen.

Schritt 1

Zunächst wird der Korken vorbereitet. Dazu wird der Korken am Kopf mittig rechts und links mit einem Messer eingeschnitten. Dies dient dazu, später die LED zu fixieren.

Dazu kann man den Batteriehalter schon versuchsweise an die Rückseite des Korkens stecken, um ein Gefühl dafür zu bekommen, an welcher Stelle der Korken eingeschnitten werden muss. Danach kann man den Korken zunächst zur Seite legen und sich der LED widmen.

Abbildung 2-3:
Den Korken einschneiden

Schritt 2

Die beiden Beine der LED werden nach außen geknickt. Gerade hier ist es wichtig, den Pluspol der LED zu markieren. Wenn man die Beine der LED um den Korken gelegt hat, sind die beiden Pole sonst schwer auseinanderzuhalten.

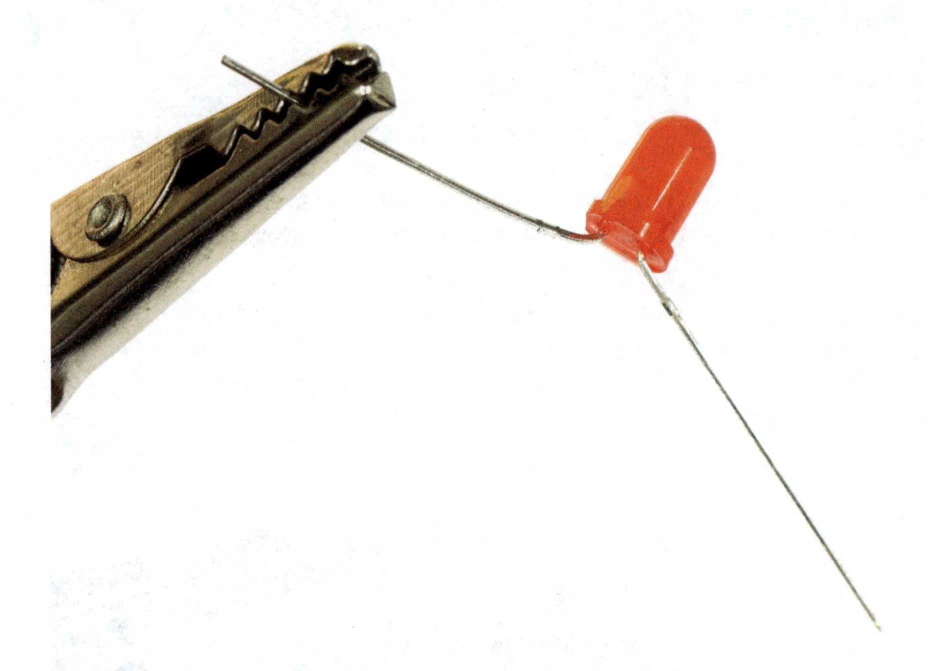

Abbildung 2-4:
Die beiden Beine der LED werden nach außen geknickt

Schritt 3

Nun wird die Batteriehalterung bearbeitet. Auf der Rückseite des Batteriehalters befinden sich zwei kleine Pins. Sie sind als Verlängerungen des Pluspols und des Minuspols zu betrachten. Der Pin, der mit der oberen Klemme des Batteriehalters verbunden ist, ist die Verlängerung des Pluspols und muss somit später mit dem Pluspol der LED verbunden werden. Der Pin, der mit der Unterseite des Batteriehalters verbunden ist, ist die Verlängerung des Minuspols und muss demnach später mit dem Minuspol der LED verbunden werden.

Themeninsel: Löten

Löten wird verwendet, um verschiedene Werkstoffe miteinander zu verbinden oder, wie man in der Fachsprache sagt, zu »fügen«. Beim Löten wird mit Hilfe eines Lötkolbens sogenanntes Lötzinn erhitzt und an der Stelle aufgetragen, an der die Werkstoffe miteinander verbunden werden sollen. Um die richtige Technik zu erlernen, findet man inzwischen viele Videos im Internet, die das Grundprinzip des Lötens sehr gut zeigen.

Schritt 4

Um den Abstand zwischen den Beinen der LED und der Batteriehalterung zu überbrücken, werden Kabel auf die Länge des Korkens plus etwa 1,5 cm zurechtgeschnitten. Zum Löten wird zunächst mit der Abisolierzange etwa 1,5 cm der Kabelisolierung beider Kabel entfernt, so dass die Kupferdrähte zum Vorschein kommen. Da die Drähtchen nun in alle Richtungen stehen, müssen sie in eine Richtung miteinander verdreht werden. Mit etwas Übung funktioniert das mit einem einfachen Handgriff.

Es ist empfehlenswert, das gedrehte Kabel vor dem Löten an den anderen Werkstoff »vorzuverzinnen«. Das bedeutet, dass einfach ein bisschen Lötzinn auf das Kabel aufgetragen wird. Zum einen dient das dazu, dass sich das Kabel nicht wieder aufdreht, zum anderen braucht man im späteren »Fügevorgang« nicht ganz so viel Lötzinn. Jetzt werden die Kabel und die Pins aneinandergelötet.

Dazu wird ein bisschen Lötzinn direkt unterhalb der Batteriehalterung auf die Pins aufgetragen. Die vorverzinnten Kabelenden werden nun um die vorverzinnten Stellen der Pins gewickelt und zusammengelötet.

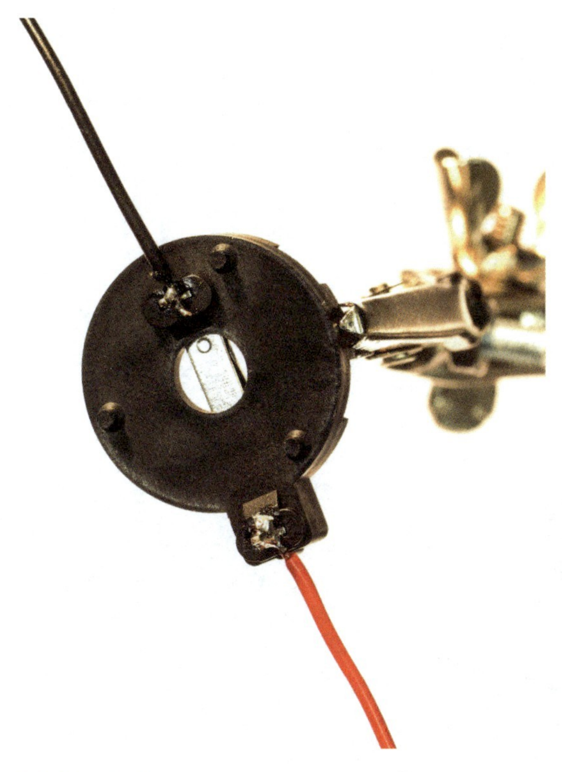

Abbildung 2-5:
Die Kabelenden werden um die Pins gewickelt und zusammengelötet

Sobald das Lötzinn abgekühlt ist, wird der Batteriehalter mit den Pins endgültig auf die Rückseite des Korkens gesteckt.

Dabei muss man darauf achten, dass der Plus- und der Minuspol auf der Höhe der Einschnitte bzw. der LED-Beinchen liegen.

Die Batteriehalterung muss so gedreht sein, dass die Kabel unter den Einschnitten am Korken-Kopf liegen. Hierbei ist es wichtig, dass Plus- und Minuspol mit der Ausrichtung der LED übereinstimmen.

Abbildung 2-6:
Die Batteriehalterung wird auf die Rückseite des Korkens gesteckt

Schritt 5

Anschließend wird die LED auf den Kopf des Korkens gesetzt und die Beinchen werden links und rechts in die Einschnitte gedrückt.

Abbildung 2-7:
Die Beinchen der LED werden in die Einschnitte des Korkens gedrückt

Nach dem Vorverzinnen werden die beiden anderen Kabelenden jeweils an die Beine der LED gelötet und so mit der Batterie verbunden.

Abbildung 2-8:
Die Kabelenden werden an die Beine der LED gelötet

Indem man eine Batterie in die Batteriehalterung steckt, kann man überprüfen, ob die Konstruktion funktioniert. Wenn die Polung stimmt und alle Lötstellen sauber gefügt sind, sollte die LED nun leuchten.

Sollte das nicht der Fall sein, ist zu überprüfen, ob die Pole richtig zusammengelötet wurden oder ob die Batterie leer ist.

Um die Batterie nicht jedes Mal aus der Halterung nehmen zu müssen, um den Stromfluss zu unterbrechen, kann man einfach ein Stück Papier zwischen die Batterie und die obere Klemme der Halterung schieben. So kann man nun auch problemlos mit der Konstruktion weiterbasteln.

Schritt 6

Nun folgt der kreative Teil. Mit einer Schere werden die Stiele zweier Plastiklöffel bis ca. 1 cm vor der Laffe (d. h. der Löffelschale) abgeschnitten. Die Laffen sollen später als Ohren dienen. Die Löffelstiele werden aufbewahrt. Sie werden noch einmal in der Mitte geteilt und dienen später als Beine der Korkenmaus.

Mit einem Schlitzschraubenzieher werden an den Stellen, an denen sich die Ohren und die Beine der Korkenmaus befinden sollen, Löcher in den Korken gestochen.

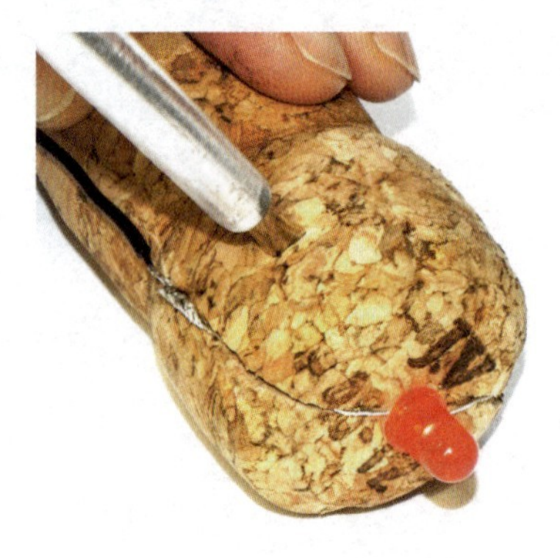

Abbildung 2-9:
Die Löcher für die Ohren und Beine werden mit einem Schraubenzieher vorgestochen

Mit der Schere schneidet man nun Ohren und Beine auf die Breite des Schraubenziehers zurecht. Anschließend können sie in die vorgebohrten Löcher gesteckt werden

Abbildung 2-10:
Die Ohren werden in die vorgebohrten Löcher des Korkens gesteckt

Falls die Beine zu sehr wackeln, sollten die Löcher noch einmal tiefer nachgebohrt werden. Statt der Löffelstiele lassen sich auch Zahnstocher für die Beine verwenden. Für ein paar Schnurrhaare können Zahnstocher neben die LED in den Korken gestochen werden. Zum Schluss werden die Augen auf den Korken gemalt.

Das geht auch

Es müssen nicht immer Mäuse sein. Mit Plastikgabeln lassen sich z. B. wunderbar Hirsche oder Rentiere basteln – vielleicht sogar als Schmuck für den Weihnachtsbaum.

Das Glühwürmchen-Glas 3

von Lina Wassong

Abbildung 3-1:
Das fertige Glühwürmchen-Glas

Das Glühwürmchen-Glas ist ein schönes Einsteigerprojekt, um die Funktion eines elektrischen Schalters kennenzulernen. Es wird eine bedrahtete SMD-LED an eine Batteriehalterung gelötet und in den Deckel eines Konservenglases geklebt. Drückt man auf den Deckel, leuchten die Glühwürmchen im Glas auf. Das Projekt ist in weniger als 30 Minuten zusammengebaut, man braucht nur Grundkenntnisse im Löten.

Benötigte Bauteile

Abbildung 3-2:
Benötigte Bauteile für das Glühwürmchen-Glas

- Bedrahtete SMD-LED (2 €)
- 1 Knopfzellenhalter Ø 20 mm (1 €)
- 1 Knopfzelle CR2032 (0,50 €)
- 1 Konservenglas (1 €)

Werkzeuge

- Lötkolben
- Lötzinn
- Heißklebepistole
- Zange
- Dritte Hand

Die Vorbereitung

Es ist wichtig, ein Konservenglas mit einer Ausprägung im Deckel zu benutzen, damit man sie später als An/Aus-Schalter herunterdrücken kann. Das Etikett sollte entfernt werden, am besten in heißem Wasser mit viel Spülmittel.

LEDs und Knopfzellenhalter verlöten

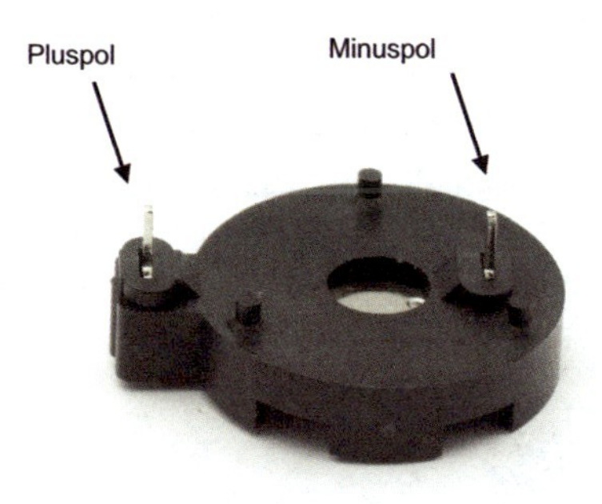

Abbildung 3-3:
Plus- und Minuspol des Knopfzellenhalters

Als Erstes werden die bedrahteten LEDs an den Knopfzellenhalter gelötet. Das längere Kabel der LED muss mit dem Pluspol und das kürzere Kabel mit dem Minuspol verlötet werden. Das Beinchen unter der Auskerbung des Knopfzellenhalters ist der Pluspol. Es ist die Verlängerung des oben aufliegenden langen Metallclips. Die Verlängerung des im Plastik eingelassenen Metallbeins ist der Minuspol. Wenn die Knopfzelle in die Halterung geschoben wird, ist der Pluspol der Batterie also oben.

Abbildung 3-4:
Die Kabel der SMD-LEDs werden an den Knopfzellenhalter gelötet.

Die Plus- bzw. Minuspolkabel der beiden LEDs sollten gleichzeitig an die Batteriehalterung gelötet werden, damit sie sich bei einem zweiten Lötvorgang nicht wieder lösen. Zu diesem Zweck werden die beiden Plus- bzw. Minuspolkabel an den Spitzen miteinander verdreht. Anschließend werden die Kabel mit dem entsprechenden Pol des Knopfzellenhalters zusammengelötet. Eine Dritte Hand ist hier sehr hilfreich, um die Bauteile richtig zu positionieren. Anschließend kann die Knopfzelle in die Halterung geschoben werden, um zu überprüfen, ob die LEDs leuchten. Wenn ja, wurde alles richtig gemacht. Sollten die LEDs nicht leuchten, sind evtl. die Kabel falsch verlötet und sollten nochmals überprüft werden.

Abbildung 3-5:
Die Schalter wird heruntergedrückt, und die LEDs leuchten auf.

Der Bau des Schalters

> **Themeninsel: Der elektrische Schalter**
>
> Mit einem elektrischen Schalter kann der Stromkreis geschlossen oder unterbrochen werden. Es fließt Strom, wenn der Schalter geschlossen ist. Steht der Schalter offen, wird die elektrisch leitende Verbindung getrennt, und es kann kein Strom fließen.

Damit die Batteriehalterung zu einem An/Aus-Schalter wird, muss der Kontakt zwischen dem oben aufliegenden Metallbeinchen und der Batterie unterbrochen werden. Hierzu wird der Metallclip mit einer Pinzette oder Zange soweit hochgedrückt, bis er die Batterie im Knopfzellenhalter nicht mehr berührt. Aber Vorsicht, das Metall kann schnell durchbrechen. Die Batterie dient jetzt als einfacher An/Aus-Schalter: Im Ruhezustand berühren sich das Metallbeinchen und die Knopfzelle nicht, und es fließt kein Strom.

Abbildung 3-6:
Der Metallclip wird hochgedrückt.

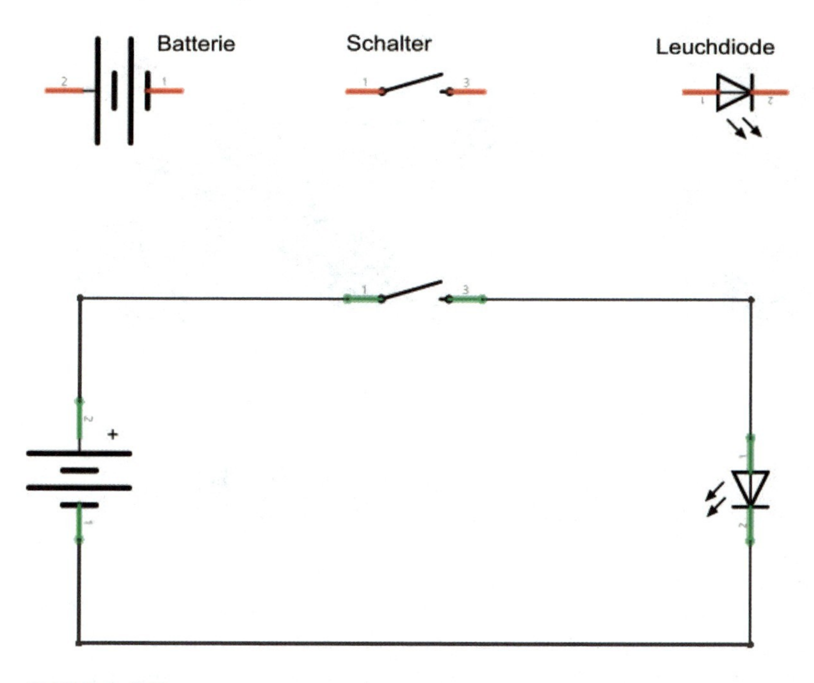

Abbildung 3-7:
Der Schalter des Stromkreises steht offen.

Wenn der Metallclip heruntergedrückt wird, ist der Stromkreislauf geschlossen, und die LEDs leuchten wieder.

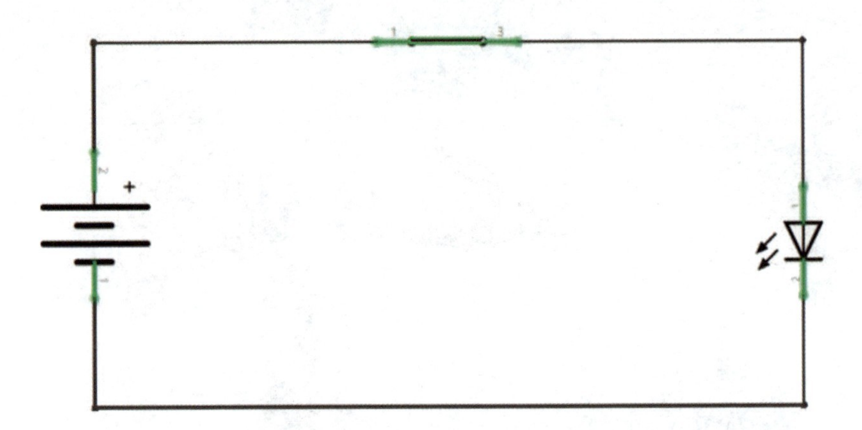

Abbildung 3-8:
Der Stromkreis ist geschlossen.

Die Halterung festkleben

Abbildung 3-9:
Heißkleber wird auf den Deckel aufgetragen.

Der Knopfzellenhalter mit den LEDs ist jetzt fertig vorbereitet, und die Batterie kann eingesetzt werden. Im nächsten Schritt wird die Halterung mit einer Heißklebepistole auf die Unterseite des Deckels geklebt. Als Erstes wird Heißkleber kreisförmig auf der Innenseite des Deckels aufgetragen. Der Kreis sollte den Durchmesser des Knopfzellenhalters haben und mittig unter der Einprägung platziert werden.

Abbildung 3-10:
Der Knopfzellenhalter wird auf den Kleber gedrückt.

Anschließend wird die Halterung mit dem Metallclip nach oben auf den Heißkleber gedrückt. Damit der Schalter besser hält, wird er zusätzlich an den Seiten festgeklebt.

Abbildung 3-11:
Der Schalter wird nochmals festgeklebt.

Es ist wichtig, den Knopfzellenhalter auf den Kleber zu drücken, bis er getrocknet ist. Die LEDs können währenddessen ruhig aufleuchten. Nun kann der An/Aus-Schalter getestet werden, indem die Ausprägung des Deckels heruntergedrückt wird. Der Metallclip wird auf die Knopfzelle gedrückt, und der Stromkreis schließt sich. Die LEDs werden mit elektrischer Energie versorgt und leuchten auf.

Es ist wichtig, den richtigen Abstand zwischen Deckel und Batteriehalterung zu finden, damit die Ausprägung im Deckel als Schalter funktionieren kann. Dies erfordert etwas Fingerspitzengefühl. Sollten die LEDs permanent leuchten, wurde die Halterung zu nah am Deckel befestigt. Mit der Spitze der Heißklebepistole kann der Kleber wieder geschmolzen und die Batteriehalterung mit einem größeren Abstand zum Deckel angeklebt werden. Leuchten die LEDs nicht auf, obwohl die Ausprägung heruntergedrückt wird, ist der Abstand zwischen Deckel und Knopfzellenhalter zu groß. Auch hier kann der Kleber wieder geschmolzen werden, um die Halterung dichter an den Deckel zu kleben.

Die Glühwürmchen leuchten lassen

Abbildung 3-12:
Der Draht wird aufgewickelt.

Funktioniert der An/Aus-Schalter, ist das Glühwürmchen-Glas fast fertig. Wickelt man die Drähte zu einer Spirale auf, fangen die Glühwürmchen an zu schwirren, sobald das Glas bewegt wird.

Abbildung 3-13:
Der Deckel wird zugeschraubt.

Zuletzt wird der Deckel auf das Konservenglas geschraubt, und die Glühwürmchen können zum Leuchten gebracht werden. Viel Spaß!

Abbildung 3-14:
Das fertige Glühwürmchen-Glas

Der Color-Twister 4

von Alex Wenger

Abbildung 4-1:
Der Color-Twister in Aktion

Der Color-Twister ist ein lustiges LED-Spielzeug für Groß und Klein. Bunte Farbwirbel schweben schwerelos in der Luft, wenn man an der Schnur zieht. Dieses Projekt eignet sich auch für jüngere Bastler und für kleine Gruppen, zum Beispiel auf einem Kindergeburtstag oder bei einem Schulprojekt.

Benötigte Bauteile

- 2 Rainbow-LEDs
- 1 Holz ca. 90 × 25 × 8 mm
- 1 Batteriehalter für CR2032 plus Batterie
- 2 Rüttelschalter
- Litze

Benötigtes Werkzeug

- Lochsäge, Schmirgelpapier, Bohrer (2 und 4–6 mm)
- Lötkolben, Lötzinn

Themeninsel: Was ist Licht?

Das was wir als Licht wahrnehmen, ist elektromagnetische Strahlung in einem bestimmten Wellenlängenbereich. Langsame elektromagnetische Wellen kennen wir als Funkwellen für Radio, Fernsehen und W-Lan. Wird die Frequenz immer höher, so kommen wir über den Bereich der Wärmestrahlung in den Bereich des sichtbaren Lichts. Noch weiter oben kommen die Röntgen- und die Gammastrahlung.

Elektromagnetische Wellen können sowohl mit einer Frequenz, z. B. 100 Mhz, als auch mit der dazugehörigen Wellenlänge, in diesem Fall 2,99 m, beschrieben werden.

Unsere Augen können Frequenzen von 384 bis 760Thz beziehungsweise Wellenlängen von 780 bis 390 nm wahrnehmen, wobei die Grenzen nach oben und unten fließend sind. Grünes Licht können wir bei gleicher Intensität viel heller wahrnehmen als Rot und Blau.

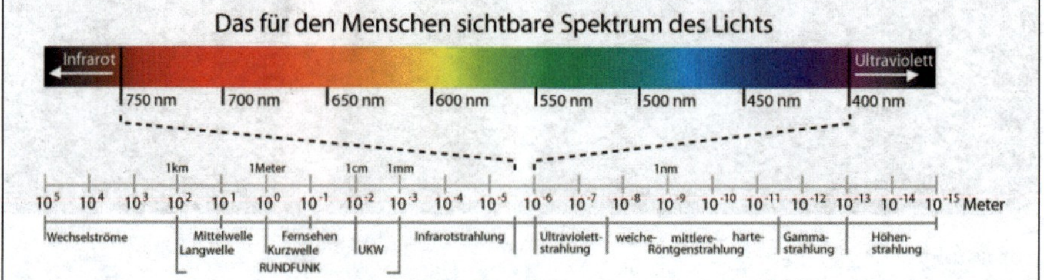

Abbildung 4-2:
Quelle: Horst Frank at the German language Wikipedia

Viele Jahrtausende lang hat der Mensch sich an Licht, das durch Hitze erzeugt wird, gewöhnt (Sonne und Feuer). Helles Tageslicht empfinden wir deshalb als weiß, obwohl es aus allen Farben/ Wellenlängen im sichtbaren Bereich zusammengemischt ist.

Wenn man durch einen geeigneten Gegenstand (Prisma oder eine CD) hindurchsieht, wird das Licht wieder in seine Bestandteile aufgespalten, und wir können die Zusammensetzung aus den einzelnen Farben erkennen. Mit einer CD ausgestattet, kann man seinen Haushalt nach den verschiedenen Leuchtmitteln (LED, Leuchtstoffröhren, Energiesparlampen, Glühbirnen) durchsuchen. Blickt man in einem bestimmten Winkel durch die CD, kann man schön erkennen, dass Glühbirnen ein vollständiges Spektrum besitzen (also einen Regenbogen ohne leere Stellen darin) und dass die meisten anderen Lichtquellen einzelne Farbbereiche abdecken, manche decken nur drei Farbbereiche ab. Gutes Licht sollte immer aus möglichst vielen, d. h. mehr als 4 bis 5 Farben bestehen, sonst ist die Erkennbarkeit von Farben nur schwer möglich.

Farbtemperatur

Die Farbtemperatur ist ein Maß dafür, welche Art Weiß von einer weißen Lichtquelle abgestrahlt wird.

Erhitzt man einen schwarzen Gegenstand immer weiter, so fängt er langsam an, rot zu glühen und wird über Orange und Gelb immer weißer. Diese Farbverschiebung nennen wir Farbtemperatur.

Auf Energiesparlampen und LEDs finden wir oft eine Farbtemperaturangabe oder mindestens die Angabe Warmweiß oder Kaltweiß. Eine Lampe mit einer Farbtemperatur von 2700 K (~ 2427 °C) hat also ungefähr dieselbe Farbe wie ein schwarzer Gegenstand, der gerade auf 2427°C erhitzt wurde, und leuchtet damit schon ziemlich gelb/orange. Schön sieht man diesen Effekt, wenn man eine Glühbirne herunterdimmt, denn dann wird der Draht in der Lampe immer kälter und die Farbe zugleich immer röter.

Themeninsel: Was ist eine »Rainbow-LED«?

Im eigentlichen Sinn ist das gar keine richtige LED. Schaut man sich diese LED mit einer Lupe genauer an, so erkennt man, dass sich darin drei LED-Kristalle und eine kleine Elektronik befinden. Diese Elektronik erzeugt durch geschicktes Ein- und Ausschalten der drei roten, grünen und blauen LEDs bunte Farbübergänge. Schon bei der Herstellung wird festgelegt, ob die LED später eher hektisch schnell blinkt oder langsam und gemütlich von einer Farbe zur anderen wechselt.

Abbildung 4-3:
Das Innere einer Rainbow-LED. Man sieht die drei LEDs, den Steuerschaltkreis und die verbindenden Golddrähte

Anders als normale LEDs benötigen sie keinen Vorwiderstand, sondern können einfach an eine Spannung zwischen 3,3 und 6 V angeschlossen werden. Die integrierte Elektronik sorgt für den richtigen Strom für die eingebauten LEDs.

Höhere Spannungen funktionieren meistens, wenn man einen Vorwiderstand verwendet. Da ein Vorwiderstand aber nur bei konstantem Strom einsetzbar ist und die LED ja dauernd ihre Farbe und Helligkeit ändert, kann die LED durch die zeitweilig zu hohe Spannung kaputtgehen. Auf den oft sehr kurzen Datenblättern steht dazu meistens überhaupt nichts, somit geschieht die Verwendung eines Vorwiderstands für den Betrieb an einer höheren als im Datenblatt angegebenen Spannung auf eigenes Risiko.

Holzbearbeitung

Abbildung 4-4:
Lochsäge

Mit einer Lochsäge aus einen 2–3 cm dicken Holzbrett einen Kreis von ca. 68–80 mm Durchmesser ausschneiden. Das Holzbrett dabei unbedingt mit einer Schraubzwinge an der Werkbank befestigen.

Elektrische Werkzeuge wie Sägen und Bohrmaschinen sollten nur unter Aufsicht eines Erwachsenen verwendet werden. Das Holz dabei immer einspannen und nicht mit der Hand festhalten.

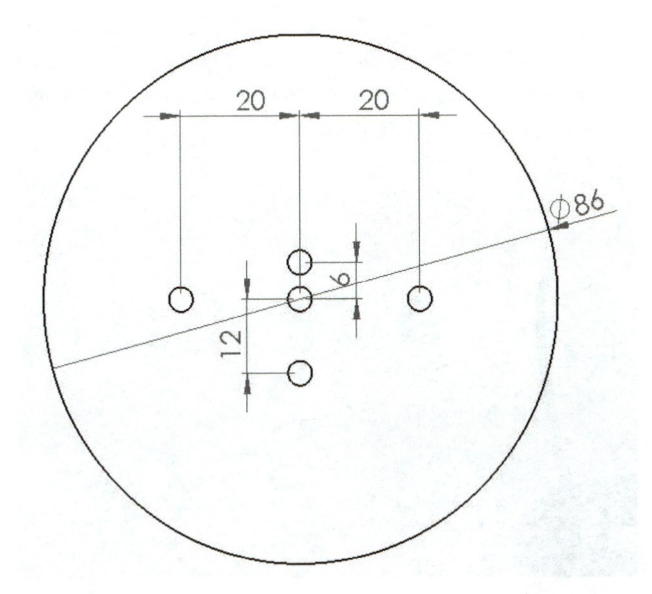

Abbildung 4-5:
Maße für das Sägen und Bohren der Holzscheibe

Mit einem 4 mm-Bohrer werden die vier Löcher für den Batteriehalter und die Schnur gebohrt. Als Nächstes werden vier Löcher für die LED-Beine gebohrt. Dafür reicht ein dünner 2–3 mm-Bohrer. Die Löcher werden von der Stirnseite im 45°-Winkel nach hinten gebohrt, so dass die LED-Beine später auf der Rückseite wieder herauskommen.

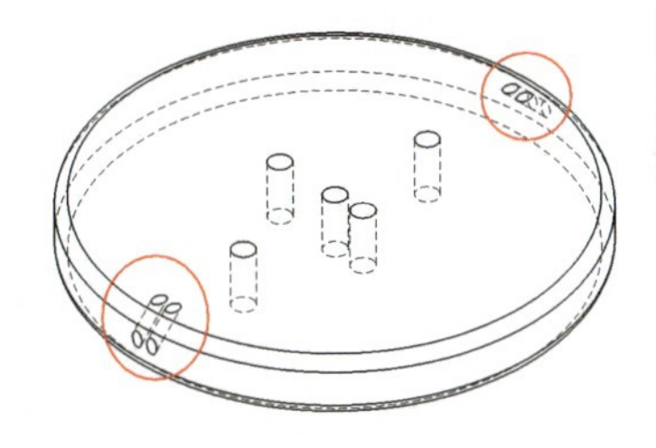

Abbildung 4-6:
Links: Hier kommen die LEDs hin. Mitte: Löcher gebohrt. Rechts: LEDs zur Probe durchgesteckt.

Nachdem die Bauteile zur Probe montiert wurden und alles passt, kann das Holz mit Schmirgelpapier bearbeitet werden, bis alle Kanten schön gerundet sind. Zuerst mit dem groben 80er-Schmirgelpapier, dann mit 200er- und 400er-Schleifpapier. Jetzt sind alle Holzarbeiten beendet, der Arbeitsplatz kann gereinigt und für die Lötarbeiten vorbereitet werden.

Löten

Als Erstes löten wir an den Batteriehalter zwei ca. 2,5 cm lange Kabel. Ein rotes an den Plus- und ein schwarzes Kabel an den Minuspol. Der Batteriehalter wird mit Heißkleber auf dem Holz befestigt. Jetzt kann gleich die Batterie eingelegt werden, und indem man die LED auf der Rückseite an die beiden Anschlüsse hält, kann man herausfinden, wie herum die LEDs eingebaut werden müssen.

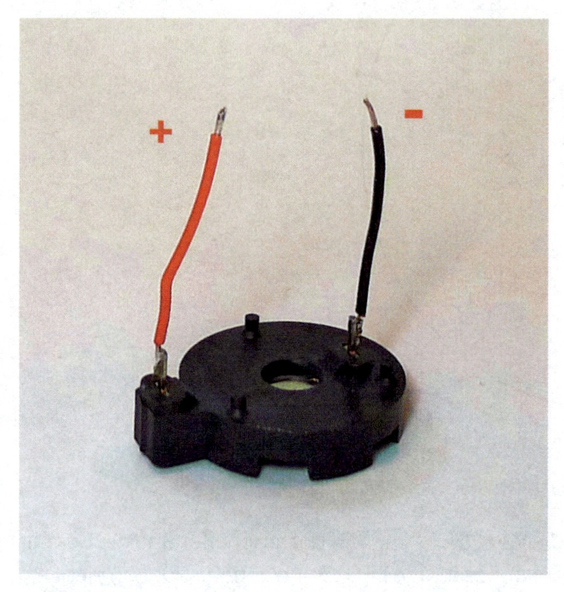

Abbildung 4-7:
Batteriehalter mit Kabeln

Die richtige Plazierung der beiden Rüttelschalter ist für die Funktion wichtig. Dazu muss man wissen, wie ein Rüttelschalter im Inneren aufgebaut ist. In den meisten Fällen besteht er aus zwei Kontakten und einer Kugel oder einem anderen beweglichen Teil, das in einer bestimmten Lage die beiden Kontakte miteinander verbindet.

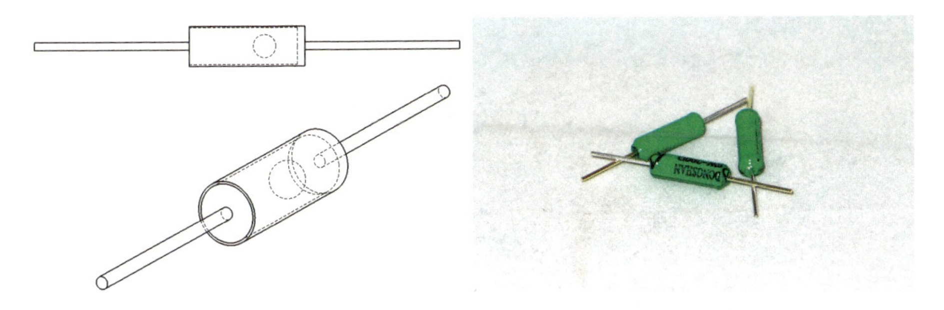

Abbildung 4-8:
Links: Innenleben eines Rüttelschalters. Rechts: Rüttelschalter.

Mit dem Multimeter im Durchgangsprüfermodus kann die richtige Lage bestimmt werden, wo der Schalter einschaltet. Bei den hier verwendeten Schaltern ist das der Moment, wenn der goldene Pin nach unten zeigt. Diese Seite kommt beim Color-Twister in Richtung Außenseite. So können niemals beide Schalter schließen, ganz gleich, wie man den Color-Twister dreht; die LED leuchtet also nicht, wenn der Twister nur einfach so herumliegt. Erst durch die Zentrifugalkraft bei einer Drehung um die eigene Achse werden beide Rüttelschalter gleichzeitig geschlossen, und die LEDs können leuchten.

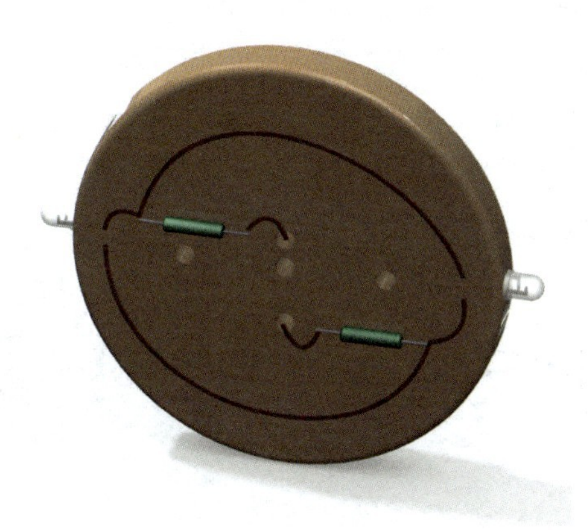

Abbildung 4-9:
Skizze, wie am Ende alles angeordnet sein müsste

Die Beinchen der beiden LEDs werden durch die Löcher in der Stirnseite gesteckt und umgebogen, so dass die LEDs nicht mehr herausfallen können.

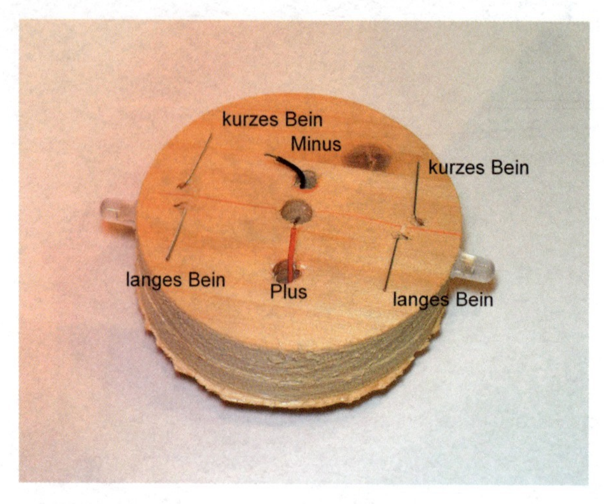

Abbildung 4-10:
Die LEDs müssen genau richtig herum eingebaut werden, sonst können diese nicht leuchten.

Das schwarze Kabel des Batteriehalters wird mit einem Rüttelschalter verlötet und das andere Ende des Rüttelschalters mit einem kurzen Bein einer der beiden LEDs. Damit beide LEDs leuchten können, kommt ein weiterer Draht von dem einen kurzen Bein der einen LED zur anderen LED und wird dort auch mit dem kurzen Bein verlötet.

Dasselbe wird jetzt auch mit dem roten Kabel des Batteriehalters gemacht, nur dass hier der zweite Rüttelschalter mit den langen Beinen der LEDs verbunden wird.

Es fehlt nun nur noch eine ca. 1,5–2 m lange Schnur, die durch die beiden seitlichen Löcher gezogen und zu einem Kreis verknotet wird.

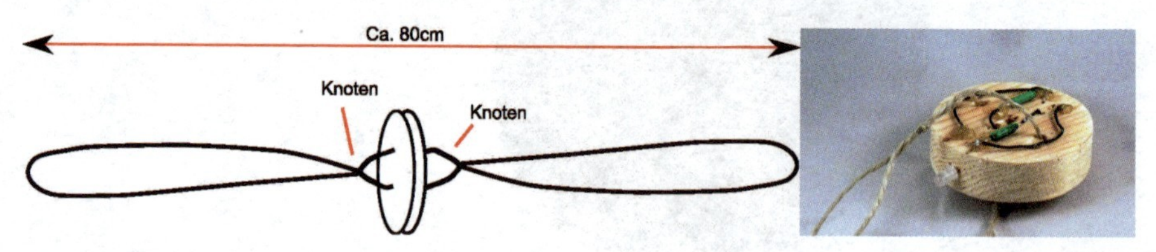

Abbildung 4-11:
Schnur mit Knoten

Mit ein wenig Übung kann durch schwungvolles Schleudern bei gleichzeitigem rhythmischen Ziehen an der Schnur der Color-Twister in wilde Drehung gebracht werden. Besonders im Dunkeln aufpassen, dass der Twister dabei weit genug entfernt von Menschen und Möbeln gehalten wird.

Abbildung 4-12:
Der fertige Color-Twister

5 Mit Licht Grüße versenden: der Platinen-Geschenkanhänger

von Mario Lukas

Abbildung 5-1:
Der Platinen-Geschenkanhänger in Aktion

In diesem Kapitel wird gezeigt, wie man mit einfachen Mitteln einen Geschenkanhänger aus einer Leiterplatte bastelt. Dieser Geschenkanhänger ist mit einem Taster und ein bis zwei Leuchtdioden versehen. Für das Projekt wurde eine Geburtstagstorte mit brennender Kerze als Motiv gewählt. Am Ende des Kapitels gibt es weitere Ideen für andere Anlässe.

Im ersten Abschnitt wird das Motiv mithilfe eines wasserfesten Filzstifts auf das Basismaterial gezeichnet. Im zweiten Abschnitt wird aus dieser Vorlage eine richtige Leiterplatte erzeugt. Zum Schluss wird die Leiterplatte mit den nötigen Bauteilen versehen und zum Leuchten gebracht.

Der Zeitaufwand für das Platinen-Geschenkanhänger-Projekt beträgt 2 bis 3 Stunden.

Benötigte Bauteile und Werkzeuge

Liste der Bauteile

- 1 Einsteiger-Set zum Ätzen von Platinen, z. B. von Elektronik Reichelt (20 €)
- 1 LED (0,20 €)
- 1 Batteriehalter für Knopfzellen (0,50 €)
- 1 Vorwiderstand 220 Ohm (0,05 €)
- 1 Knopfzelle (0,50 €)
- 1 Stift Edding 3000 (2,50 €)

Liste der Werkzeuge

- Etwas Brennspiritus, Nagelackentferner oder Aceton
- Bohrmaschine oder Dremel
- Verschiedene Bohrer
- Schleifpapier
- Kleiner Seitenschneider
- 1-mm-Bohrer
- Teppichmesser oder Säge
- Schutzbrille (aus dem Baumarkt)

Die Vorbereitung

Zunächst sollte man sich Gedanken zum Motiv des Geschenkanhängers machen. Im folgenden Beispiel wurde eine Torte mit Kerze als Motiv für einen Geburtstagsgeschenkanhänger gewählt. Die Kerze wird dabei später mithilfe einer LED zum Leuchten gebracht. Im hier gezeigten Beispiel besteht die Schaltung im Wesentlichen aus vier Komponenten, einer LED, einem Vorwiderstand für die LED, einem Kurztaster (im Folgenden nur Taster genannt) und einer Batterie. Als Batterie soll eine Knopfzelle verwendet werden, für die ein passender Halter angebracht werden soll.

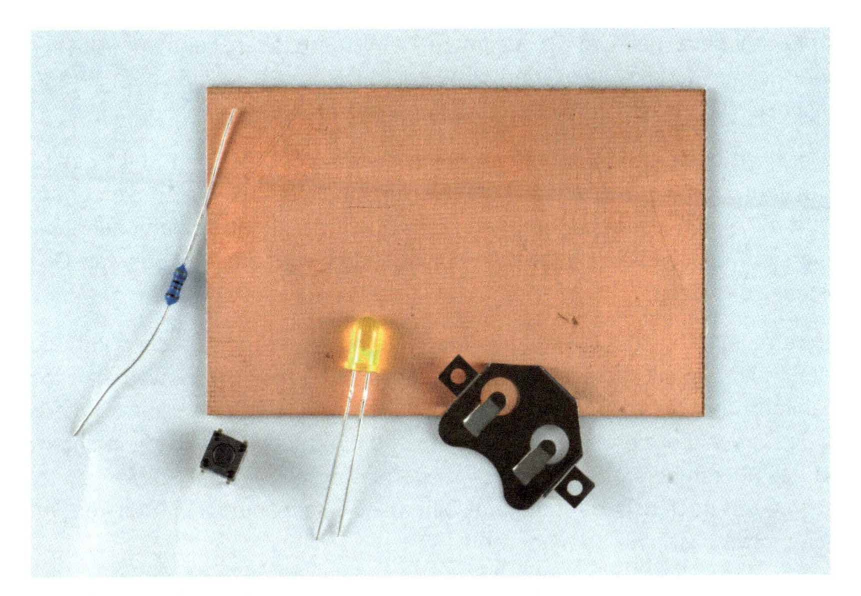

Abbildung 5-2:
Benötigte Bauteile

Die folgenden Arbeitsschritte sollten auf einem stabilen Tisch ausführt werden. Eine Unterlage aus Pappe schützt den Tisch gegen Spritzer aus dem Säurebad. Wer ganz sichergehen will, verwendet ein entsprechend großes Holzbrett.

Die Umsetzung

Leiterplatten auf die richtige Größe bringen.

Das Platinenmaterial aus dem Ätz-Set besitzt in den meisten Fällen bereits geeignete Maße für einen Geschenkanhänger und muss deswegen nicht mehr zurechtgeschnitten werden. Dennoch soll hier kurz ein einfacher Weg zum Teilen von Leiterplattenmaterial gezeigt werden.

Wenn man das Motiv gewählt hat, bestimmt man somit auch die Größe des Geschenkanhängers bzw. der Platine. Hierzu zeichnet man ein Rechteck um das Motiv und überträgt es mit einem Bleistift auf das Platinen-Basismaterial. Dabei ist darauf zu achten, dass später noch Platz für die Batterie und den Taster benötigt wird. Dementsprechend großzügig zeichnet man die Umrandung. Jetzt stehen Bruch- und Schnittkanten fest.

Da das Brechen oder Sägen von Platinenmaterial eine mühselige Arbeit sein kann, sollten möglichst viele Außenkanten des Materials mit einbezogen werden. Das spart Material, Zeit und Arbeit.

Zum Trennen wird das Material an der eingezeichneten Bruchstelle (Linien des Rechtecks) mite einem Teppichmesser beidseitig angeritzt. Der Schnitt ist idealerweise ca. 2 Zehntelmillimeter tief. Um die geeignete Tiefe zu erreichen, kann der Vorgang mehrfach an einer Markierung wiederholt werden. Damit die Bruchkanten gerade werden, sollte ein Lineal als Führung zu Hilfe genommen werden.

Die Schwierigkeit besteht nun darin, die zweite Seite an der gleichen Stelle einzuritzen. Man kann sich hier mit einem einfachen Trick helfen, indem man die bereits geritzte Nut mit einem kleinen Bohrer von 1 mm Durchmesser an beiden Enden mit Löchern versieht. Diese Löcher kann man nun auf der jeweils anderen Seite als Orientierungshilfe benutzen.

Die Leiterplatte ist dann zum Brechen vorbereitet und kann durch Brechen entlang der so entstandenen Sollbruchkante in die gewünschte Form gebracht werden. Dies geht am einfachsten, wenn die Platine mit einem Brett oder einer Schraubzwinge in Richtung der Bruchkante entlang einer Tischkante eingespannt wird. Mit leichtem Druck auf das überstehende Ende wird die Leiterplatte dann in zwei Stücke geteilt. Die Bruchstelle ist noch scharfkantig und sollte mit Schleifpapier geglättet werden. Der Vorgang wird für jede Kante wiederholt.

Bei einseitig beschichtetem Material sollte die Kupferseite beim Brechen nach oben zeigen. Alternativ kann das Material auch mit einer feinen Säge, zum Beispiel Puk- oder Stichsäge, zersägt werden. Es ist ratsam, eine Schutzbrille zu tragen, um die Augen vor Splittern zu schützen.

Die Vorderseite des Geschenkanhängers und das Motiv

Auf der rohen Platine befinden sich nun noch Staub, Fett und andere Verunreinigungen. Deshalb muss der Platinenrohling vor dem Auftragen des Motivs gründlich gereinigt werden. Hierzu verwendet man am besten ein Stück Küchenpapier und Spiritus. Zum Reinigen wird ein wenig Spiritus auf das gefaltete Stück Küchenpapier aufgetragen und über die Platine gerieben. Alternativ kann auch Stahlwolle benutzt werden.

Das Motiv wird mit einem Bleistift auf die Platine gezeichnet. Die Bleistiftlinien lassen sich mit einem Radiergummi wieder entfernen, wenn man etwas am Motiv verändern will. Sobald man mit der Zeichnung zufrieden ist, werden die Striche mit einem Edding 3000 auf der Vorderseite der Platine nachgezeichnet. Bei Platinen, die nur einseitig mit Kupfer beschichtet sind, muss das Motiv auf die kupferlose Seite gezeichnet werden.

Änderungen am Motiv können jederzeit vorgenommen werden. Bereits aufgezeichnete Edding-Linien lassen sich mithilfe von Spiritus und Küchenpapier wieder entfernen bzw. korrigieren.

Abbildung 5-3:
Die Leiterplatte mit Motiv

Die Vorderseite ist nun fertig gestaltet, und es geht weiter mit dem Design einer einfachen LED-Schaltung.

Die Rückseite der Geschenkanhängers und die Schaltung

Die Rückseite des Geschenkanhängers enthält später die Schaltung. Keine Sorge, es handelt sich bei dem Geschenkanhänger um eine sehr einfache Schaltung mit LED, Vorwiderstand, Schalter und Batterie. Das hier verwendete Prinzip ähnelt dem aus dem Projekt »Das Glühwürmchen Glas«, mit dem Unterschied, dass die Kabel hier durch die Leiterplatte ersetzt werden und der Vorwiderstand neu hinzukommt. Die LED soll also leuchten, wenn der Taster gedrückt wird.

Themeninsel: Der Vorwiderstand

Jede LED hat eine sogenannte Flussspannung bei einem gewünschten LED-Strom. Sie liegt meist zwischen 1,2 (infrarot) und 3,4 (blau) Volt. Diese Spannung der LED kann deutlich geringer sein als die Spannung der verwendeten Spannungsquelle. Auf keinen Fall sollte eine LED direkt an die Versorgungsspannung oder einen Ausgangs-Pin des Arduino angeschlossen werden, da diese 5 Volt eine LED zerstören können. Stattdessen muss ein sogenannter Vorwiderstand an die LED angeschlossen werden, um den Strom, der durch sie fließt, zu begrenzen. Der Widerstand kann dabei vor oder hinter der LED angebracht werden.

Um das Ganze leichter zu verstehen, kann man sich den Vorwiderstand auch wie ein Ventil in einer Wasserleitung vorstellen. Die Wasserleitung entspricht dabei der Stromleitung und der Druck in der Leitung der Spannung. Mit dem Ventil kann nun der Wasserdruck verringert werden. Wird das Ventil ein wenig mehr geschlossen, steigt damit der Widerstand und es fließt weniger Strom.

Der Widerstand wird in der Einheit Ohm (Symbol: Ω) gemessen. Der Vorwiderstand einer LED kann mit einer einfachen Formel leicht berechnet werden.

$R_v = \frac{U_0 - U_F}{I_F}$

Die Bezeichner sind dabei wie folgt gewählt:

- R_v entspricht dem gesuchten Widerstandswert
- U_0 entspricht der Batterie- bzw. Versorgungsspannung
- U_F entspricht der Vorwärtsspannung der LED
- I_F entspricht dem Strom, der durch die LED fließen soll

Ein Beispiel: An einem Ausgangs-Pin des Arduino liegen $U_0 = 5\,V$ an. Es soll eine blaue LED mit $U_F = 3{,}2\,V$ verwendet und angenommen werden, dass diese Spannung konstant ist. Zunächst muss die Differenz der Spannungen ermittelt werden: $5\,V - 3{,}2\,V = 1{,}8\,V$. Die LED soll hell leuchten, deswegen sollen $I_F = 20$ mA durch sie fließen. Es ergibt sich folgender Vorwiderstand: $R_v = \frac{1{,}8}{0{,}02\,A} = 90\,\Omega$

Da es eine Normreihe für Widerstände gibt, ist nicht jeder beliebige Wert erhältlich. Es sollte der nächst höhere, verfügbare Wert gewählt werden. 90-Ohm-Widerstände kann man kaufen, aber auch ein 91-Ohm-Widerstand arbeitet hier sehr gut.

Würde man im obigen Beispiel stattdessen einen 220-Ohm-Vorwiderstand verwenden, hätte das zur Folge, dass weniger Strom durch die LED fließen würde. Sie leuchtet dann weniger stark. Um auszurechnen, wie groß der Strom ist, kann die Formel umgestellt werden zu: $I_F = \frac{U_0 - U_F}{R_v} = \frac{1{,}8\,V}{220\,\Omega} = 0{,}008\,A = 8\,mA$

Der Widerstand besitzt vier farbige Ringe. Diese Ringe kennzeichnen den Wert eines Widerstands. Zum Ermitteln des Widerstandswertes kann dabei auf verschiedene Mittel zurückgegriffen werden. Im Internet findet man zahlreiche Bastelanleitungen für sogenannte Widerstandsuhren. In der heutigen Zeit gibt es sogar eine Menge Smartphone-Apps, die bei der Ermittlung des richtigen Widerstands hilfreich sein können. Am einfachsten misst man den Widerstand aber mit einem digitalen Multimeter.

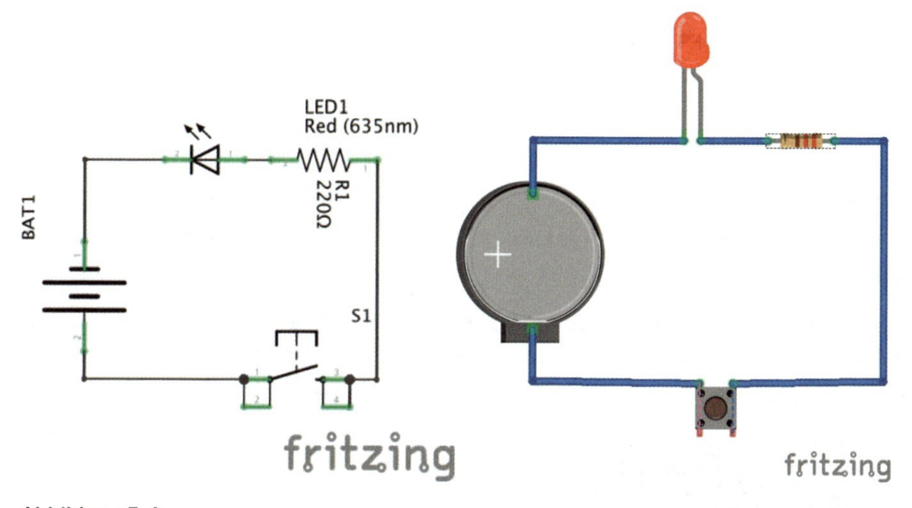

Abbildung 5-4:
Links: Schaltplan für LED, Schalter und Batterie. Rechts: Übersichtsplan für LED, Schalter und Batterie.

Vor dem Aufzeichnen der Leiterbahnen ist es hilfreich, noch einige Löcher in die Platine zu bohren. Diese Löcher helfen bei der Positionierung der Bauteile in der Schaltung. Zum Bohren legt man die Platine vor sich auf den Tisch. Als Unterlage verwendet man am besten ein Holzbrett. Mit dem 1-mm-Bohrer werden dann Löcher für die LED und den Widerstand gebohrt. Durch diese Löcher werden später die LED und der Widerstand auf die Rückseite zu den Leiterbahnen geführt.

Abbildung 5-5:
Zwei Löcher in die Flamme für die LED und zwei Löcher für den Widerstand

Taster und Batteriehalter werden auf der Rückseite verlötet. Es handelt sich dabei nicht um sogenannte bedrahtete, sondern um SMD(Surface-Mounted Device) -Bauteile.

Am einfachsten ist es, wenn man mit den Bohrungen für die LED beginnt. Dort zeichnet man zunächst zwei dicke Punkte ein, die später die Lötpunkte für die LED bilden. Das Gleiche wiederholt man für die Bohrungen des Vorwiderstands.

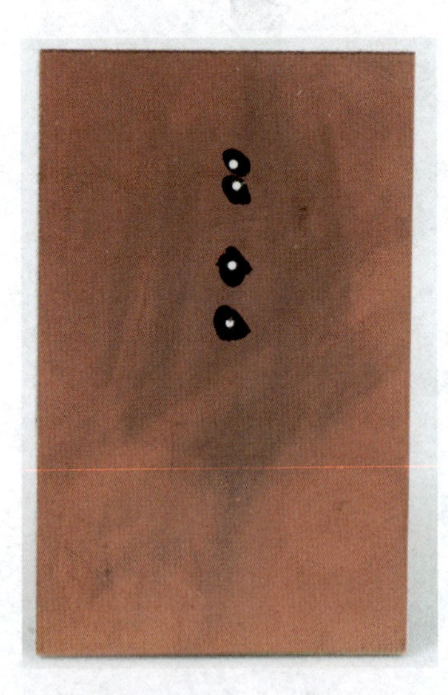

Abbildung 5-6:
Lötstellen für den Vorwiderstand und LED

Das Ziel ist es, elektrische Leiterbahnen auf der kupferbeschichteten Seite der Basisplatine zu erzeugen. Zu diesem Zweck werden mit dem Edding Leiterbahnen aufgezeichnet. Flächen und Linien, die mithilfe des Eddings auf das Kupfer gezeichnet werden, sind beim Ätzvorgang »geschützt« und bleiben somit erhalten.

Nun wählt man für den Taster und den Batteriehalter eine geeignete Stelle aus. Dort positioniert man anschließend Taster und Batteriehalter. Auch für diese beiden Bauteile zeichnet man zunächst Punkte an: beim Taster an den vier Beinchen, für den Batteriehalter an den beiden Metallfahnen (Minuspol) und zusätzlich einen dicken Punkt genau in der Mitte, dort liegt später der Pluspol der Batterie.

Abbildung 5-7:
Links: Lötstellen für den Batteriehalter einzeichnen. Rechts: Gesamte Schaltung inklusive Lötstellen für Taster

Die Lötstellen für die Bauteile sind nun alle eingezeichnet. Es fehlen noch die Leiterbahnen. Man beginnt wieder an der LED und verbindet den Punkt des Pluspols der LED mit einem der Punkte des Widerstands. Vom zweiten Punkt des Widerstands zeichnet man dann weiter zu einem Punkt des Tasters, vom zweiten Punkt des Tasters dann weiter zum Pluspol der Batterie. Die Schaltung ist nun halb fertig. Es fehlt noch die Verbindung vom Minuspol der LED zum Minuspol der Batterie. Sie wird als durchgängige Linie eingezeichnet.

Die Linien unterschiedlicher Pole sollten sich nicht kreuzen, da es sonst zu einem Kurzschluss kommen kann. Werden dennoch kreuzende Linien benötigt, können sie als Drahtbrücken realisiert werden. Hierzu werden einfach weitere Bohrungen vor und hinter der jeweiligen Linie angebracht und jeweils mit einem weiteren Punkt versehen. Später können sie mit einem angelöteten Kabel verbunden werden.

Das Layout der Schaltung ist nun fertig eingezeichnet und die Leiterplatte vorbereitet für den Ätzvorgang.

Ätzen der Leiterplatte

In diesem Abschnitt wird aus der vorbereiteten Leiterplatte eine Platine mit Schaltung. Es wird gezeigt, wie ein Ätzbad angesetzt und eine Platine darin geätzt wird.

Zum Ätzen des kupferbeschichteten Platinenmaterials wird hier Natriumpersulfat eingesetzt. Bei Natriumpersulfat sollte man – genau wie beim Umgang mit anderen chemischen Stoffen – auf die eigene Gesundheit achten. In erster Linie sollte man also die Augen durch eine geeignete Schutzbrille schützen und während des gesamten Ätzvorgangs geeignete Gummihandschuhe oder Einmalhandschuhe tragen. Des Weiteren sind die Sicherheitshinweise auf der Verpackung der Chemikalien genauestens zu beachten.

Chemikalien gehören nicht in Toilette, Waschbecken oder Spülbecken. Die verbrauchten Ätzmittel sollte man deshalb an einer Schadstoff-Annahmestelle der Städte und Landkreise in der Nähe abgegeben.

Im Ätz-Set befinden sich außer den bereits verwendeten Platinen-Rohlingen eine Schale, eine Kunststoffpinzette und zwei Beutel mit Chemikalien. Die kleinere Packung, die den Entwickler beinhaltet, wird zur Herstellung des Geschenkanhängers nicht benötigt und kann zur Seite gelegt werden.

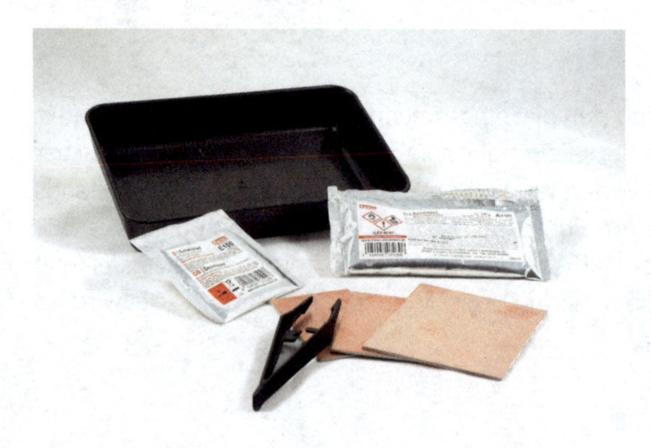

Abbildung 5-8:
Platinen Ätz-Set

Man sollte während des Ätzvorgangs ältere Kleidung tragen, da die Säure ähnlich wie Bleichmittel hässliche Flecken auf der Kleidung verursachen kann. Optimal ist ein Laborkittel.

Die Kunststoffschale wird stabil auf einem Tisch aufgestellt. Für den Fall, dass Säure aus der Schale schwappt oder spritzt, verwendet man am besten ein größeres Stück Pappe als Unterlage. Dann werden 0,5 Liter Wasser in die Schale gefüllt. Die Wassertemperatur sollte ca. 50°C bis 60°C betragen. Dem Wasser wird anschließend das Ätzmittel (Ä100) zugegeben. Dazu entleert man den Beutel restlos in die Schale und verrührt alles mit der beiliegenden Pinzette, bis sich das Pulver komplett aufgelöst hat.

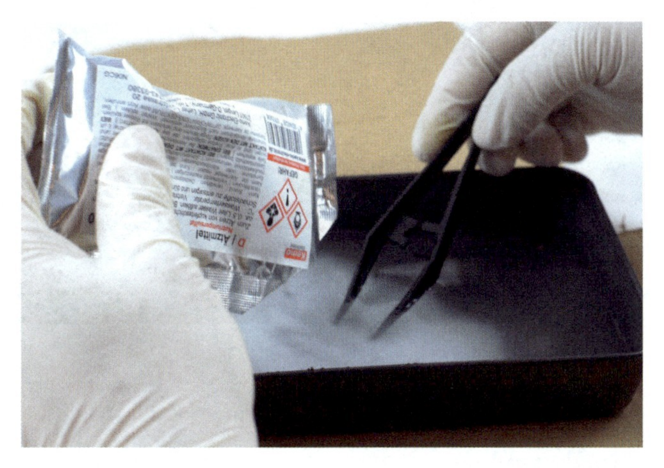

Abbildung 5-9:
Auflösen des Ätzmittels in der Schale mit Wasser und Unterlage

Die vorbereitete Platine wird nun mit der Kupferseite nach oben in das Ätzbad gelegt. Um den Ätzvorgang zu beschleunigen, muss das Ätzbad bewegt werden. Hierzu wird das Bad leicht angehoben und wieder abgesenkt. Alternativ kann man auch die Platine mit der beigelegten Pinzette hin- und herschieben. Nach einigen Minuten beginnt sich das Kupfer an den Rändern der Platine zu lösen. Nach weiteren Minuten sind nur noch die aufgezeichneten Linien zu sehen. Die Platine muss dann mit der Pinzette aus dem Ätzbad genommen und unter fließendem Wasser kurz abgespült werden. Die Platine ist jetzt für die Bestückung bereit. Die auf der Rückseite gewonnenen Leiterbahnen müssen noch freigelegt werden. Dazu benutzt man, genau wie beim Reinigen, Spiritus und Küchenpapier.

Die Seite, die das Motiv enthält, muss nur dann wieder mit Spiritus behandelt werden, wenn das Basismaterial beidseitig kupferbeschichtet ist.

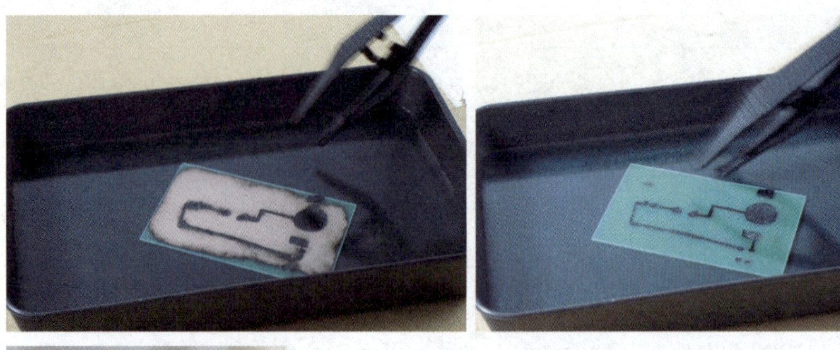

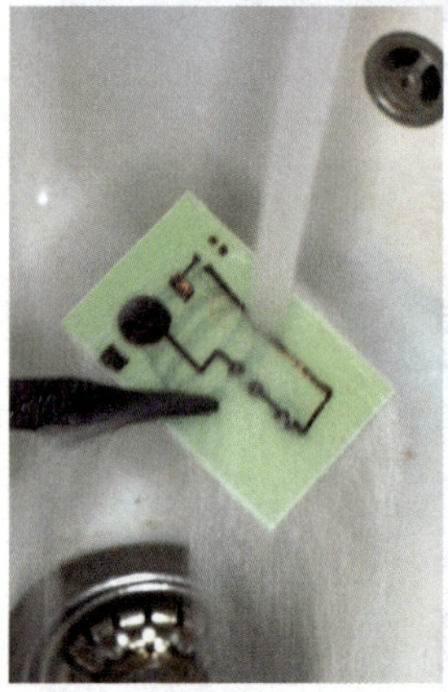

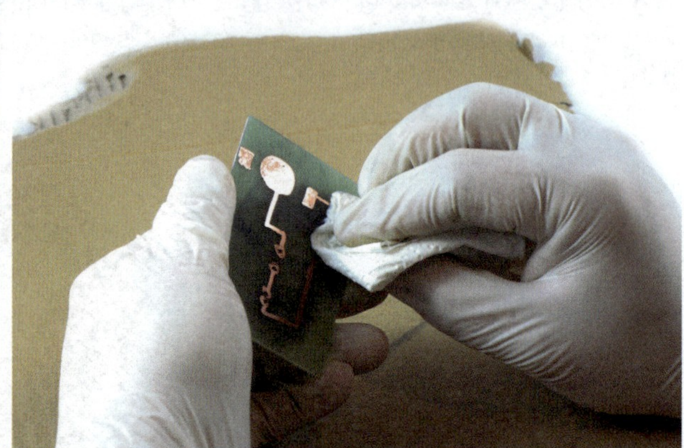

Abbildung 5-10:
Oben Links: Ätzen der Platine durch Bewegen mit der Pinzette. Oben Rechts: Nach einigen Minuten hat sich die Kupferbeschichtung aufgelöst. Unten Links: Abspülen der Platine unter laufendem Wasser. Unten Rechts: Entfernen der Edding-Rückstände mit Spiritus und einem Tuch.

Bestücken der Platine

In diesem Abschnitt werden alle Bauteile auf die frisch hergestellte Platine gelötet. Anschließend ist der Geschenkanhänger fertig und kann getestet werden.

Die Lötarbeiten beginnen mit der LED. Sie wird richtig herum gepolt durch die Bohrung der Platine gesteckt, bis sie flach aufsitzt. Die Polung hängt davon ab, wie die Leiterbahnen auf der Rückseite gezeichnet wurden. Der Pluspol der LED sollte also auch auf dem Pluspol der Leiterbahn liegen, umgekehrt sollte der Minuspol der LED auf der Leiterbahn liegen, die zum Minuspol der Batterie führt.

Damit das Löten einfacher geht, werden die Beinchen der LED auf der Platinenseite mit den Leiterbahnen leicht nach außen gebogen. Das gibt der LED etwas Halt, und sie rutscht beim Löten nicht so leicht aus der Bohrung. Die gleiche Vorgehensweise wendet man beim Vorwiderstand an; beim Widerstand muss nicht auf die Polung geachtet werden.

Nun nimmt man den Lötkolben zur Hand und hält ihn leicht geneigt an eines der LED-Lötaugen auf der Leiterbahn, so dass der Lötkolben auch das jeweilige Beinchen der LED berührt. Das Ganze wird ungefähr eine Sekunde lang so gehalten, bevor man mit der anderen Hand etwas Lötdraht zur Spitze des Lötkolbens hinzugibt. Der Löt-

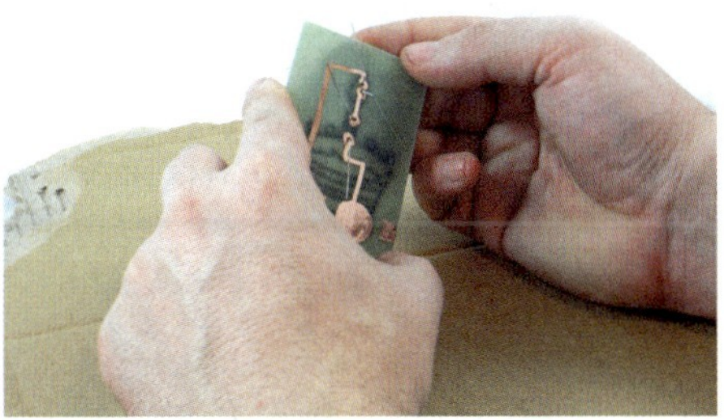

Abbildung 5-11:
Links: LED und Widerstand durch die Bohrung stecken; Rechts: LED- und Widerstands-Beinchen auf der Rückseite nach außen biegen

draht zerfließt nun am Lötauge. Sobald das Lötauge vollkommen von Lötdraht umschlossen ist, kann der Lötkolben wieder von der Platine abgehoben werden. Dieser Vorgang wird für das zweite Beinchen der LED und für beide Beinchen des Vorwiderstands wiederholt.

Abbildung 5-12:
Verlöten von LED und Vorwiderstand

Ein kleiner Schraubstock oder eine Dritte Hand dienen als Löthilfe beim Halten der Platine während der Lötarbeiten.

Als Nächstes wird der Batteriehalter angebracht. Hierzu muss die Platine mit der Leiterbahn nach oben in die Löthilfe eingespannt werden. Anschließend werden die Lötaugen für den Batteriehalter vorverzinnt. Dazu wird der Lötkolben wiederum leicht schräg auf dem Lötauge aufgesetzt und Lötdraht hinzugeführt. Wenn das Lötauge komplett mit Lötzinn bedeckt ist, kann mit den restlichen Lötaugen für den Batteriehalter fortgefahren werden. Die Fläche in der Mitte, die für den Pluspol der Batterie gedacht ist, muss nicht verzinnt werden.

Abbildung 5-13:
Vorverzinnen der Lötaugen für den Taster

Die Lötaugen sind nun vorverzinnt, und der Batteriehalter kann angebracht werden. Hierzu wird der Batteriehalter mit seinen Lötfahnen auf die vorverzinnten Lötaugen gesetzt. Der Lötkolben wird dann an eine Lötfahne des Batteriehalters geführt. Das vorher aufgebrachte Zinn wird wieder flüssig und umschließt die Lötfahne des Batteriehalters. Zusätzlich kann ein wenig Lötdraht nachgeführt werden, bis die Lötfahne fest mit der Platine verbunden ist. Dieser Vorgang wird für die zweite Lötfahne des Batteriehalters wiederholt.

Abbildung 5-14:
Anlöten des Batteriehalters

Ähnlich wie beim Batteriehalter werden auch die Beinchen des Tasters auf der Platine vorverzinnt. Der Verzinnungsvorgang für die Lötkontakte des Tasters ist schneller erledigt, da die Flächen kleiner sind und sie somit Wärme besser aufnehmen können. Abschließend wird der Taster nach der gleichen Vorgehensweise wie der Batteriehalter auf die Platine gelötet.

Abbildung 5-15:
Links: Vorverzinnen der Lötaugen für den Taster. Rechts: Anlöten des Tasters.

Wenn alle Bauteile angelötet sind, können die überstehenden Beinchen mit einem Seitenschneider sauber an der Lötstelle abgetrennt werden.

Abbildung 5-16:
Abtrennen der überstehenden Beinchen

Die Platine ist nun fertiggestellt. Beim Drücken des Tasters sollte die LED leuchten. Natürlich kann die Motivseite der Platine noch bemalt werden, damit sie etwas schöner ist. Hierzu eignen sich sowohl Buntstifte als auch wasserfeste Filzstifte. Sollte die LED nicht leuchten, gibt es im nächsten Abschnitt ein paar nützliche Tipps zur Fehlersuche.

Abbildung 5-17:
Links: Vorderseite des fertigen Geschenkanhängers Rechts: Rückseite des fertigen Geschenkanhängers

Fehlerbehebung

Natürlich kann es sein, dass die erste selbsthergestellte Leiterplatte mit Schaltung nicht auf Anhieb funktioniert. In diesem Fall sollte man nicht gleich den Kopf in den Sand stecken. Die häufigsten Fehler sind schnell gefunden.

Unterbrochene Leiterbahnen

Beim Ätzvorgang passiert es manchmal, dass zu viel Kupfer weggeätzt wird. In diesem Fall sind häufig Leiterbahnen unterbrochen. Man sollte also noch einmal genauestens prüfen, ob eine Unterbrechung in der Schaltung vorliegt. Am einfachsten geht das mit einem Multimeter. Dazu stellt man das Multimeter auf Durchgangsprüfung. Mit dieser Einstellung setzt man die Prüfspitzen des Multimeters immer auf Teilstücke der Leiterbahnen. Wenn das Multimeter piepst, ist alles in Ordnung.

Durch Taster wird eine Leiterbahn natürlich unterbrochen. Das heißt, auch für das Multimeter ist an dieser Stelle Schluss.

Unterbrochene Leiterbahnen können durch eine Lötbrücke repariert werden, sofern die Lücke nicht zu groß ist. Sollte die unterbrochene Stelle jedoch etwas breiter sein, kann man einfach ein Stück Schaltlitze einlöten. Auch die abgeschnittenen Enden der Bauteilbeinchen eignen sich hervorragend zum Überbrücken der Lücken.

Kontakt der Batterie

Zunächst sollte überprüft werden, ob die Batterie noch voll ist. Falls die Batterie noch gut ist, sollte man prüfen, ob die Batterie richtig im Halter sitzt und Kontakt zur Leiterplatte hat.

LED verpolt

Im Abschnitt »Löten des Geschenkanhängers« wurde beschrieben, wie die LED auf den Geschenkanhänger gelötet wird. Es passiert schnell, dass man die LED verpolt. Auch dies sollte man noch einmal überprüfen, die richtige Polung sieht man auf den Detailabbildungen der vorangegangenen Abschnitte.

LED defekt?

Eine LED kann mit einem Diodentester eines Multimeters auf Funktion und Polarität getestet werden. Hierzu wird einfach in beiden Richtungen der Durchgang gemessen. Im Dunkeln sollte ein leichtes Leuchten wahrnehmbar sein, wenn in die richtige Richtung gemessen wird. Dies hat den Vorteil, dass man auch gleich eine mögliche Verpolung feststellen kann.

Taster defekt?

Man kann sehr leicht prüfen, ob der Taster defekt ist, indem man mit einem kurzen Kabel die Leiterbahn vor und hinter dem Taster überbrückt. Leuchtet der Geschenkanhänger nur, wenn man den Taster überbrückt, jedoch nicht, wenn man ihn drückt, kann man von einem defekten Taster ausgehen. In diesem Fall muss der Taster ausgetauscht werden.

So geht's auch

Mit diesen grundlegenden Kenntnissen zum Platinenätzen sind der eigenen Kreativität keine Grenzen gesetzt. Es können weitere Geschenkanhänger, Grußkarten, Schlüsselanhänger etc. gebastelt werden.

Aber nicht nur Anhänger mit Motiven, sondern auch andere Schaltungen können auf diese Weise leicht erstellt werden. Vielleicht findet sich bei den folgenden Buchprojekten sogar eine Schaltung, für die man sich eine eigene Platine herstellen möchte.

Abbildung 5-18:
Die Leiterplatte mit Motiv, beidseitig kupferbeschichtet

Das Motiv und die Leiterbahnen können auch mithilfe des sogenannten Toner-Transfer-Verfahrens auf der Leiterplatte aufgebracht werden. Das Toner-Transfer-Verfahren hat den Vorteil, dass man beliebig komplexe und feine Vorlagen mit einem Laserdrucker ausdrucken kann. Zum Thema Toner-Transfer finden sich zahlreiche Anleitungen im Internet.

Links zu Projekten

Einen sehr ausführlichen Überblick zum Erstellen von Leiterplatten mit allen Möglichkeiten und Tricks findet man unter:
http://de.wikibooks.org/wiki/Platinen_selber_herstellen

Bastelanleitungen zu Widerstandsuhren findet man eine ganze Menge im Internet. Im Folgenden werden zwei Varianten aufgeführt:
http://www.elektronik-kompendium.de/public/arnerossius/bastel/wideruhr.htm
http://dieelektronikerseite.de/Tools/Widerstandsuhr.htm

Dank an Ruth Stiefelhagen für die Erstellung der Fotos in diesem Kapitel.

Das Launometer zeigt gute Laune

6

von Christoph Emonds

Abbildung 6-1:
Das Launometer in Aktion

Wer möchte nicht ab und zu seine Zimmertür hinter sich schließen und dennoch seine Laune nach außen vermitteln können? Das Launometer neben der Tür zeigt auf Knopfdruck den Gemütszustand über farbige LEDs an und gibt so Auskunft, ob man sich besser fernhalten sollte oder gefahrlos eintreten kann. Das Projekt führt ein in die Welt der elektronischen Schaltpläne und integrierten Schaltungen (ICs). Gleichzeitig wird die Funktionsweise eines Spannungsteilers erklärt. Gebaut wird eine einfache Schaltung, die farbige LEDs über einen Drehwiderstand steuert. Aufgebaut wird das Ganze auf einem Breadboard in einer guten Viertelstunde. Die Arbeit besteht nur aus dem Stecken von ein paar Bauteilen und Leitungen ohne Werkzeug.

Benötigte Bauteile

- 1 Breadboard (5 €)
- 13 Jumper Wire-Kabel oder Drahtbrücken (3 €)
- 1 LM3915 als DIP (1,50 €)
- 9 3 mm-LEDs (z. B. 3 rote, 3 gelbe und 3 grüne) (1,50 €)
- 1 Drehpoti 10 kΩ (2 €)
- 1 Widerstand 1 kΩ (0,10 €)
- 1 Widerstand 820 Ω (0,10 €)
- 1 Kurzhubtaster 6 × 6 mm (0,10 €)
- 1 Stromversorgung (10 €)

Oft gibt es Breadboards mit ausreichend Kabeln/Drahtbrücken als Set zu kaufen. Es ist meist günstiger, die Sets zu kaufen als beides einzeln.

Abbildung 6-2:
Alle benötigten Teile

Welche Stromversorgung ist sinnvoll?

Das Launometer ist auf einen Betrieb mit einer 5-Volt-Spannungsquelle ausgelegt, die auch bei vielen einfachen Projekten verwendet wird. Für ein erstes Experimentieren mit einem Breadboard bieten sich unterschiedliche Arten der Stromversorgung an, um die 5 Volt bereitzustellen:

Breadboard-Universal-Stromversorgung

Am komfortabelsten ist sicher eine universelle Breadboard-Stromversorgung. Sie wird einfach auf ein Breadboard aufgesteckt und kann entweder über ein MicroUSB-Kabel, wie bei einem Handy, oder über ein Netzteil mit Hohlstecker mit Strom versorgt werden. Meist lässt sich die gewünschte Spannung, ob 5 V oder 3,3 V, über einen Schalter einstellen, so dass die beiden gebräuchlichsten Spannungen, die man bei ersten Basteleien benötigt, abgedeckt werden. Der Nachteil einer solchen Lösung ist, dass immer ein Kabel benötigt wird.

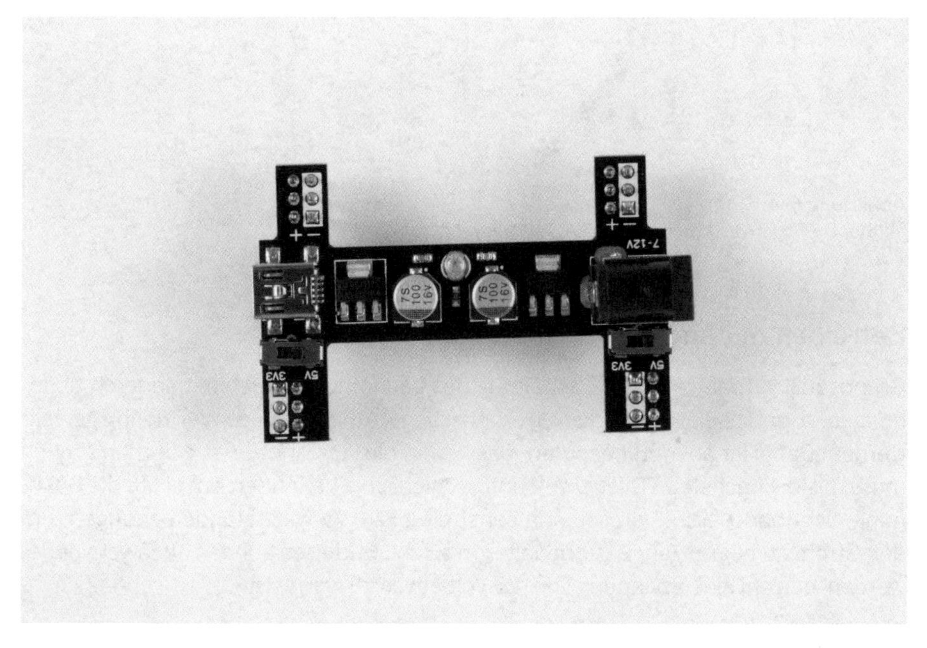

Abbildung 6-3:
Breadboard Stromversorgung "Black wings" von ElecFreaks

Batteriehalter mit 5 V-StepUp-Schaltung

Mobiler ist eine Stromversorgung, die aus Batterien gespeist wird. Viele einfache Projekte benötigen 5 Volt Spannung, so dass man nicht nur Batterien nehmen kann. Eine normale AA-Batterie hat eine Spannung von 1,5 Volt. Man kann zwar mehrere Batterien hintereinanderschalten, um die Spannung zu erhöhen (2 AA-Batterien hintereinander ergeben so 3 Volt Spannung), allerdings kommt man so nicht genau auf 5 Volt.

Daher gibt es Batteriehalter sowohl für eine als auch für mehrere Batterien mit einer kleinen integrierten Schaltung, die die niedrigere Spannung der Batterien nimmt und in die gewünschte Spannung umwandelt.

Abbildung 6-4:
5V StepUp-Stromversorgung mit 2xAA-Batterien von watterott

Betreiben mit anderen Spannungen

Grundsätzlich funktioniert die Schaltung des Launometers auch mit anderen Spannungen, zum Beispiel 3 Volt, die von 2 normalen AA-Batterien zur Verfügung gestellt werden. Dabei ist aber zu beachten, dass dann die Abstände, wie weit man drehen muss, bis die nächste LED leuchtet, unterschiedlich sind. Außerdem sollte die Spannung nicht höher als 7 Volt sein, da sonst die LEDs Vorwiderstände benötigen, um den Strom zu begrenzen. Batteriehalter mit 3 AA-Batterien können auch verwendet werden, obwohl eine Spannung von 4,5 Volt etwas zu gering ist.

Die Vorbereitung

Für den Bau des Launometers bedarf es keiner großen Vorbereitung. Weder benötigt der Aufbau viel Platz, noch sind irgendwelche Werkzeuge vonnöten. Daher reicht es, wenn man alle Teile griffbereit und sortiert vor sich liegen hat, ob auf dem Küchentisch, auf der Werkbank oder vor dem Schreibtisch. Beim Zusammenbau muss man lediglich darauf achten, dass man die einzelnen Bauteile an die richtige Position steckt.

Die Umsetzung

Das Breadboard

Der Aufbau beginnt mit dem Breadboard, das in der richtigen Richtung auf den Tisch gelegt wird.

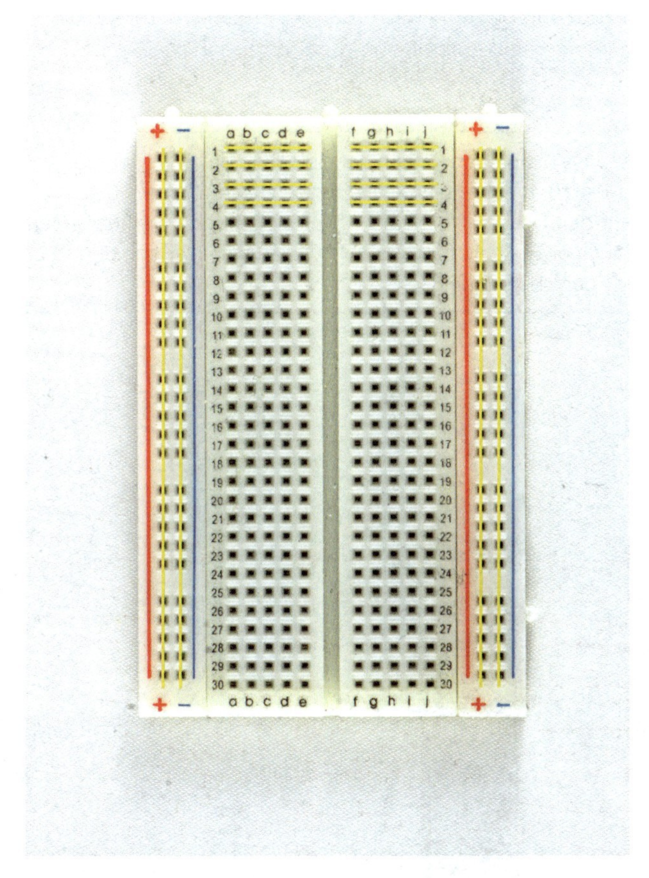

Abbildung 6-5:
Ein Breadboard mit 400 Kontakten (halbe Größe), in Grün eingezeichnet die miteinander verbundenen Kontakte.

Ein *Breadboard*, auf Deutsch auch *Steckbrett* genannt, ist eine einfache Möglichkeit, elektronische Schaltungen aufzubauen, ohne zuerst eine Platine erstellen zu müssen. Die einzelnen Kontakte einer Reihe sind miteinander verbunden, so dass man durch das Nebeneinanderstecken von Bauteilen diese beiden Bauteile einfach miteinander verbinden kann. Ebenso sind oft die beiden äußeren Spalten durchkontaktiert und mit **+** und **-** beschriftet. Dort schließt man in der Regel die Spannungsversorgung an. Alle Verbindungen zwischen Bauteilen, die nicht direkt nebeneinander gesteckt werden können, stellt man durch kleine Leitungen her, die oft auch *Jumper Wires* genannt werden.

Aufstecken des LM3915 IC

Als erstes Bauteil wird der LM3915 in die Mitte des Breadboards gesteckt, so dass jeweils eine Reihe der Pins auf einer anderen Seite des Breadboards steckt. Da jeder Pin auf dem IC eine andere Funktion hat, ist die Orientierung des ICs wichtig. Deshalb gibt es an jedem IC eine Markierung in Form einer Einkerbung, die angibt, wo »oben« ist. Diese Einkerbung sollte zum oberen Rand des Breadboards zeigen. Die Pins werden dann entgegen dem Uhrzeigersinn aufsteigend durchnummeriert, wie auf dem folgenden Foto gezeigt.

Es ist möglich, dass die beiden Reihen der Beinchen des ICs etwas zu weit auseinanderstehen und daher nicht ganz passen. Dann können beide Reihen einfach auf der Tischplatte etwas weiter eingebogen werden, indem man den IC mit einer Seite auf den Tisch legt und anschließend den IC etwas in Richtung der Beine drückt.

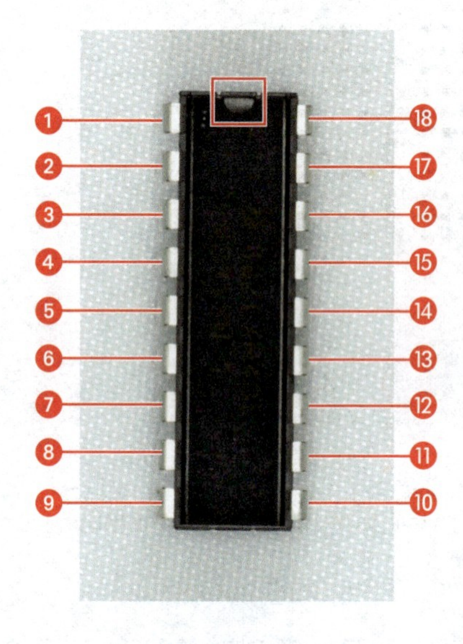

Abbildung 6-6:
Die Pin-Nummerierung beim LM3915 mit hervorgehobener Markierung

Themeninsel: Was ist ein IC?

Elektronische Schaltungen enthalten fast immer bestimmte Teile, die auch in vielen anderen Schaltungen verwendet werden. Damit nun nicht in jeder Schaltung alle Funktionen komplett selber erstellt werden müssen, werden diese Funktionen in Form eines eigenen Bauteils produziert. Diese Bauteile nennt man IC, eine Abkürzung des englischen Begriffs *Integrated Circuit*. Der deutsche Name lautet *Integrierter Schaltkreis*, umgangssprachlich wird oft einfach von *Chip* gesprochen, inbesondere im Zusammenhang mit Computern. Diese ICs gibt es in unterschiedlichen Gehäusen und mit den verschiedensten Funktionen.

Abbildung 6-7:
ICs in verschiedenen Gehäuseformen: a) DIP, b) SOIC und c) LGA

Die Palette der unterschiedlichen Funktionsweisen von ICs reicht von einfachsten Funktionen wie zum Beispiel Logikbausteinen über kompliziertere wie den hier verwendeten *LM3915* bis hin zu Chips, die alles enthalten, was für einen einfachen Computer benötigt wird.

Oft gibt es ICs mit gleichen Funktionen von unterschiedlichen Herstellern und in leicht unterschiedlichen Versionen. Ob ein Exemplar für den gewünschten Einsatzzweck verwendet werden kann, lässt sich in der Regel dem *Datenblatt* entnehmen, das jeder Hersteller für seine ICs als Download zur Verfügung stellt. Darin wird die Funktionsweise des ICs erklärt, es werden typische und maximale Werte für bestimmte Parameter wie Betriebsspannung oder Stromaufnahme angegeben, und oft werden auch Anwendungsbeispiele für den Einsatz des Chips aufgezeigt.

LEDs einstecken

Im nächsten Schritt werden die 9 LEDs für die Anzeige auf das Breadboard gesteckt. Die Anode der einzelnen LED (Pluspol, zu erkennen an dem längeren Beinchen) wird dabei in die Spalte mit dem Pluspol auf der rechten Seite des Breadboards gesteckt, die Kathode (Minuspol, kürzeres Beinchen) in die Reihe, in der auch der jeweilige Pin (Nummer 10 bis 18) des ICs steckt. Die Anordnung der Farben bleibt dabei jedem selber überlassen.

Abbildung 6-8:
Die LEDs zwischen der Plusspalte des Breadboards und den einzelnen Pins des ICs.

Widerstände

Nun wird es Zeit, den ersten Widerstand *R1* mit 820 Ω (silber – rot – braun – gold bei Widerständen mit 4 Ringen) zwischen *Pin 7* vom IC und eine freie Reihe darunter zu stecken. Der zweite Widerstand *R2* mit 1 kΩ (braun – schwarz – rot – gold bei Widerständen mit 4 Ringen) verbindet die Reihe, in der nur *R1* eingesteckt ist, mit der **-**-Spalte auf der linken Seite. Da Widerstände keine Polarität haben, ist die Richtung der Widerstände egal.

Abbildung 6-9:
Der 820 Ω-Widerstand R_1 zwischen `Pin 7` und einer unbenutzten Reihe. Der 1 kΩ-Widerstand R_2 verbindet R_1 mit dem **-**-Pol.

10 kΩ-Drehpotentiometer

Über das Drehpotentiometer, häufig nur Poti genannt, kann in der fertigen Schaltung eingestellt werden, welche LED leuchten soll. Dazu wird es in ein paar freie Reihen unterhalb des ICs mit dem Drehknopf nach links auf das Brett gesteckt. Im Grunde ist das Potentiometer nichts anderes als ein regelbarer Widerstand und Spannungsteiler.

Abbildung 6-10:
Der Drehknopf des Potentiometers zeigt nach links.

Themeninsel: Was ist ein Spannungsteiler?

Gemäß des Ohmschen Gesetzes $U = R \times I$ fällt an jedem Bauteil eine Spannung U ab, wenn es einen Widerstand R hat und von einem Strom I durchflossen wird.

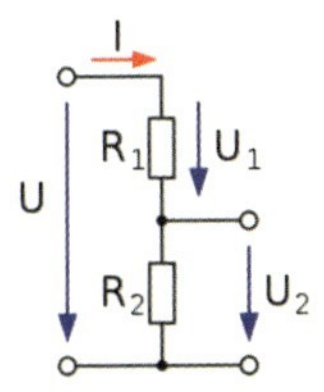

Abbildung 6-11:
Spannungsteiler von 2 Widerständen R_1 und R_2.

Wenn man nun 2 Bauteile R_1 und R_2 in Reihe geschaltet hat, fließt durch beide der gleiche Strom I. Damit ist der Spannungsabfall an jedem Bauteil proportional zu seinem Widerstand. Die Gesamtspannung U teilt sich also auf zwei kleinere Spannungen U_1 und U_2 auf, die zusammen U ergeben.

Taster

Der Taster wird mittig zwischen die beiden Seiten von Reihen auf dem Breadboard gesteckt. Er muss dabei so ausgerichtet sein, dass die Beinchen des Tasters zu den Seiten des Breadboards zeigen, nicht nach oben und unten. Auch hier darf in den Reihen, in denen die Beinchen des Tasters eingesteckt werden, bisher nichts anderes eingesteckt sein.

Abbildung 6-12:
Der Taster wird mittig wie der IC aufgesteckt.

Kabel

Nachdem alle Bauteile auf dem Breadboard platziert sind, fehlen nur noch die einzelnen Leitungen, die die Bauteile miteinander verbinden. Um einfacher zu erkennen, wie die Schaltung funktioniert, hat es sich eingebürgert, für Leitungen, die mit dem **+**-Pol der Spannungsversorgung verbunden sind, *rote* Kabel und für Leitungen am **-**-Pol *schwarze* Kabel zu verwenden. Hier sind die Leitungen für **+** aber *blau* und für **-** *grün*.

Spannungsversorgung des ICs

Damit ein IC funktionieren kann, braucht er meistens eine Verbindung zum **+**- und **-**-Pol der Spannungsversorgung. Der Pin, der mit dem **+**-Pol verbunden wird, wird oft als *VCC*gekennzeichnet, der Pin, der mit dem **-**-Pol verbunden wird, als *GND* oder auch *Ground* (Deutsch: *Masse*).

Pin 2 ist der *GND*-Pin des LM3915 und muss daher mit der **-**-Spalte auf dem Breadboard verbunden werden. *Pin 3* hingegen ist mit *VCC* gekennzeichnet und muss daher an den **+**-Pol gesteckt werden.

Abbildung 6-13:
Der zweite Pin des ICs muss mit **-** verbunden werden. Der dritte Pin entspricht *VCC* und wird mit **+** verbunden.

Spannungsmessung des ICs

Um zu wissen, welche LED leuchten soll, misst der LM3915 die Spannung an *Pin 5* und vergleicht sie mit einer oberen (*Pin 6) und einer unteren* (*Pin 4*) Grenze. Je nachdem, wie weit die Spannung an *Pin 5* von den Grenzen abweicht, leuchtet eine LED in der Mitte oder an den Rändern.

Die untere Grenze für den Vergleich ist **-**, daher wird *Pin 4* mit der **-**-Spalte verbunden. Die obere Grenze wird auf einem anderen Pin (*Pin 7*) vom IC selber bereitgestellt. So können die Pins 6 und 7 einfach mit einer Drahtbrücke verbunden werden. Die Spannung, die der IC an *Pin 5* bekommt, hängt von der Stellung des Potentiometers ab. Aus diesem Grund muss der mittlere Pin des Potentiometers mit *Pin 5* des ICs verbunden werden.

Abbildung 6-14:
`Pin 4` wird verbunden mit `-`. `Pin 6` und `Pin 7` werden verbunden. `Pin 5` wird mit dem mittleren Pin des Potis verbunden.

Einstellung des LED-Stroms

Über *Pin 8* wird durch eine Spannung der *Strom* eingestellt, der durch die LEDs fließt, wenn sie leuchten. Die Spannung ergibt sich aus dem *Spannungsteiler*, der aus den Widerständen *R1* und *R2* besteht.

Abbildung 6-15:
`Pin 8` wird mit der Reihe verbunden, in der die beiden Widerstände R_1 und R_2 verbunden sind.

Spannung an das Drehpotentiometer

Damit am mittleren Pin des Potis eine Spannung anliegt, müssen die beiden anderen Pins mit dem **+**- und **-**-Pol der Spannungsversorgung verbunden werden. An welchen Pin **+** und an welchen Pin **-** angeschlossen wird, ist egal und bestimmt lediglich die Richtung der LEDs beim Drehen am Knopf des Potis.

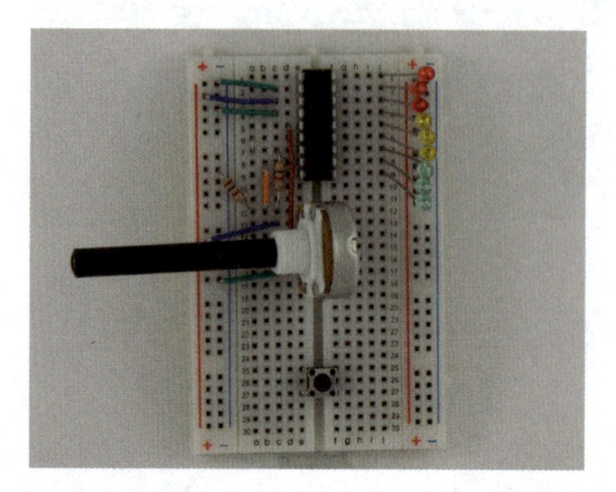

Abbildung 6-16:
Poti verbunden mit **+** (blau) und **-** (grün)

Taster

Über den Taster werden die LEDs mit der Versorgungsspannung verbunden, so dass beim Drücken des Tasters ein Strom über die LEDs fließen kann. Dazu muss ein Kabel vom **+**-Pol auf der *linken* Seite des Breadboards hin zu einem linken Beinchen des Tasters sowie ein Kabel vom **+**-Pol auf der *rechten* Seite des Breadboards hin über Kreuz zum entsprechenden rechten Beinchen des Tasters gesteckt werden. Der Taster bewirkt auf diese Weise, dass an der Spalte, in der die LEDs eingesteckt sind, nur dann Spannung anliegt, wenn der Taster gedrückt wird.

Abbildung 6-17:
Die zwei Kabel am Schalter über Kreuz verbunden.jpg

Spannungsversorgung

Zuletzt muss nur noch die Spannungsversorgung eingesteckt werden.

Mit Batterien Soll das Launometer mit Batterien und einem 5 V-StepUp-Wandler betrieben werden, muss der Stecker des Batteriehalters an die beiden linken mit **+** und **-** beschrifteten Spalten am Breadboard gesteckt werden. Das *rote* Kabel entspricht dabei dem **+**-Pol, das *schwarze* Kabel dem **-**-Pol.

Abbildung 6-18:
Die Spannungsversorgung wird einfach eingesteckt, *Rot* entspricht **+** und *Schwarz* entspricht **-**.

Mit der Breadboard-Universal-Spannungsversorgung Normal aufgesetzt, versorgt die Universal-Spannungsversorgung die Spalten auf beiden Seiten des Breadboards mit Strom, und der Taster hat keine Funktion. Damit der Taster dennoch funktioniert, muss die Stromversorgung versetzt aufgesteckt werden, so dass die rechte Seite des Breadboards nur dann Strom führt, wenn der Taster gedrückt wird.

Abbildung 6-19:
Die Spannungsversorgung muss versetzt eingesteckt werden, damit der Taster funktioniert.

Das Ausprobieren

Der elektronische Aufbau ist damit abgeschlossen, und ein Druck auf den Taster bei gleichzeitigem Drehen am Potentiometer sollte eine LED aufleuchten lassen. Welche LED leuchtet, lässt sich durch die Drehposition einstellen.

Fehlerbehebung

Sind alle Leitungen richtig?

Leuchtet keine einzige LED, muss jede einzelne Verbindung überprüft werden. Eine einfachere Übersicht über die Verbindungen bietet das folgende Bild. Alle Leitungen, die mit dem **+**-Pol der Spannungsversorgung verbunden sind, sind darauf *rot* oder *blau*, alle Leitungen, die mit dem --Pol verbunden sind, *schwarz* oder *grün* gezeichnet.

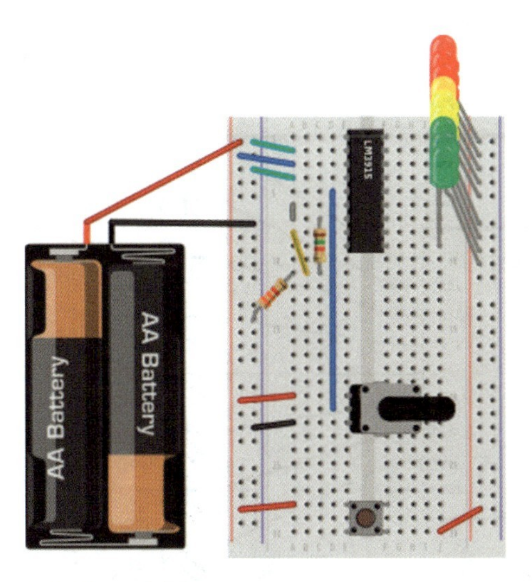

Abbildung 6-20:
Die Schaltung des Breadboards modelliert in Fritzing

Sind die Bauteile richtig orientiert?

Lediglich der IC sowie die LEDs müssen in einer bestimmten Richtung eingebaut werden. Die Markierung des ICs (ein kleiner Halbkreis) muss nach oben weisen. Bei den LEDs muss das längere Beinchen in den **+**-Pol des Breadboards gesteckt sein, das kürzere Beinchen in die mit dem IC verbundene Reihe.

Spannungsversorgung eingeschaltet/Batterien leer?

Die Spannungsversorgung muss eingeschaltet und eingesteckt sein, die Batterien dürfen nicht leer sein. Ist die Spannung auf 5 Volt eingestellt, wenn sie konfigurierbar ist?

Themeninsel: Der Schaltplan

Da eine Beschreibung mit Worten für eine elektronische Schaltung ab einer gewissen Größe schwierig zu verstehen ist, wurde eine grafische Darstellung mit Symbolen und Leitungen entwickelt, der sogenannte *Schaltplan* oder auch das Schaltbild oder *Schematic*. Darauf werden die einzelnen Bauteile mit Symbolen und die Verbindungen zwischen den Bauteilen mit Linien dargestellt. Der Schaltplan des Launometers in Abbildung 6-21 zeigt die einzelnen Bauteile mit ihren Namen und die Verbindungen zwischen ihnen.

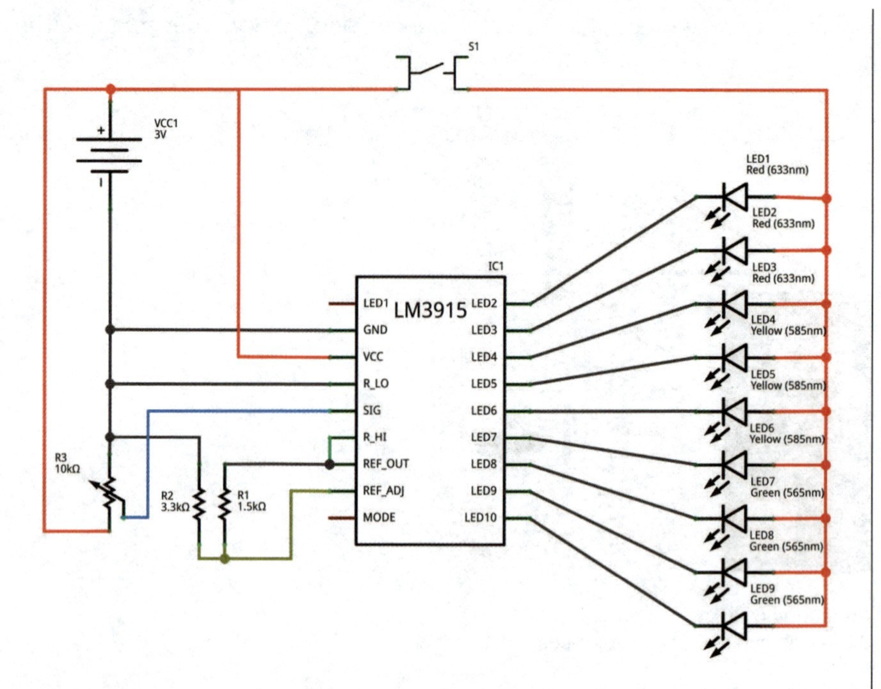

Abbildung 6-21:
Der Schaltplan des Launometers

Leider sind die Symbole weltweit nicht einheitlich. So werden in Nordamerika teilweise andere Symbole verwendet als zum Beispiel in Europa. Der Schaltplan des Launometers benutzt, wie viele andere freie Schaltpläne im Internet, die Symbole des *ANSI Standard Y32*, der in Nordamerika benutzt wird. Der Plan wurde mit der Software *Fritzing* erstellt, die bisher nur die Symbole dieses Standards unterstützt. In Europa gebräuchlicher sind die Symbole des Standards *IEC 60617*. Die folgende Tabelle gibt eine Übersicht über die verwendeten Bauteile und die Symbole in den unterschiedlichen Standards:

Bauteil	Symbol (ANSI Y32)	Symbol (IEC 60617)
Batterie		
Schalter		
Widerstand		
Potentiometer		
LED		
Kondensator		
Spule		
IC		

Die große Menge unterschiedlicher ICs führt dazu, dass es nicht für jeden IC ein eigenes Symbol gibt. In der Regel wird einfach ein Rechteck verwendet, von dem für jeden Pin eine Linie wegführt. Das Symbol in der Tabelle steht für einen unbestimmten IC mit 8 Pins. Sinnvollerweise werden die Pins dann durch einem Bezeichner ergänzt, der Auskunft darüber gibt, welche Bedeutung der Pin hat, wie zum Beispiel *VCC*, *GND*, *LED1* etc. …

Leider lassen sich nicht bei allen Schaltplänen alle Leitungen zeichnen, ohne dass es zu Überschneidungen kommt. Aus diesem Grund muss bei einer Überschneidung deutlich gemacht werden, ob die Überschneidung bedeutet, dass die Leitungen dort verbunden sind oder nicht.

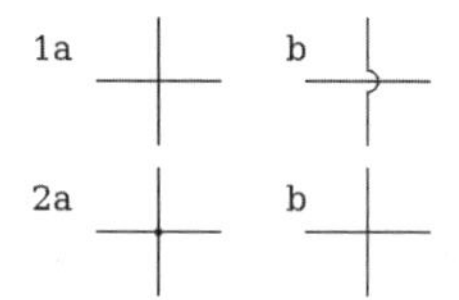

Abbildung 6-22:
1: Alte Darstellung, 2: häufigste Darstellung jeweils verbunden (a) und nicht verbunden (b)

So geht's auch

Eine kleine Modifikation des Launometers ist einfach möglich. Anstelle einer einzelnen LED kann der LM3915 auch mehrere LEDs gleichzeitig leuchten lassen. Man muss dafür nichts weiter tun, als den *Pin 9* des ICs mit *VCC* (dem **+**-Pol) zu verbinden.

Abbildung 6-23:
Eine zusätzliche Leitung zwischen `Pin 9` und *VCC*, und schon leuchten mehrere LEDs.

Links

Eine kleine Einführung zu **Do's und Don'ts** bei Breadboards findet sich unter: *http://www.mikrocontroller.net/articles/Steckbrett*

Fritzing ist eine freie Software zum Entwerfen elektronischer Schaltungen: *http://fritzing.org/*

Die Schaltung des Launometers für Fritzing findet sich unter: *http://github.com/LichtUndSpass/Launometer/*

Zusammenfassung

Das Launometer führte in die Welt der ICs ein, die komplexe Funktionen innerhalb einer elektronischen Schaltung übernehmen können. Gleichzeitig wird mit dem Breadboard eine Möglichkeit gezeigt, einfach und auf die Schnelle Schaltungen zu entwerfen, zusammenzustecken und zu testen. Im nächsten Projekt wird dann mit der Einführung des Arduinos das erste Mal richtig programmiert.

Die leuchtenden Hosenträger

7

von Lina Wassong

Abbildung 7-1:
Die fertigen LED-Hosenträger

Will man auf der nächsten Party in allen Farben leuchten und dabei noch schick aussehen, sollte man nicht auf die leuchtenden Hosenträger verzichten. In diesem Projekt werden RGB-LEDs vorgestellt und zum ersten Mal ein Arduino-Mikrocontroller benutzt. Er kann die LED-Streifen auf den Hosenträgern in allen erdenklichen Farben und Mustern zum Leuchten bringen. Die Bastelzeit des Projekts beträgt ca. 7 Stunden.

Themeninsel: Das Arduino-Board

Das Arduino-Board wurde 2005 von David Cuartielles und Massimo Banzi in Italien entwickelt. Es ist ein sehr beliebter Mikrocontroller für Projekte mit Messerfassungen, Motorsteuerungen oder für den Roboterbau. Der Arduino ist so besonders, weil die Hard- sowie Software Open Source ist, das heißt, die Schaltpläne der Platinen sind öffentlich zugänglich und man kann den Arduino selbst programmieren. Außerdem kann man zusätzliche Bauelemente erwerben, um das Anwendungsgebiet des Arduino zu erweitern. Es eignet sich sehr gut für Einsteigerprojekte, da man für die Arbeit mit dem Arduino wenig technische Vorkenntnisse braucht.

Der Arduino Uno

Der Arduino ist ein Hardware-Board mit einem ATmega328-Mikrocontroller, 14 digitalen Ein-/Ausgängen sowie 6 analogen Eingängen, einer USB-Schnittstelle und einem Reset-Taster. Über den Mikrocontroller lassen sich die Pins der Ein-/Ausgänge ansteuern, um einfache Programmierungen auszuführen. Es ist beispielsweise möglich, LEDs aufblinken zu lassen oder über Sensoren die Temperatur zu messen. Der Arduino kann über eine externe Spannungsquelle (7–12 V) oder USB (5 V) mit Strom versorgt werden.

Mikrocontroller

Ein Mikrocontroller ist die Steuerzentrale eines Computers. Der Mikrocontroller setzt sich aus einem Chip mit integriertem Mikroprozessor, Arbeitsspeicher, Kommunikationsschnittstellen und weiteren Funktionseinheiten zusammen. Auf dem Arduino befindet sich ein ATmega328-Mikrocontroller der Firma Atmel. Er hat den Vorteil, dass er preiswert und leicht zu programmieren ist.

Abbildung 7-2:
Der Arduino Uno

Den Arduino mit dem PC verbinden

Um mit dem Arduino einfache Programmierungen auszuführen, müssen die Programmierungen zunächst auf dem Mikrocontroller abgespeichert werden. Dazu wird der Arduino über ein USB-Kabel mit einem Computer verbunden. Wie auf der Abbildung zu sehen ist, wird das USB-Kabel in die silberne USB-Buchse auf dem Arduino gesteckt.

Abbildung 7-3:
USB-Kabel Anschluss am Arduino

Die Arduino-Software

Die Entwicklungsumgebung der Arduino-Mikrocontroller ist die Arduino-IDE (Integrated Development Enviroment). Mit dieser Software lassen sich neue Programme für den Arduino in der Programmiersprache C/C++ schreiben. Es ist aber auch möglich, schon existierende Programmierungen hochzuladen. Greift man auf die bereits geschriebenen Programme zurück, ist weder Programmiererfahrung noch das Lernen einer neuen Programmiersprache erforderlich. Die Arduino-IDE kann kostenlos von der Arduino-Internetseite *www.arduino.cc* heruntergeladen werden.

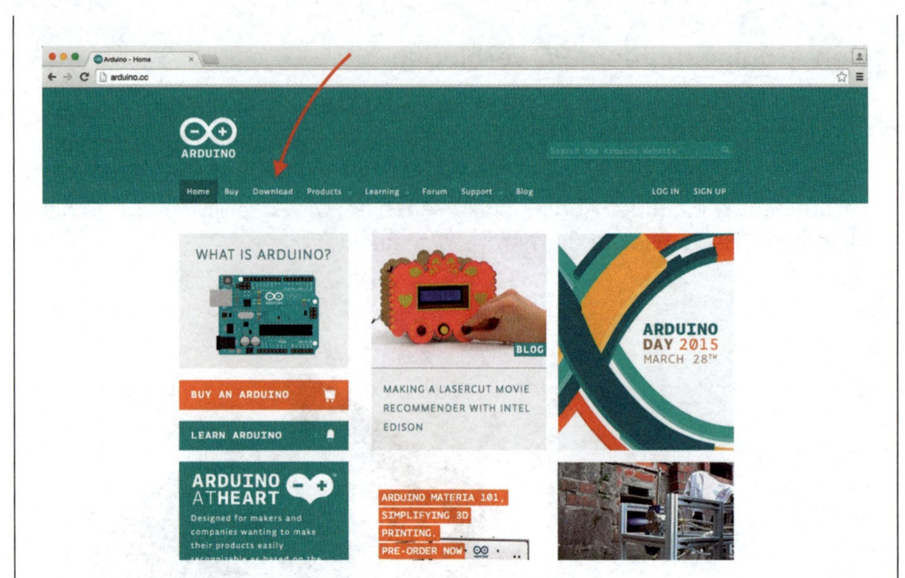

Abbildung 7-4:
Die Arduino-Homepage

Dort findet man in der Menüleiste den Eintrag *Download*. Mit einen Klick auf den Menüpunkt wird man auf die Arduino-IDE-Download-Seite weitergeleitet. Dort steht der Download der Software für das Windows-, das Mac-OS-X- und das Linux-Betriebssystem zur Verfügung.

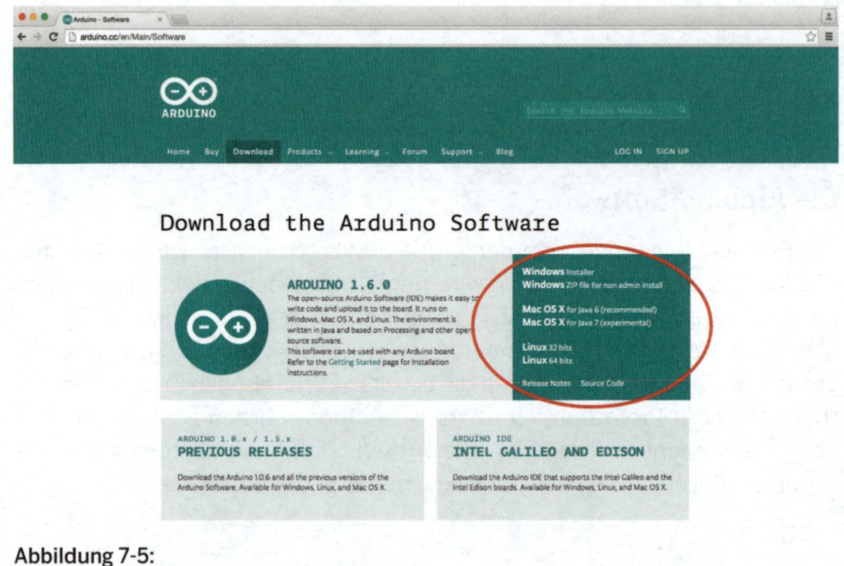

Abbildung 7-5:
Die Arduino-Software zum Herunterladen

Nachdem die richtige Datei heruntergeladen ist, muss die Datei entpackt werden. Dies geschieht durch einen Doppelklick auf die Arduino-Applikation beim Mac OS X oder die Arduino.exe-Datei bei Windows. Sollten Warnungen während der Installation angezeigt werden, können sie ignoriert werden. Die Arduino-Entwicklungsumgebung ist nun installiert und kann getestet werden. Beim Starten des Programms öffnet sich ein kleines Fenster – ein sogenannter *Sketch*.

Abbildung 7-6:
Der Sketch-Startbildschirm öffnet sich.

In diesem Sketch wird der Arduino-Code geschrieben. Man kann auch auf schon vorhandene Programme zurückgreifen und sie in den Sketch laden.

Das Hochladen von Beispielprogrammen

Der Arduino wird zunächst über ein USB-Kabel mit dem PC verbunden. Bevor Programme auf den Arduino Uno geladen werden können, müssen in der Entwicklungsumgebung noch das entsprechende Board und der Anschluss definiert werden. Im Pull-down-Menü Tools befindet sich eine Auswahl unterstützender Arduino-Boards. Auch der Arduino Uno ist hier aufgelistet, er wird mit einem Klick über *Tools > Board > Arduino Uno* ausgewählt.

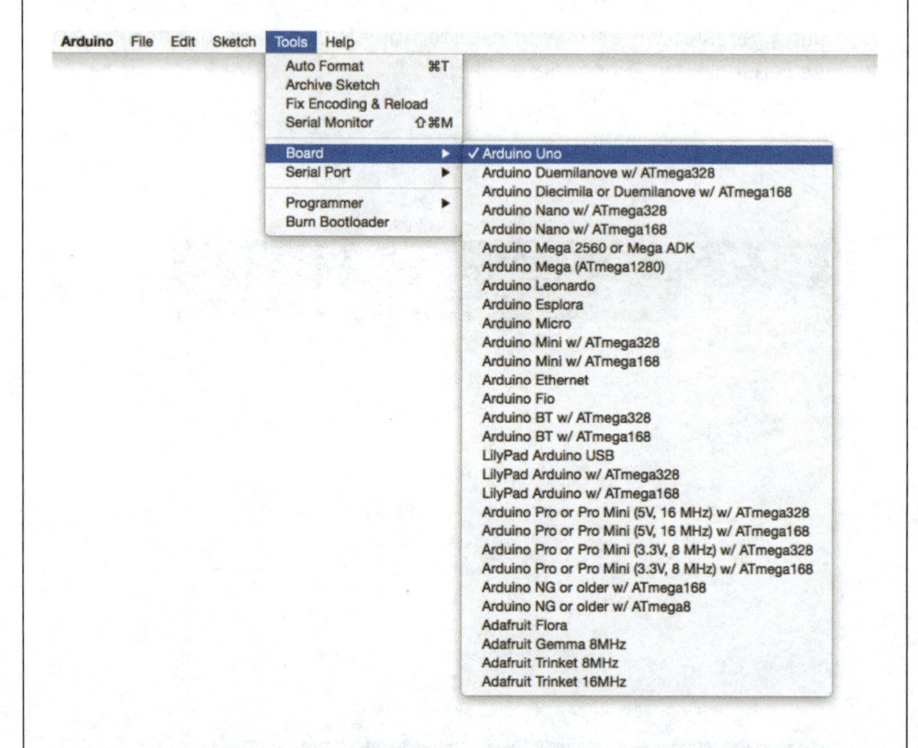

Abbildung 7-7:
Anwählen des Arduino-Uno-Boards

Im gleichen Menüpunkt werden alle seriellen Anschlüsse des Computers aufgeführt. Hier findet man auch den USB-Adapter des angeschlossenen Arduino. Beim Mac-OX-S-Betriebssystem fängt er mit /dev/tty/usb… an. Der Anschluss beim Windows-Computer wird COM1, COM14 oder ähnlich heißen. Der serielle Anschluss wird über Tools > Port > /dev/tty/usb… bestimmt.

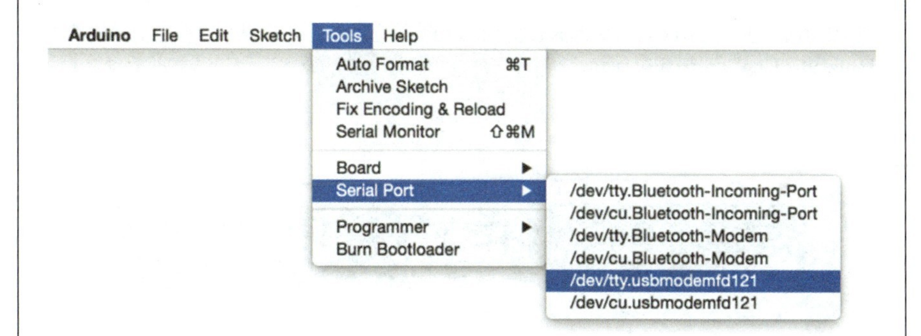

Abbildung 7-8:
Der Serial Port wird bestimmt.

Nun können Beispielprogramme in den Sketch geladen werden, die z. B. eine LED blinken lassen. Über das Pull-down-Menü *File* > *Examples* > *01. Basics* > *Blink* lässt sich der Code auswählen und hochladen.

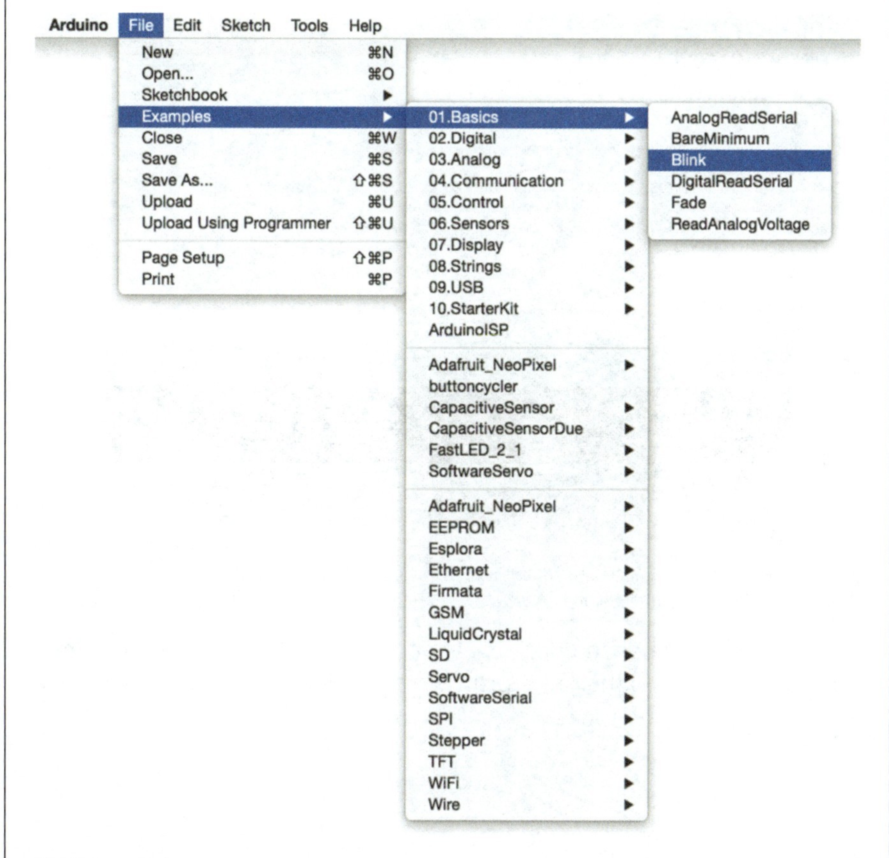

Abbildung 7-9:
Das Hochladen einer Beispiel-Programmierung

Nachdem der Blink-Code angeklickt wurde, öffnet sich ein Fenster mit der Beispiel-Programmierung.

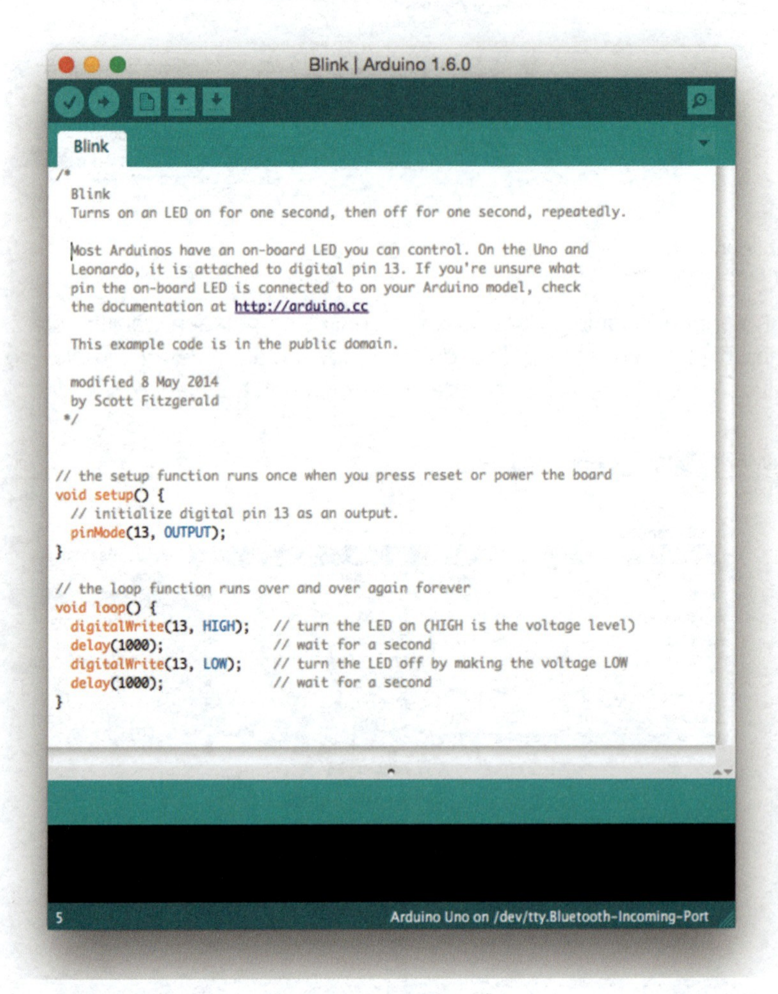

Abbildung 7-10:
Dieser Code lässt eine LED blinken.

Bei selbstgeschriebenen oder abgeänderten Programmen kann der Code nochmals auf Korrektheit überprüft werden. Dies erfolgt mit einem Klick auf das Häkchen oben links.

Abbildung 7-11:
Mit einem Klick auf das Häkchen wird der Code geprüft.

Nachdem der Code geprüft wurde, kann er auf den Arduino geladen werden. Hierfür klickt man auf den Pfeil oben links direkt neben dem Häkchen.

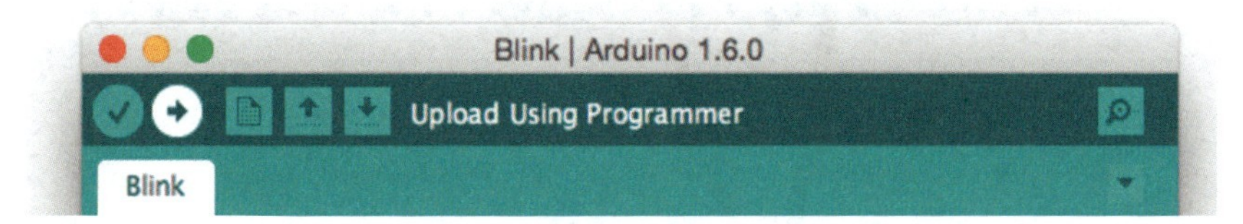

Abbildung 7-12:
Das Programm wird über den Pfeil auf den Arduino geladen.

Nach ein paar Sekunden wird ein *Done Uploading* unten im Sketch erscheinen, und das Programm ist auf dem Arduino-Mikrocontroller gespeichert. Schließt man nun eine einfache LED an den vorher definierten Pin (hier Pin 13) und GND des Arduino an, wird die LED aufblinken. Zusätzlich ist es wichtig, einen 220-Ohm- bis 1-kOhm-Widerstand zwischen Pin 13 und die LED zu stecken. Diese Beispiel-Codes eignen sich sehr gut, um mit dem Arduino und der Arduino-IDE vertraut zu werden. Im Internet findet man viele weitere Projekte rund um den Arduino.

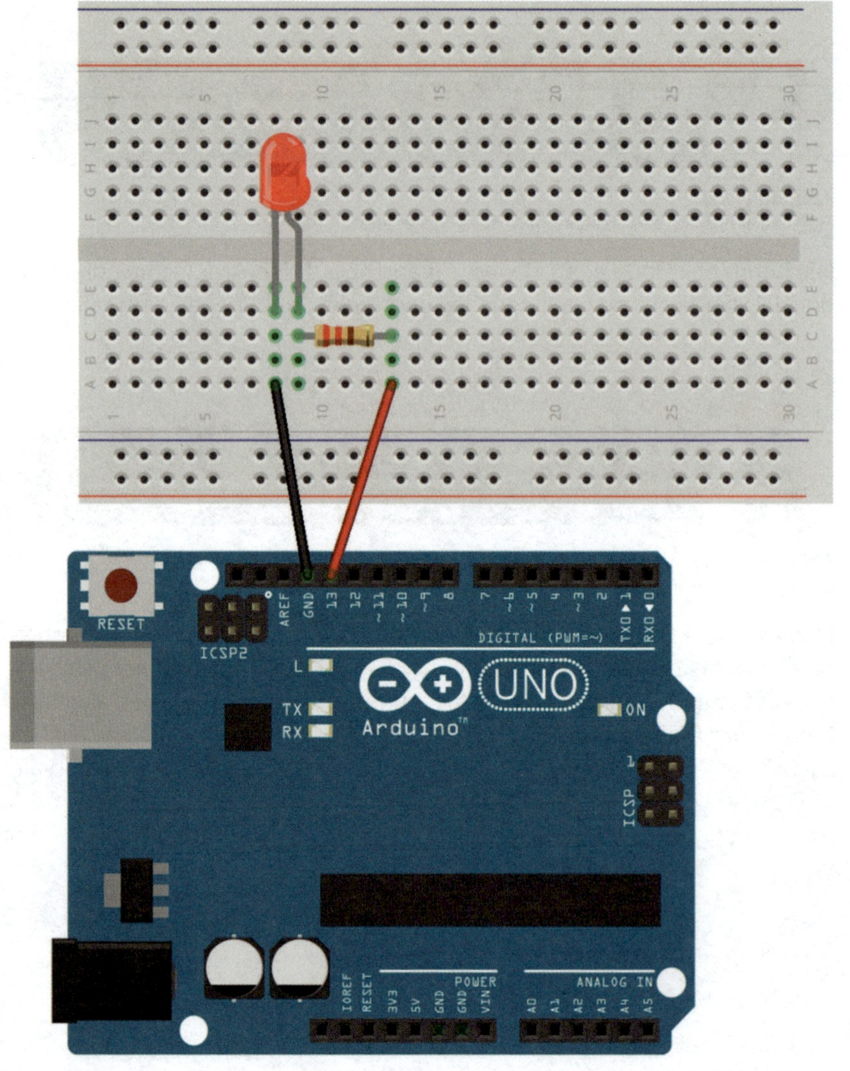

Abbildung 7-13:
Aufbau für die blinkende LED

Sollte beim Hochladen des Programms eine orangefarbene Fehlermeldung angezeigt werden, kann nach Lösungsansätzen im Internet gesucht werden. Einfach die Meldung kopieren, in eine Suchmaschine eingeben und Lösungsvorschläge finden.

Benötigte Bauteile für die LED-Hosenträger

Abbildung 7-14:
Materialien für die leuchtenden Hosenträger

- 1 Hosenträger (6 €)
- 1 30 cm-Klettverschluss, 1 cm breit (1 €)
- 2 Meter 5 V WS2811 LED-Streifen 30LEDs/m (15 €)
- 1 JST-Stecker und Buchse (3,50 €)
- 1 Arduino Uno (24 €)
- 1 Leiterplatte (4,50 €)
- 2 6-Pin-Buchsenleisten (1 €)
- 8-Pin-Buchsenleiste (1 €)
- 1 Arduino-Box (12 €)
- 1 9 V-Batterieclip (1,50 €)
- 1 9 V-Batterie (3 €)

Werkzeuge

- USB-Kabel Typ B
- Schere
- Lötkolben
- Lötzinn
- Lötkabel

- Heißklebepistole
- Zangen
- Dritte Hand
- ggf. Nadel und Faden

Aufbau

Die LED-Streifen werden an die Hosenträger geheftet und mit einem Mikrocontroller verbunden. Er kommt zusammen mit einer Batterie in eine Box, die beim Tragen der Hosenträger in der hinteren Hosentasche mitgeführt werden kann:

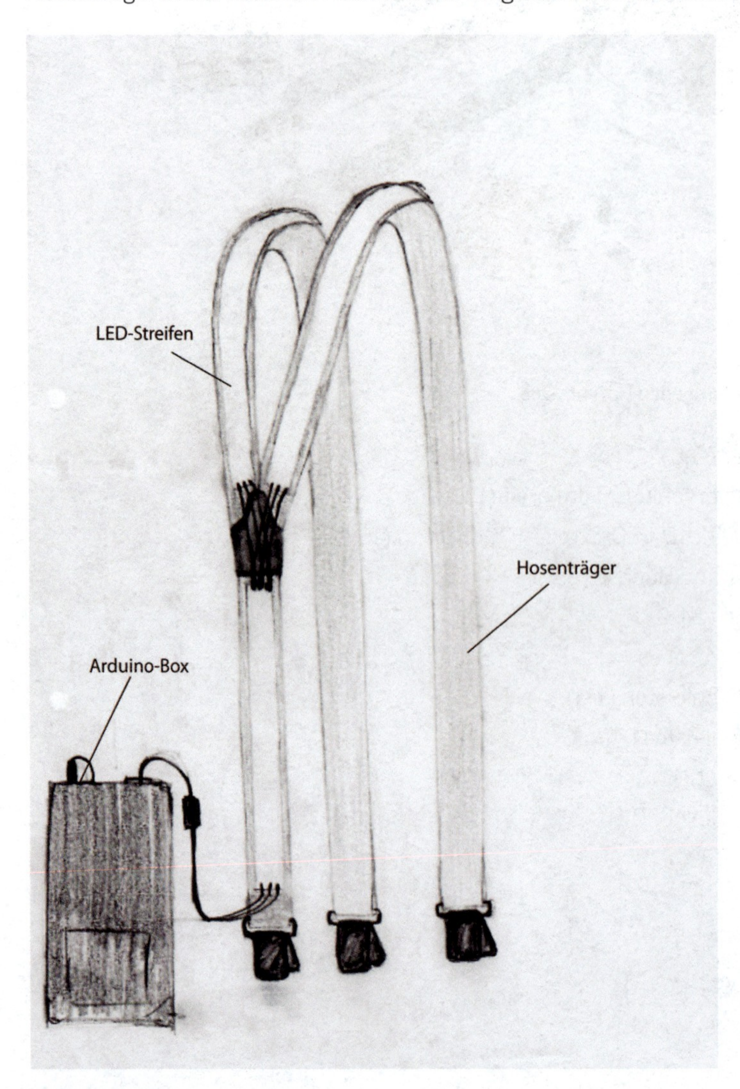

Abbildung 7-15:
Skizze der fertigen Hosenträger

RGB-LED-Streifen verstehen

RGB-LEDs sind komplexer als einfache LEDs. Eine RGB-LED setzt sich aus einer roten, einer grünen und einer blauen LED sowie einem kleinem Controller zusammen. Hierdurch können die LEDs ihre Position auf dem LED-Streifen bestimmen und lassen sich einzeln ansprechen. Zudem können Leuchtkraft und Farbe der drei LEDs separat bestimmt werden, wodurch unendlich viele Farbkombinationen möglich sind. Um die LEDs zum Leuchten zubringen, benötigen sie also neben Stromzu- und -abfuhr auch Informationen über Farbzusammensetzung, Sättigung und Helligkeit.

Auf dem LED-Streifen befinden sich drei Leiterbahnen: V5+ (Volt 5+), GND (Ground) und DI (Data In) bzw. DO (Data Out). V5+ versorgt die LEDs mit Strom, GND leitet den Strom ab und über die mittlere Bahn DI fließt die Programmierung zum Ansteuern der LEDs. Der Datenfluss erfolgt auf den LED-Streifen nur in eine Richtung, die durch einen Pfeil markiert ist. An den Anfang der Daten-Leiterbahn muss ein vorprogrammierter Mikrocontroller angeschlossen werden. Er wird zunächst an einen Computer angeschlossen, um das LED-Programm aufspielen zu können. Für die leuchtenden Hosenträger wird hier der Arduino Uno verwendet.

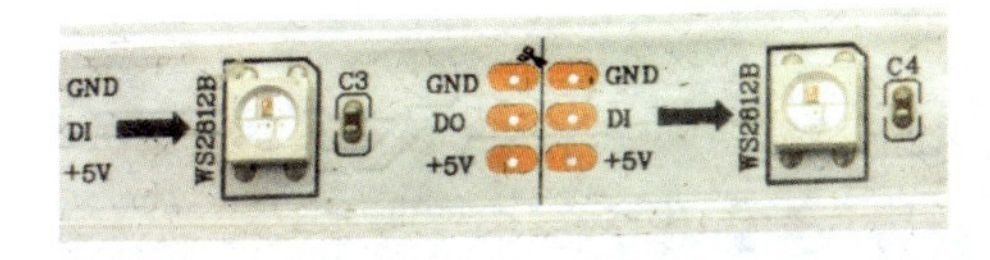

Abbildung 7-16:
Nahaufnahme des RGB-LED-Streifens

Die LED-Streifen sind sehr empfindlich und dürfen nicht geknickt oder schräg gebogen werden, sonst können schnell Kontakte oder einzelne LEDs kaputtgehen.

Die Installation der LED-Bibliothek

Für die leuchtenden Hosenträger muss ein komplexeres Programm auf den Arduino geladen werden als die der Beispiel-Programme aus der Arduino-IDE. Man kann Bibliotheken mit bereits vorbereiteten Programmen herunterladen, die nur noch ein wenig modifiziert werden müssen. Unter einer Bibliothek versteht man eine Ansammlung von Codes, die in der Arduino-IDE gespeichert werden können und die dem Benutzer das Integrieren weiterer Bauteile wie z. B. Sensoren oder Motoren erleichtern. Für die RGB-Streifen eignet sich die NeoPixel Library von Adafruit, da sie gleich mehrere Programme zur Ansteuerung der LEDs bereitstellt.

Den Zugriff auf die NeoPixel Library bekommt man über die Internetseite von Adafruit: *www.adafruit.com*. Wenn man in der Menüleiste Shop anwählt und NeoPixel anklickt, gelangt man zur Übersicht der NeoPixel-Angebote von Adafruit.

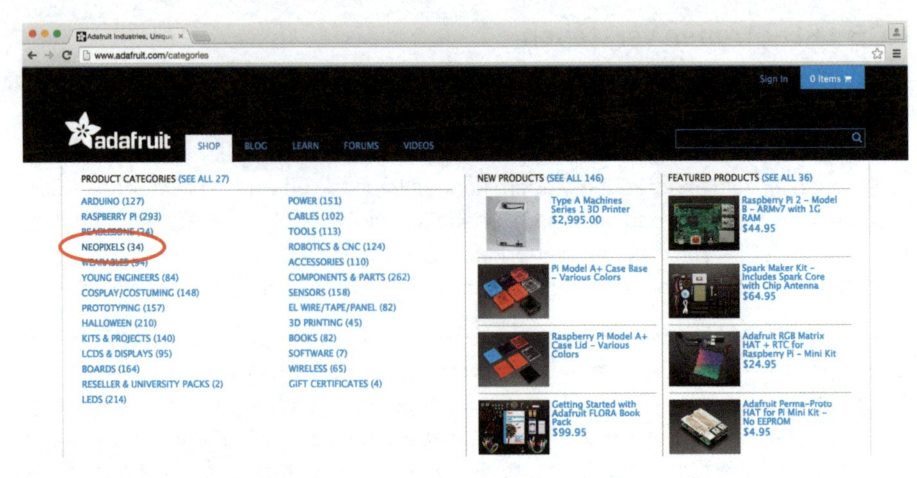

Abbildung 7-17:
Die Shop-Übersicht von Adafruit

Hier findet man einen in blau markierten Link zur NeoPixel Library.

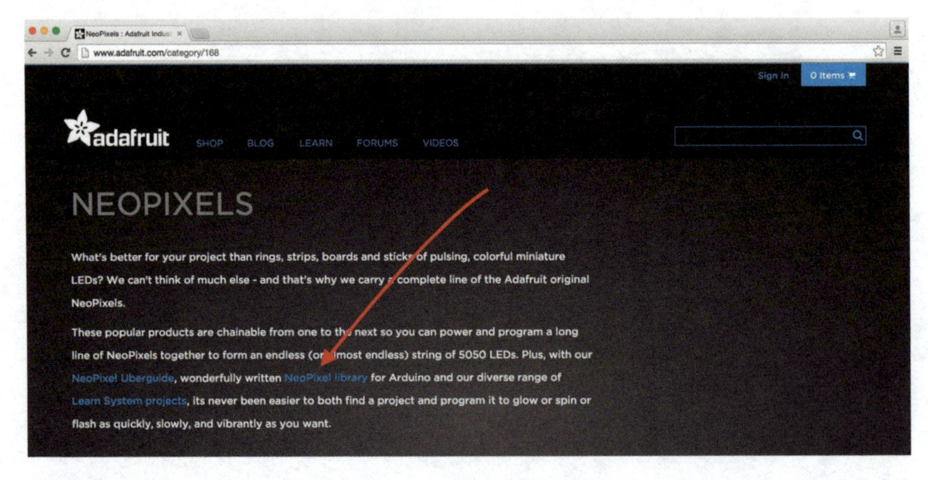

Abbildung 7-18:
Link zu der NeoPixel Bibliothek

Klickt man auf diesen Link, öffnet sich ein neuer Tab und man gelangt zu GitHub. GitHub ist ein Internetdienst, über den man Dateien auf einem zentralen Datenspeicher ablegen und weltweit abrufen kann. GitHub ist spezialisiert auf Software-Entwicklungsprojekte. Auch die NeoPixel Library ist bei GitHub hinterlegt und lässt sich rechts unten als Zip-Datei herunterladen.

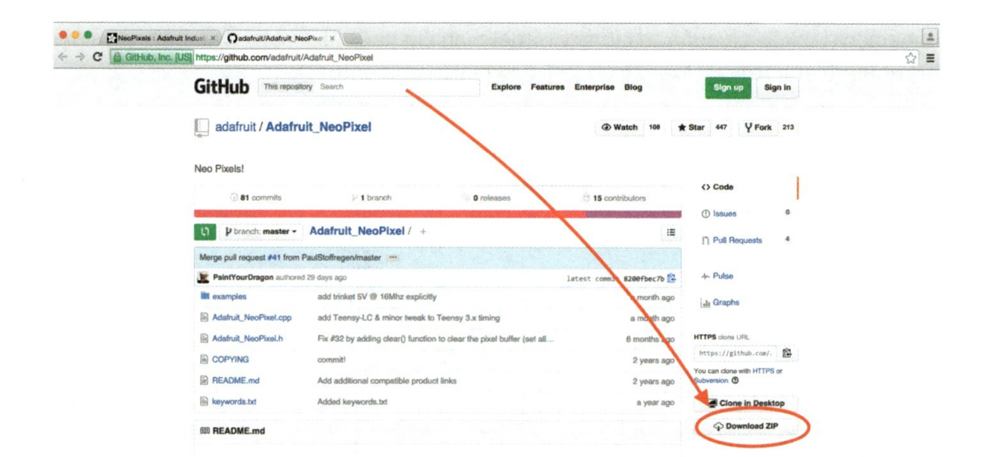

Abbildung 7-19:
Die Zip-Datei auf GitHub zum Herunterladen

Nachdem der Download abgeschlossen ist, muss die Arduino-IDE erneut geöffnet werden, um die Bibliothek zu importieren. Dies erfolgt über das Pull-down-Menü *Sketch > Import Library > Add Library*.

Abbildung 7-20:
Importieren der Neo-Pixel Bibliothek

Mit einem Linksklick auf *Add Library* öffnet sich ein neues Fenster, und man kann die heruntergeladene NeoPixel-Zip-Datei auswählen und entpacken.

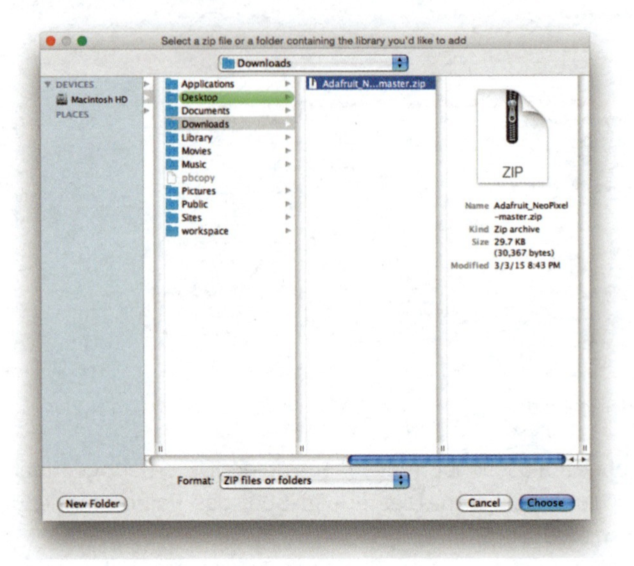

Abbildung 7-21:
Die Zip-Datei wird entpackt.

Das Hochladen des NeoPixel-Codes

Mit diesem Vorgang wurde die Adafruit Neopixel Library in die Arduino-Bibliothek hinzugefügt. Es empfiehlt sich, die Arduino-IDE zu schließen und erneut zu starten, damit die Bibliothek angezeigt wird. Anschließend kann man auf den NeoPixel-Code zugreifen und ihn in einem neuen Sketch öffnen. Dies gelingt über den Menüpunkt *File > Sketchbook > libraries >AdafruitNeoPixelMaster > strandtest*.

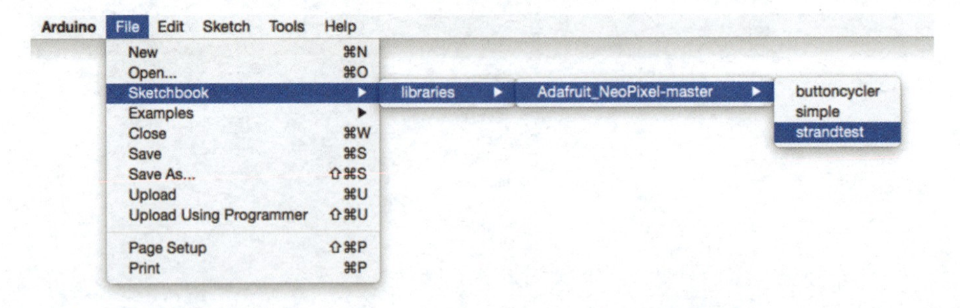

Abbildung 7-22:
Öffnen des NeoPixel-Sketches 'Strandtest'

Der Strandtest-Code ist komplex und man muss ihn zu Beginn nicht verstehen, um mit ihm arbeiten zu können. Lediglich zwei Modifizierungen sind notwendig, um den Code auf die LED-Streifen der leuchtenden Hosenträger anzupassen. Zum einen muss der Ausgangs-Pin auf dem Arduino-Board definiert werden, damit der Mikrocontroller das Programm an den richtigen Pin schickt. Dies gelingt, indem bei *#define PIN* die Nummer des Pins auf dem Arduino-Board angegeben wird, der nachher mit der mittleren DI-Bahn des LED-Streifens verlötet wird. In diesem Projekt ist es Pin 0.

Zum anderen muss die Anzahl der LEDs auf dem LED-Streifen angegeben werden, um alle LEDs zum Leuchten zu bringen. Vorsicht: Bei den Hosenträgern spaltet sich der Datenverkehr nach dem ersten kürzeren LED-Streifen. Es müssen nur die LEDs des kurzen und eines längeren Streifens gezählt werden. Bei diesem Projekt werden insgesamt 54 LEDs verwendet, aber es müssen nur 30 angegeben werden. Dieser Schritt kann nachgeholt werden, sobald die LED-Streifen zugeschnitten und auf die Hosenträger geheftet sind.

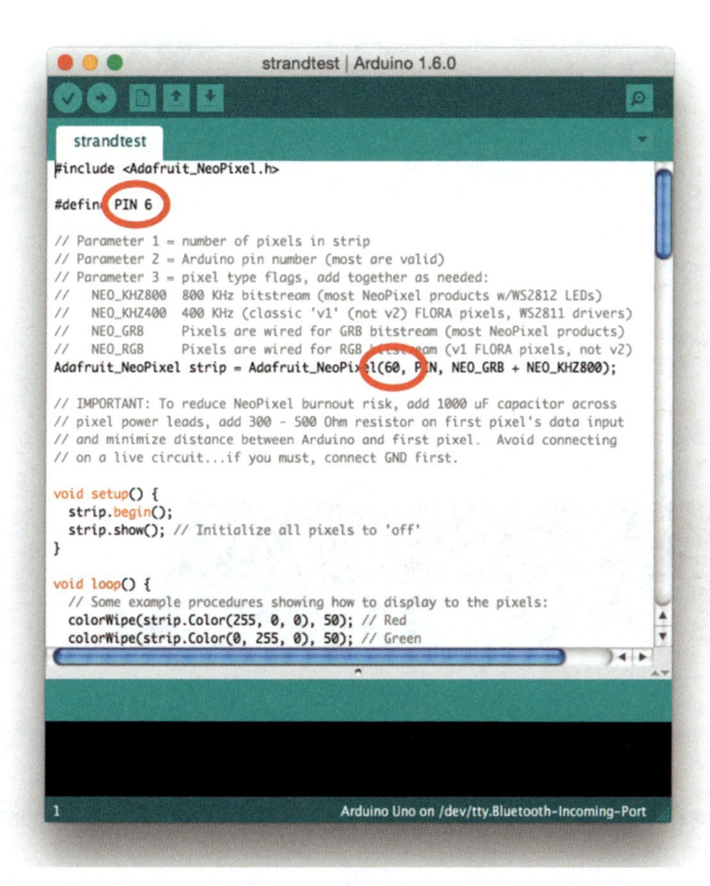

Abbildung 7-23:
Der Pin und die Anzahl der LEDS werden im Code angepasst.

Jetzt sind alle Voreinstellungen getroffen, und die Programmierung kann auf der Arduino geladen werden. Dies erfolgt wie beim Beispielprogramm *Blink* über den Pfeil links oben im Fenster.

Der Strandtest-Code besteht aus neun unterschiedlichen Programmen, die nacheinander auf dem LED-Streifen abgespielt werden. Sie lassen die LEDs in unterschiedlichen Farben und Abständen aufleuchten. Die einzelnen Codes fangen mit den Namen *colorWipe*, *theaterChase* bzw. *rainbow* an.

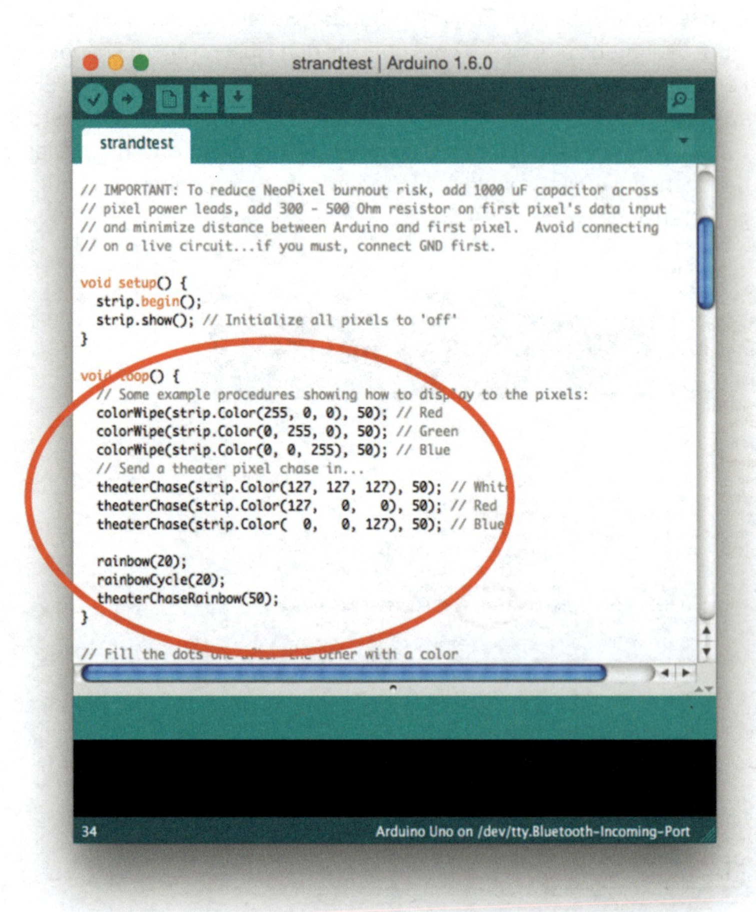

Abbildung 7-24:
Alle neun LED-Programmierungen

Die Liste mit den neun Programmen kann beliebig bearbeitet werde, je nachdem, welche Sequenzen man abspielen lassen möchte. Der Name des Codes kann entweder mit der Maus markiert und dann über die Rücktaste aus dem Sketch gelöscht werden oder nur über die Rücktaste.

```
strandtest | Arduino 1.6.0
strandtest §
void setup() {


  strip.begin();
  strip.show(); // Initialize all pixels to 'off'
}

void loop() {
  // Some example procedures showing how to display to the pixels:
  colorWipe(strip.Color(255, 0, 0), 50); // Red
  colorWipe(strip.Color(0, 255, 0), 50); // Green
  colorWipe(strip.Color(0, 0, 255), 50); // Blue
  // Send a theater pixel chase in...
  theaterChase(strip.Color(127, 127, 127), 50); // White
  theaterChase(strip.Color(127,   0,   0), 50); // Red
  theaterChase(strip.Color(  0,   0, 127), 50); // Blue

  rainbow(20);
  rainbowCycle(20);
  theaterChaseRainbow(50);
}
```

Abbildung 7-25:
Die einzelnen Programme können herausgeschnitten werden.

Anschließend muss der veränderte Code wieder auf den Arduino geladen werden. In diesem Beispiel werden alle Programme bis auf *theaterChaseRainbow* gelöscht.

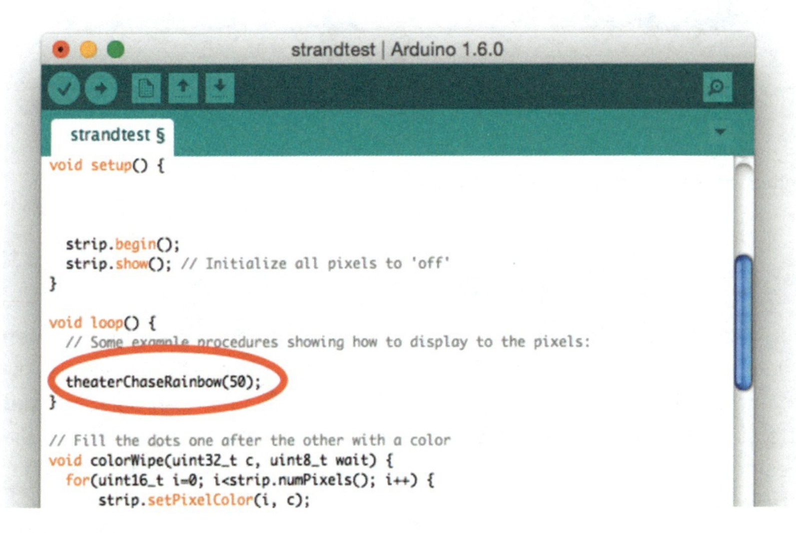

Abbildung 7-26:
Nur das LED-Muster `theatreChaseRainbow` bleibt im Code.

Um nachher wieder auf alle LED-Programme Zugriff zu haben, sollte dieser Sketch unter einem anderen Namen gespeichert werden. Dies erfolgt unter dem Pull-down-Menü File > Save AS... Im Arduino-NeoPixel-Ordner kann ein neuer Ordner angelegt werden, um dort alle abgewandelten Dateien zu speichern.

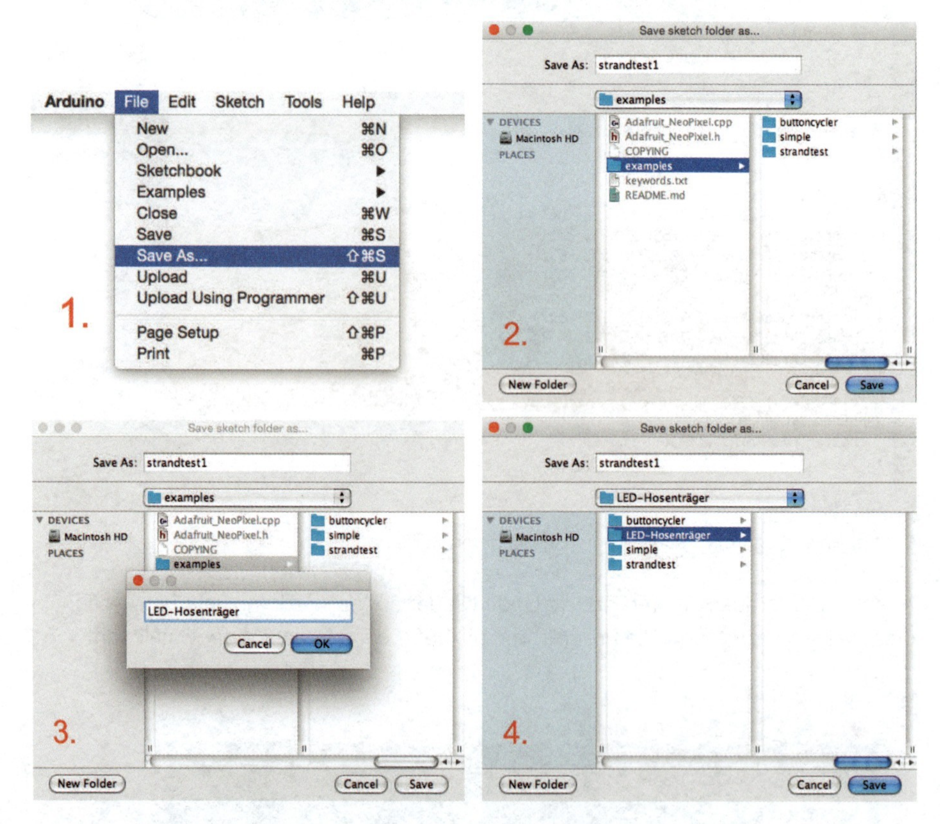

Abbildung 7-27:
In vier Schritten wird der veränderte Code gespeichert.

Arduino-Leiterplatte vorbereiten

Der Arduino Uno ist somit fertig programmiert. Jetzt fehlen noch die Komponenten für die Arduino-Box. Für den nächsten Schritt werden die Leiterplatte, die vier Buchsenleisten und der entsprechende 3-polige JST-Stecker benötigt. An der Seite der Leiterplatte sind jeweils 2 × 6 bzw. 8 Bohrungen nebeneinander angeordnet, in die die Pins gesteckt werden. Die 6- und 8-Pin-Buchsenleisten werden von unten mit der Leiterplatte verlötet.

Abbildung 7-28:
Verlöten der Pins mit der Leiterplatte

Anschließend werden die drei Kabel des Steckers ebenfalls von unten auf die Platte gelötet. Das rote Kabel kommt in die 5 V-Bohrung, das schwarze in GND und das grüne Datenkabel wird, wie vorher festgelegt, mit dem A0-Pin zusammengelötet.

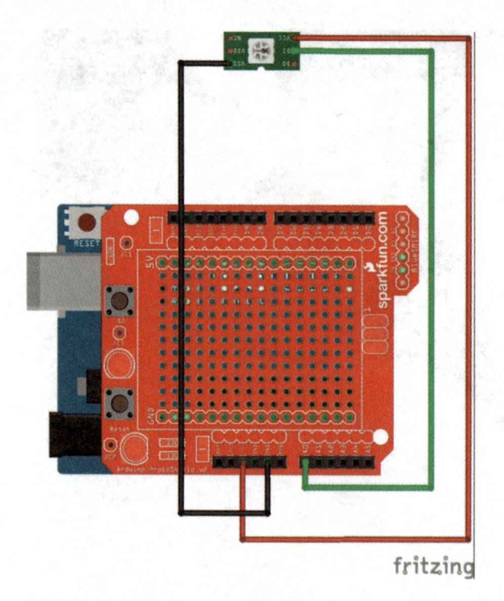

Abbildung 7-29:
Aufbau Arduino mit Leiterplatte

Die Leiterplatte kann jetzt auf den Arduino gesteckt werden.

Abbildung 7-30:
Der Arduino mit der aufgesteckten Leiterplatte

Box zusammenbauen

Damit der Arduino und die Kabel beim Tragen geschützt sind, wird alles in eine Arduino-Box gesteckt. Hier hinein passt auch eine 9 V-Block-Batterie, um das Board mit Strom zu versorgen.

Abbildung 7-31:
Die 9 V-Block-Batterie mit Batterieclips

Zunächst muss das mittlere Bein in der Box abgeknipst werden, da sonst die Leiterplatte nicht hineinpasst. Dann wird der Arduino mit der aufgesetzten Leiterplatte in die Box gesteckt.

Abbildung 7-32:
In der Box wird das mittlere Bein abgeknipst.

Nachdem der Batterieclip auf die Block-Batterie gedrückt wurde, kann sie in die Box gelegt und an den Arduino angeschlossen werden. Der Stecker des Batterieclips gehört in die runde schwarze Buchse. Eine grüne und orangefarbene LED sollten dann auf dem Board aufleuchten.

Abbildung 7-33:
Alle Bauteile in der Arduino-Box

Die Vorbereitung der LED-Hosenträger

Die LEDs bestehen aus kleinsten elektronischen Bauteilen, die schnell kaputtgehen können. Bevor man die LED-Streifen für die Hosenträger zurechtschneidet, sollte getestet werden, ob alle LEDs einwandfrei funktionieren. Hierzu eignet sich auch das Adafruit-NeoPixel-Programm. Zuerst den Arduino am PC anschließen, den Pin auf dem Board und die Anzahl der LEDs im Code definieren und das Programm hochladen. Anschließend den LED-Streifen mit dem Arduino über den JST-Stecker, der vorher an die Leiterplatte gelötet wurde, verbinden und den Streifen testen. Sollte noch keine JST-Buchse an den Anfang des LED-Streifens gelötet sein, wird in Schritt 8 beschrieben, wie die Kabel verlötet werden.

Die Hosenträger sind im Gegensatz zum LED-Streifen elastisch. Damit die LED-Streifen beim Tragen die richtige Länge haben, werden sie auf die Länge des getragenen Hosenträgers zugeschnitten. Im unbenutzten Zustand wird sich der Hosenträger mit den LED-Streifens etwas kräuseln.

LED-Streifen zuschneiden

Als Erstes müssen die Hosenträger angelegt werden, um die benötigte Länge der drei LED-Streifen ausmessen zu können. Es ist wichtig, die Hosenträger nicht zu stramm zu ziehen, damit der Klettverschluss später gut aufgeklebt werden kann. Die Skizze zeigt, an welchen Stellen die Maße für die Länge der LED-Streifen genommen werden:

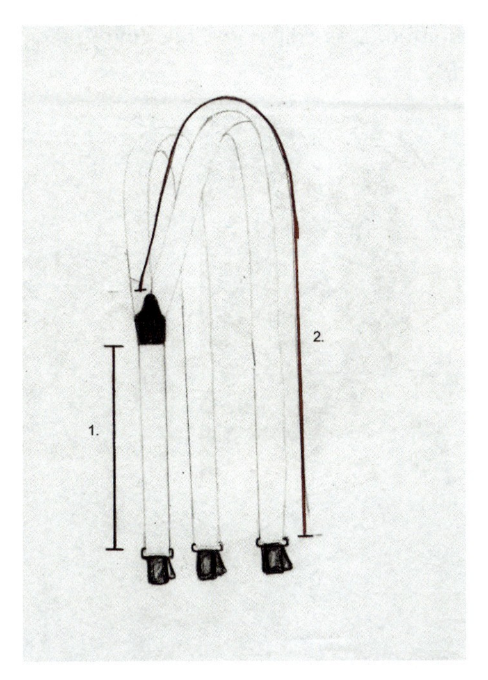

Abbildung 7-34:
Skizze zur Maßabnahme an den Hosenträgern

Nun werden die drei LED-Streifen zugeschnitten. Achtung: Die Streifen dürfen nur an einer mit einer Schere gekennzeichneten Markierung durchgeschnitten werden, sonst ist es später nicht möglich, Kabel an die Schnittstelle des LED-Streifens zu löten. Wenn am Anfang des LED-Streifens bereits eine JTS-Buchse gelötet ist, sollte dieser Abschnitt für den kleinen LED-Streifen im Rücken genommen werden. Dadurch erspart man sich Lötarbeit.

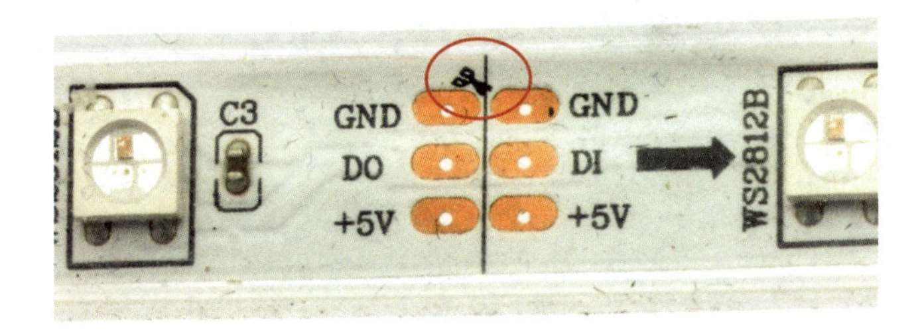

Abbildung 7-35:
Markierte Schnittstelle auf dem LED-Streifen

Klettband anbringen

Anschließend werden Rechtecke auf die Unterseite der LED-Streifen eingezeichnet und aus dem Silikonschlauch herausgeschnitten. Dies sollte am Ende und Anfang sowie unter jeder dritten LED erfolgen.

Abbildung 7-36:
Herausschneiden der Rechtecke aus dem Silikonschlauch

Aus dem Kletterverschluss-Streifen wird die gleiche Anzahl Rechtecke mit identischer Größe zurechtgeschnitten. Danach werden die Klettstücke mit der Schlaufenseite (flauschigen Seite) durch die Löcher des Silikonschlauchs auf den LED-Streifen geklebt.

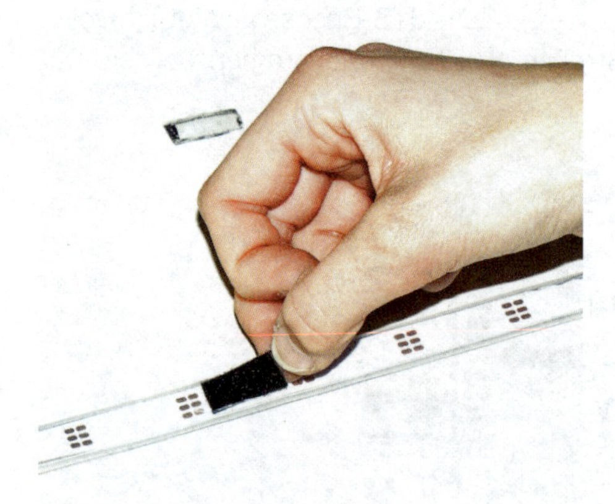

Abbildung 7-37:
Aufkleben des selbstklebenden Klettbands

Jetzt müssen die Klettstücke mit den Widerhaken an die richtige Stelle auf den Hosenträgern platziert werden. Hierzu wird das entsprechende gegenüberliegende Klettstück zurück auf das flauschige Klettstück auf dem LED-Streifen geheftet und das Klebeband wird entfernt. Anschließend wird der Hosenträger auf die Länge des LED-Streifens gezogen.

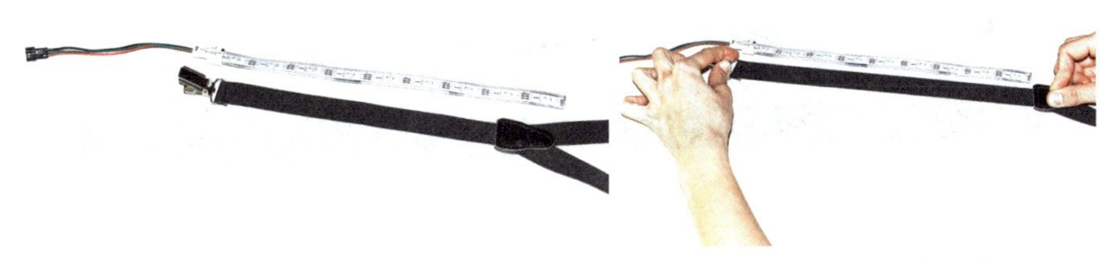

Abbildung 7-38:
Links: Der LED-Streifen ist deutlich länger. Rechts: Der Hosenträger wird auf die Länge des LED-Streifens gezogen.

Mit der klebenden Seite nach unten wird der LED-Streifen auf dem langgezogenen Hosenträger positioniert und festgedrückt. Auf dem LED-Streifen sind kleine Pfeile, welche die Richtung des Datenflusses markieren. Die Richtung muss beim Aufkleben unbedingt beachtet werden!

Wenn der LED-Streifen vorsichtig abgezogen wird, sollten die Haken-Klettstücke auf den Hosenträgern kleben bleiben und nochmals festgedrückt werden. Um sicherzugehen, dass sich der Klettverschluss nicht wieder löst, können die Stücke zusätzlich festgenäht werden.

Abbildung 7-39:
Der LED-Streifen ist an die Hosenträger geheftet.

Der Hosenträger kräuselt sich ein wenig, da er unter Spannung steht. Sobald man ihn trägt, wird er sich wieder glatt ziehen. Dieser Vorgang wird mit den zwei anderen Streifen wiederholt.

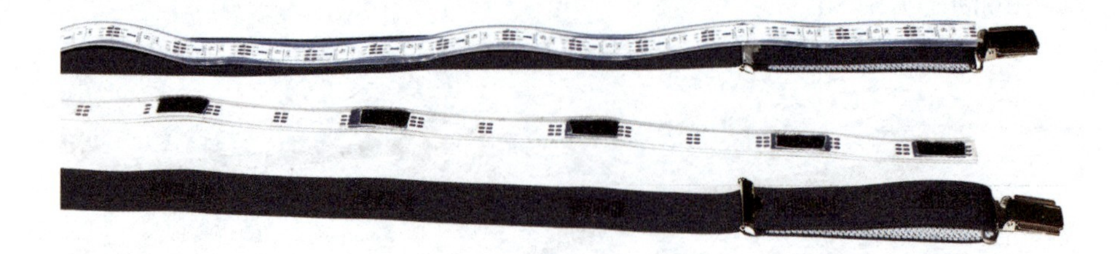

Abbildung 7-40:
Der fertig beklebte Hosenträger

LED-Streifen zusammenlöten

Die LED-Streifen müssen anschließend zusammengelötet werden. Hierzu werden sie wieder von den Hosenträgern gelöst. Sollte noch keine JST-Buchse mit dem Anfang des LED-Streifens verbunden sein, wird er zunächst angelötet. Die Buchse hat drei Kabel: Das rote Kabel versorgt die LEDs mit Strom und wird an die mit einer 5 V+ markierten Bahn gelötet. Das schwarze Kabel wird an GND (Ground) gelötet, damit der Strom wieder abfließen kann. Das dritte Kabel ist für die Datenübertragung verantwortlich. Es wird mit der mittleren DI(Data Input)-Leiterbahn verlötet.

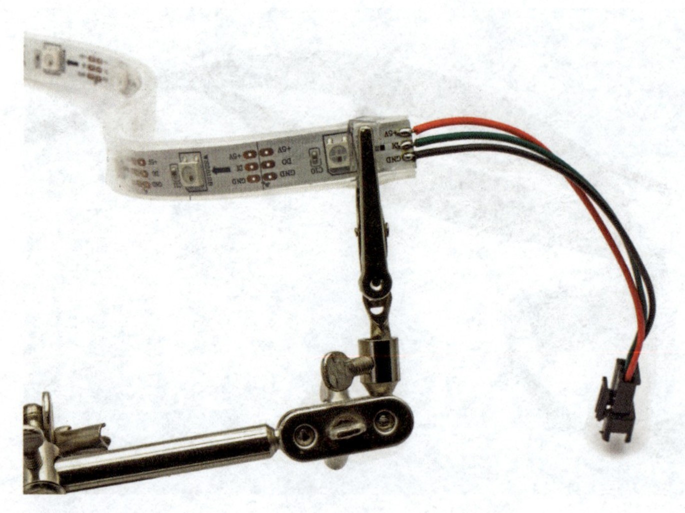

Abbildung 7-41:
Nahaufnahme des LED-Streifens

Danach werden 6 ca. 4 cm lange Kabel zurechtgeschnitten, mit denen die zwei langen LED-Streifen mit dem kürzeren Streifen im Rücken verbunden werden. Es wird je ein Kabel an die 5 V+-, DI- und GND-Bahn an den Anfang der beiden langen LED-Streifen gelötet.

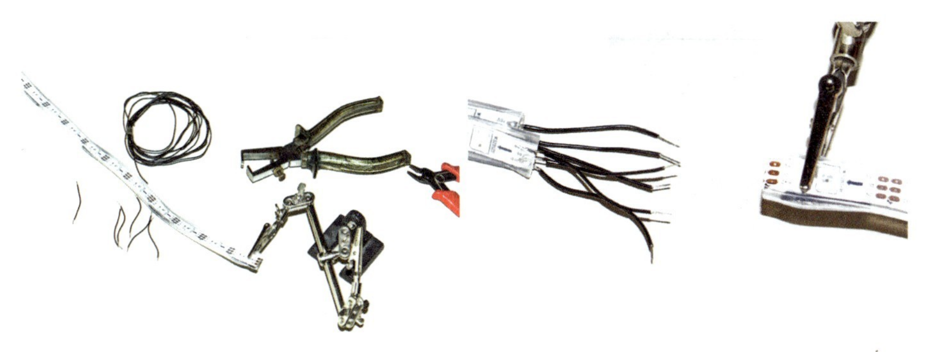

Abbildung 7-42:
Links: Der Lötvorgang wird vorbereitet. Rechts: Kabel werden mit den Schnittstellen verlötet.

Die jeweils andere Seite der Kabel wird mit dem Ende des kürzeren LED-Streifens zusammengelötet. Hierbei muss darauf geachtet werden, dass die beiden Kabel mit der zugehörigen Bahn verlötet werden. Die Kabel von 5 V+ kommen dementsprechend an 5 V+, GND an GND und beide DI-Kabel werden an DO (Data Out) gelötet.

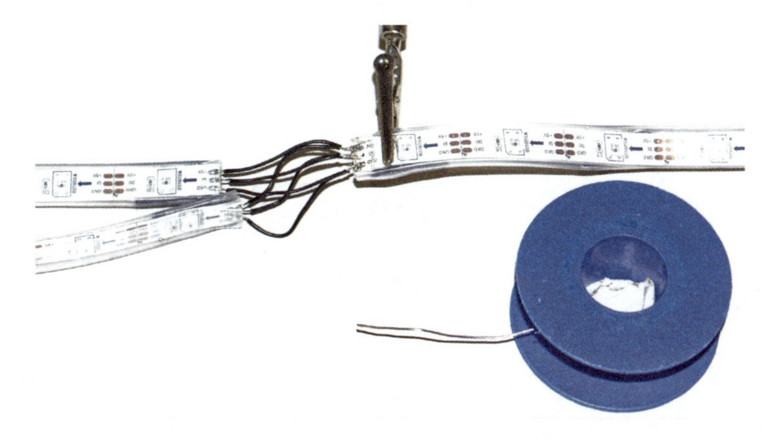

Abbildung 7-43:
Die LED-Streifen sind fertig zusammengelötet.

Im letzten Schritt werden alle offenen Schnittstellen der LED-Streifen mit Heißkleber aufgefüllt. Einfach mit einer Pinzette die Öffnung des Silikonschlauchs auseinanderhalten und vorsichtig etwas Kleber hineindrücken. Man kann auch ein wenig Kleber um den Silikonschlauch von außen aufgetragen.

Abbildung 7-44:
Die Schnittkanten werden mit Heißkleber aufgefüllt.

Nachdem der Kleber ausgekühlt ist, kann der Silikonmantel nicht mehr verrutschen, außerdem sind die Lötstellen geschützt. Die LED-Streifen werden nun zurück auf die Hosenträger geheftet.

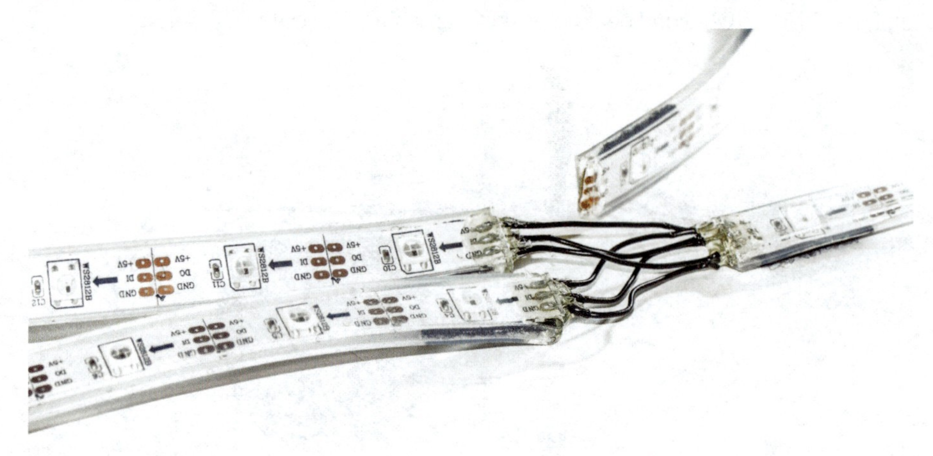

Abbildung 7-45:
Die fertig gelöteten und verklebten Schnittstellen

Zum Schluss wird die Batterie an der Arduino angeschlossen, der JST-Stecker in die Buchse des LED-Streifens gesteckt – und die Hosenträger leuchten auf.

Wenn die Hosenträger nicht leuchten, sollten nochmals alle Lötstellen und Steckverbindungen überprüft werden. Wurde auf dem Arduino der richtige Pin definiert? Ist die Batterie aufgeladen und die zwei kleinen LEDs leuchten auf dem Arduino? Leuchten nicht alle LEDs auf den Streifen, kann z. B. die falsche Anzahl LEDs im Code angegeben worden sein. Es hilft, jeden einzelnen Schritt nochmals genau zu überprüfen.

Abbildung 7-46:
Die leuchtenden Hosenträger

Lichtschranken

8

von René Bohne

Bei diesem Bastelprojekt werden drei Techniken vorgestellt, um eine Lichtschranke zu bauen. Schranken findet man z. B. an Bahnübergängen oder in Parkhäusern. Sie sollen einen daran hindern, sie zu überqueren. Eine Lichtschranke stellt kein Hindernis dar, weil Licht kein fester Körper ist. Es handelt sich vielmehr um einen Aufbau, der detektiert, ob man durch ihn hindurchgeht. Licht wird an einer Stelle ausgesendet und an einer anderen Stelle empfangen, und jede Unterbrechung des Lichtstrahls kann erkannt werden. Betritt ein Mensch oder ein Tier einen Raum, kann das mithilfe einer Lichtschranke erkannt werden.

Lichtschranke mit Photodiode

Themeninsel: Die Photodiode

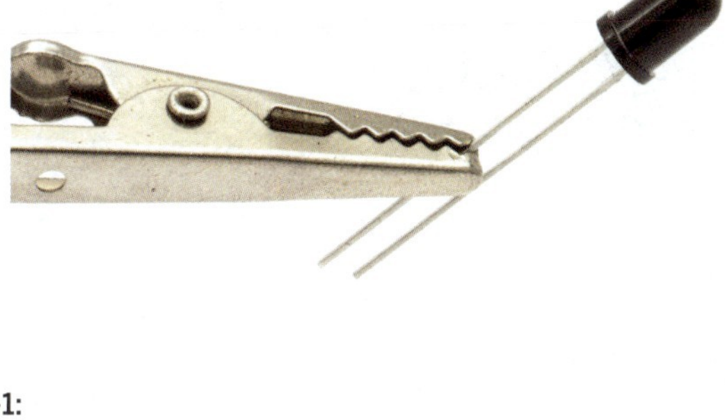

Abbildung 8-1:
Eine Photodiode

Eine Photodiode ist ein Bauteil, das einfallendes Licht in einen elektrischen Strom umwandelt. Sie sieht aus wie eine LED, hat aber meist ein schwarzes Gehäuse.

Photodioden können in drei Betriebsarten eingesetzt werden:

- Vorwärtsrichtung: Die Photodiode ist eine Solarzelle.
- Quasi-Kurzschluss: Die Photodiode kann Helligkeiten messen.
- Sperrbereich: Helligkeitsmessung mit gesteigerter Grenzfrequenz

Ähnlich wie eine normale LED hat auch die Photodiode zwei unterschiedlich lange Beine – eine Kathode und eine Anode.

Der Vorteil von Photodioden ist, dass das Ausgangssignal ziemlich linear ist. Das Ausgangssignal steigt also proportional zum einfallenden Licht, würde man Eingangswert und Ausgabewert in ein Diagramm einzeichnen, könnte man eine gerade Linie erkennen. Photodioden haben allerdings den Nachteil, dass das Ausgangssignal ziemlich schwach ist. Die Lichtquelle muss sehr stark oder sehr nah sein, damit sie von der Photodiode erkannt werden kann.

Auf Schaltplänen erkennt man Photodioden an folgendem Zeichen:

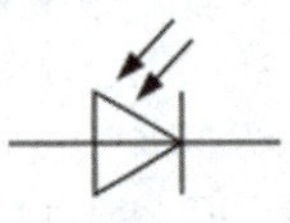

Benötigte Komponenten

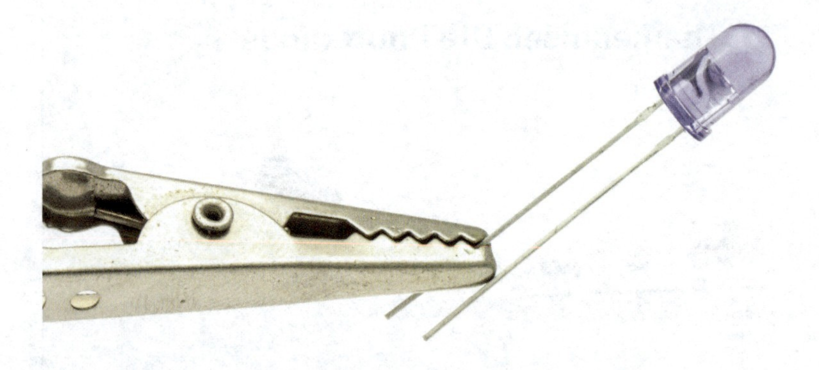

Abbildung 8-2:
Eine bedrahtete Infrarot-LED

- Infrarot-LED
- Photodiode
- 1-Megaohm-Widerstand
- 100-Ohm-Widerstand
- Arduino UNO mit USB-Kabel
- Steckbrett mit Steckbrücken

Funktionsweise

Der einfachste Aufbau einer Lichtschranke benutzt eine Photodiode und eine Infrarot-LED. Das Licht der LED wird von der Photodiode detektiert. Der Arduino misst, ob der Strahlengang unterbrochen wird, und kann darauf reagieren.

Schaltplan

Die IR-LED (transparentes Gehäuse) wird an das Batteriegehäuse angeschlossen. Der 100-Ohm-Vorwiderstand sorgt dafür, dass durch die Infrarot-LED nicht zu viel Strom fließt. Das erhöht die Lebensdauer. Bei den meisten Infrarot-LEDs muss das lange Bein an GND angeschlossen werden, und das kurze Bein wird (durch den Widerstand) mit +3 V verbunden. Falls der Sensor keinen höheren Wert anzeigt, obwohl die Infrarot-LED in seine Nähe gebracht wurde, lohnt es sich, die LED zu drehen.

Bei der schwarzen Photodiode muss ein großer Widerstand (1 Megaohm oder mehr) gewählt werden, damit der Arduino eine Veränderung messen kann.

Der Schaltplan ist auf der folgenden Seite in Abbildung 8-3 abgebildet.

Steckbrett

Der Schaltplan lässt sich fast 1:1 auf das Steckbrett übertragen. Zu beachten ist, dass auf dem folgenden Bild (Abbildung 8-4) die Photodiode kein schwarzes Gehäuse hat, sondern eine andere Bauform dargestellt wird. Welche Photodiode am Ende verwendet wird, spielt für dieses erste Experiment keine große Rolle. Wichtig ist nur die Kennzeichnung auf dem Bild: Das Bein, an dem das Minus-Symbol steht, ist bei der schwarzen Photodiode das kurze Bein. Entsprechend ist das Bein mit dem Plus-Symbol bei einer Photodiode mit blauem Gehäuse das lange Bein.

Arduino-Sketch

Für den ersten Versuch reicht es, ein fertiges Beispiel auf den Arduino zu laden, das mit der Arduino-IDE ausgeliefert wird. Es befindet sich in der Arduino-IDE unter examples -> 03.Analog und heißt AnalogInOutSerial. Dieses Sketch liest den analogen Eingang A0 und speichert diese Werte, die zwischen 0 und 1023 liegen können, in der Variablen `sensorValue`. Anschließend wird die `map`-Funktion benutzt, um in den Bereich zwischen 0 und 255 zu übersetzen, und das Ergebnis wird in der Variablen `outputValue` gespeichert. Das passiert konkret in dieser Zeile:

```
outputValue = map(sensorValue, 0, 1023, 0, 255);
```

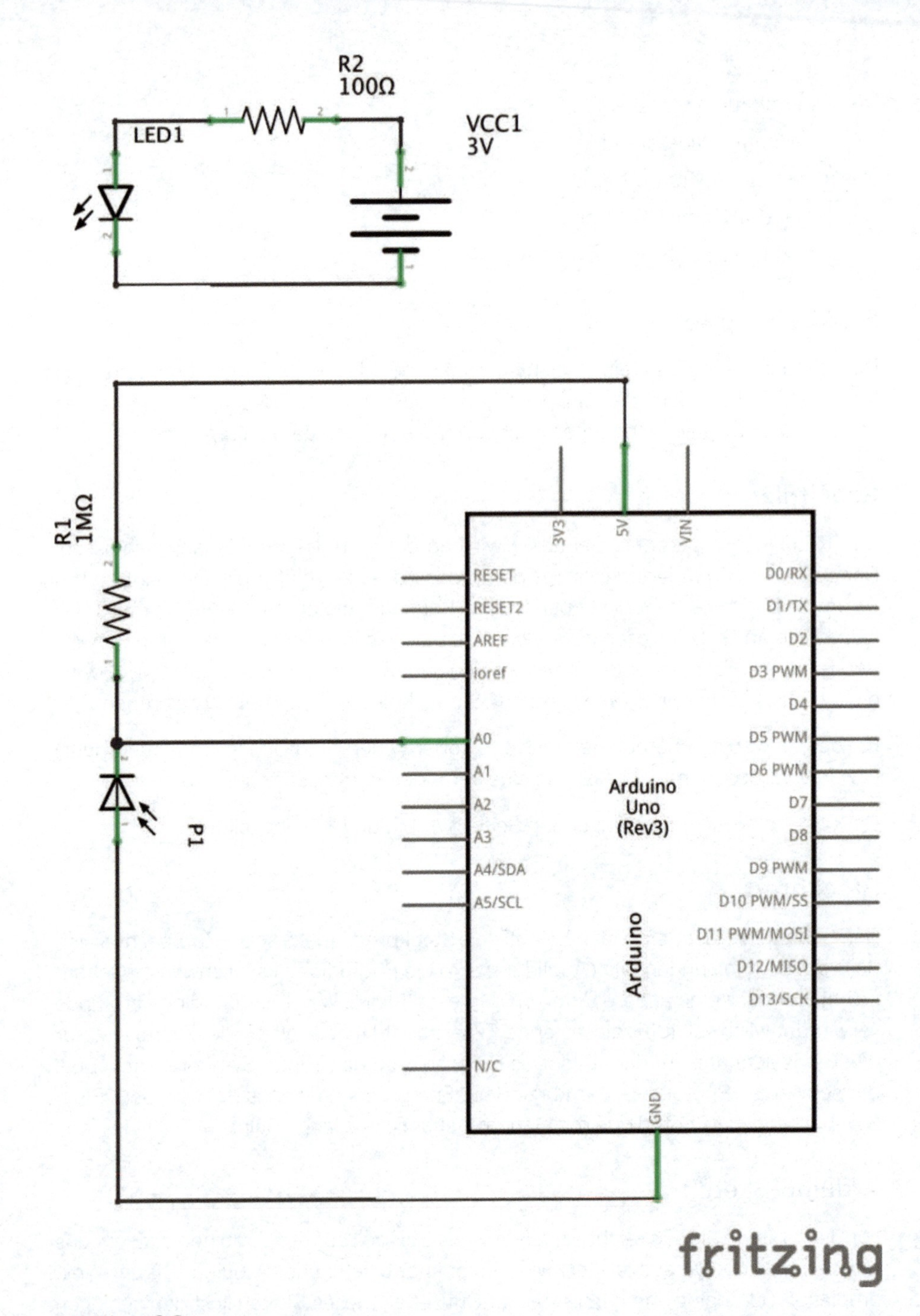

Abbildung 8-3:
Schaltplan für IR-LED und Photodiode an Arduino

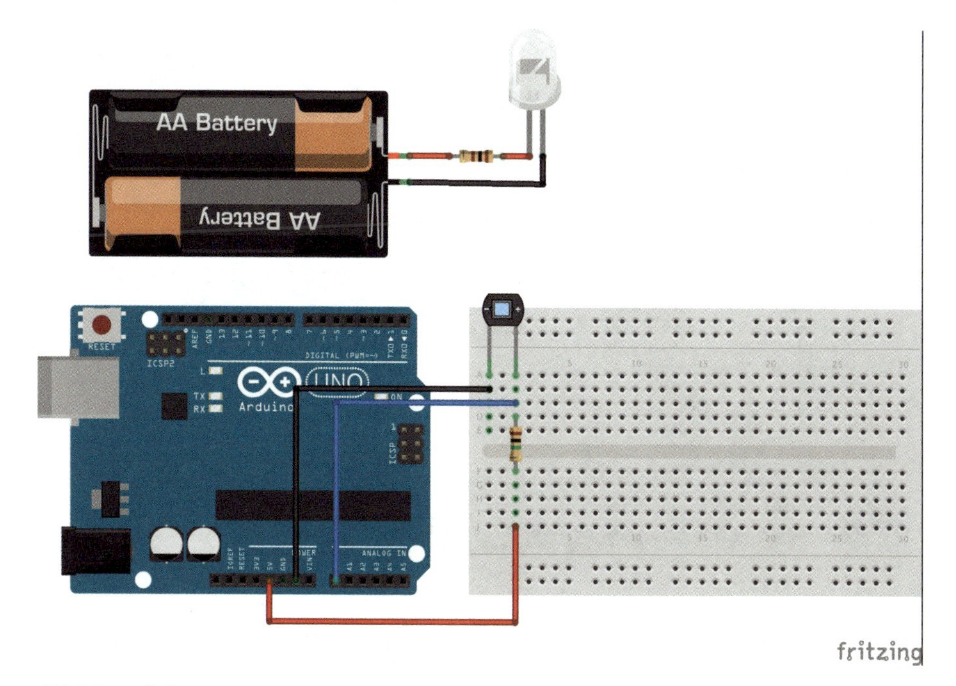

Abbildung 8-4:
IR-LED an Batterie und Photodiode mit Vorwiderstand auf Steckbrett

Der Wert der Variablen `outputValue` wird an Pin 9 als analoges Signal angelegt, und die beiden Variableninhalte von `sensorValue` und `outputValue` werden auf der seriellen Schnittstelle ausgegeben. Mit dem Serial Monitor können die Messwerte dann in Echtzeit beobachtet werden. In folgendem Screenshot wurde die Infrarot-LED immer näher an die Photodiode herangebracht.

Das Signal der Photodiode ist zu schwach

Man kann leicht erkennen, dass eine Photodiode für eine richtige Lichtschranke nicht geeignet ist. Sie ist nicht empfindlich genug. Die Infrarot-LED muss sehr nah an die Photodiode herangebracht werden, bei vielen Modellen darf der Abstand wenige Zentimeter nicht überschreiten. Das ist zu wenig, um die Breite eines Flurs zu überwachen. Man könnte das Ausgangssignal des Sensors durch einen Transistor oder einen Operationsverstärker verstärken, aber das erfordert zusätzliche Bauteile und macht die Konstruktion unnötig komplex im Aufbau. Eine mögliche Lösung könnte ein Phototransistor sein, der im folgenden Experiment untersucht wird.

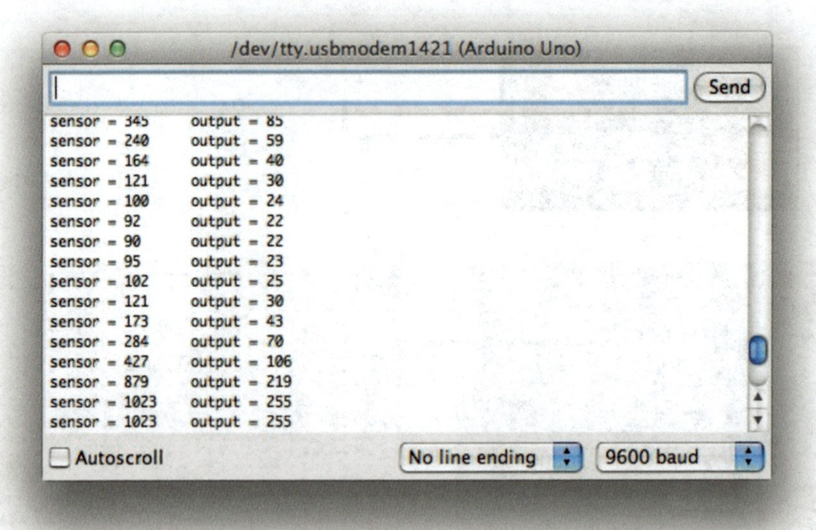

Abbildung 8-5:
Seriell übermittelte Sensorwerte: Die LED wurde immer näher an den Sensor gehalten

Lichtschranke mit Phototransistor

Themeninsel: Der Phototransistor

Der Phototransistor ist der Photodiode sehr ähnlich. Technisch gesehen handelt es sich um einen Bipolartransistor, auf dessen Basis-Kollektor-Sperrschicht Licht einfallen kann. Was ein Transistor genau ist, wird erklärt in Projekt 9 »Lichtkonserven«. Vereinfacht kann man sich vorstellen, dass ein Phototransistor eine Photodiode mit eingebautem Verstärkertransistor ist. Der Strom der Photodiode wird dabei üblicherweise um den Faktor 100 bis 1000 verstärkt. Das hat den Vorteil, dass ein Phototransistor direkt an einen Mikrocontroller angeschlossen werden kann. Leider sind die meisten Phototransistoren im Vergleich zu einfachen Photodioden sehr langsam, weswegen sie nicht zur Datenübertragung (z. B. in Fernbedienungen) eingesetzt werden. Zum Bau einer Lichtschranke eignen sie sich aber gut.

Es gibt bekanntlich zwei Arten von Bipolartransistoren, dementsprechend findet man auch zwei Schaltzeichen für Phototransistoren: eins für den npn-Typ:

Und analog dazu das Schaltsymbol für den pnp-Phototransistor:

Benötigte Komponenten

- Infrarot-LED
- Phototransistor, z. B. BPW40
- Widerstand 10kOhm
- optional: Widerstand 100 Ohm
- Batteriehalter für 2 AA(Mignon)-Batterien
- 2 AA-Batterien
- Arduino UNO mit USB-Kabel
- Steckbrett mit Steckbrücken

Funktionsweise

Der Aufbau ist identisch mit dem letzten, jedoch wird die Photodiode gegen einen Phototransistor ausgetauscht.

Schaltplan

Auf dem Schaltplan erkennt man oben links in der Ecke die IR-LED mit dem Namen LED1, die direkt an die beiden AA-Batterien angeschlossen ist. Besser wäre es, einen Vorwiderstand an die LED zu bauen, um den Strom zu beschränken. Ein Vorwiderstand mit 100 Ohm wie oben im Beispiel mit der Photodiode reicht aus.

Der Emitter des Phototransistors wird an den analogen Eingang A1 des Arduino angeschlossen, der Kollektor direkt an die 5 V-Versorgungsspannung. Hinter dem Emitter wird noch ein 10-kOhm-Widerstand gegen GND verwendet. Der genaue Wert dieses Widerstands ist abhängig vom verwendeten Phototransistor und vom gewünschten Messbereich.

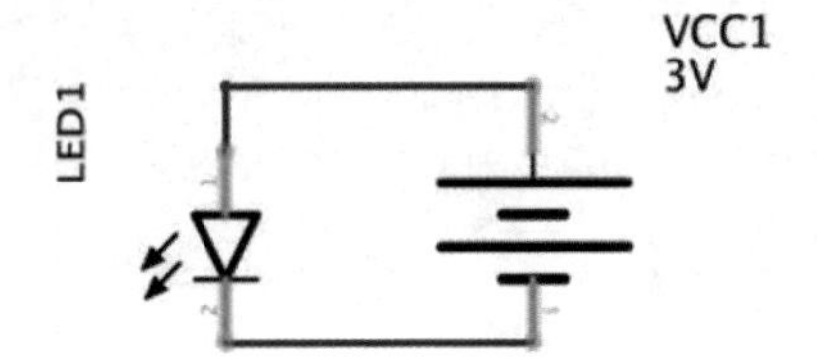

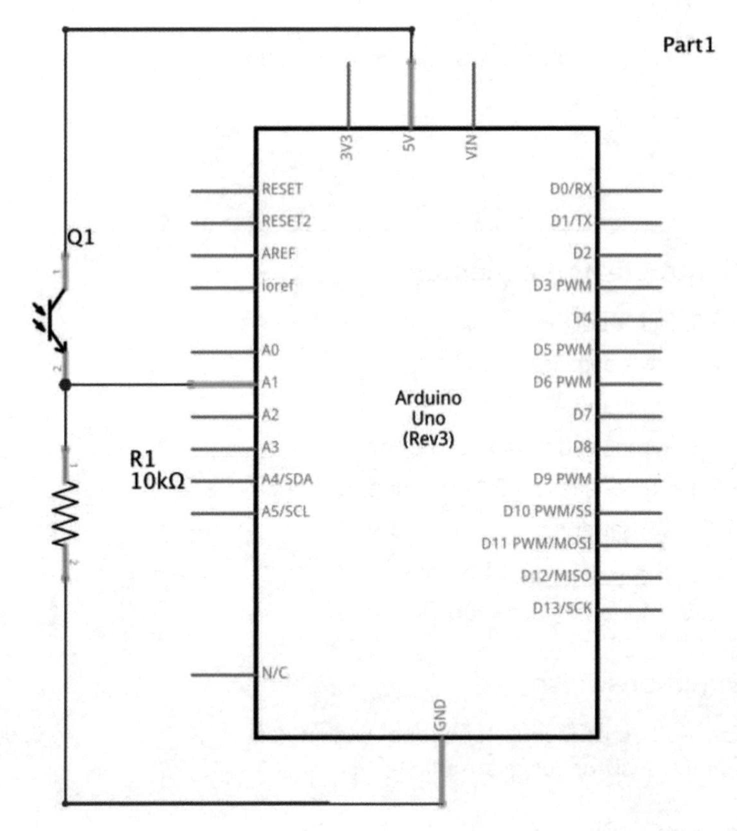

Abbildung 8-6:
Schaltplan: IR-LED an Batterie und Phototransistor mit Widerstand an Arduino

Steckbrett

Die beiden Komponenten Phototransistor und Widerstand sind schnell auf dem Steckbrett platziert und mit dem Arduino verkabelt.

Beim BPW40-Phototransistor ist das kurze Bein der Kollektor und das lange Bein der Emitter. Das kurze Bein muss folglich mit 5 V verbunden werden und das lange Bein über den 10-kOhm-Widerstand an GND.

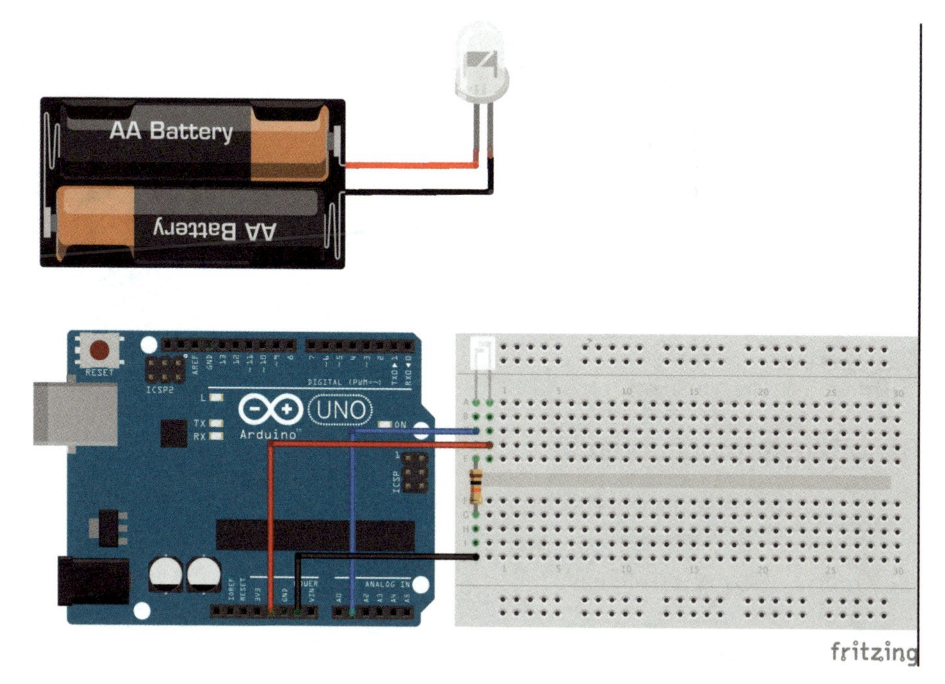

Abbildung 8-7:
Aufbau auf dem Steckbrett

Arduino-Sketch

Es kann das gleiche Programm wie beim letzten Beispiel verwendet werden. Die Funktion ist identisch, aber es sollte auffallen, dass die Infrarot-LED viel weiter von dem Sensor entfernt werden kann. Für eine Lichtschranke ist ein Phototransistor also viel besser geeignet als eine Photodiode. Mit dieser Lösung kann man bereits einen Raum überwachen.

Falls die Werte nicht eindeutig höher verstärkt sind als im Beispiel mit der Photodiode, kann es nicht schaden, den Phototransistor einmal andersherum in das Steckbrett zu stecken.

Lichtschranke mit Abstandssensoren

Eigentlich werden Abstandssensoren eingesetzt, um zu messen, wie weit ein Objekt entfernt ist. Sie bestehen aus einer Infrarot-LED und einem Phototransistor, also genau den Bauteilen, die weiter oben für eine Lichtschranke verwendet wurden. Da alle Bauteile fertig gelötet ausgeliefert werden, bieten diese kleinen Platinen eine schöne Grundlage für eine Lichtschranke, denn man muss nur drei Pins löten und mit dem Arduino verbinden. Komfortabler kann der Bau einer Lichtschranke mit einem Arduino kaum noch werden!

Abbildung 8-8:
Die Detektorseite des Abstandssensors

Benötigte Komponenten

- QTR-L-1RC-Abstandssensoren im Doppelpack
- Knopfzelle 3 V mit Halterung
- Arduino UNO mit USB-Kabel

Funktionsweise

Der QTR-L-1RC ist eine Kombination aus einer Infrarot-LED und einem Phototransistor. Das Ersatzschaltbild sieht wie folgt aus:

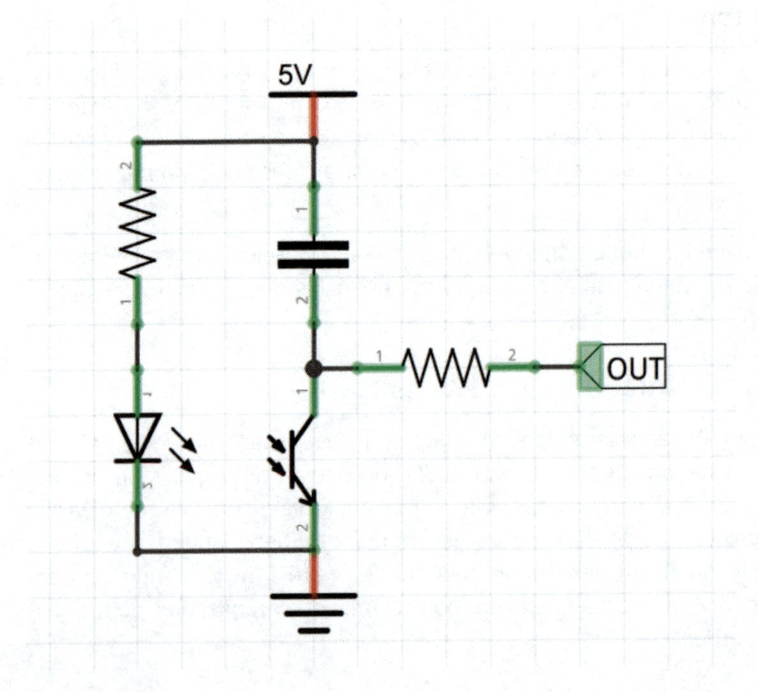

Abbildung 8-9:
Das Schaltbild

Anders als man es von einem Phototransistor gewohnt ist, muss man keine analoge Spannung messen, sondern kann den Sensorausgang an einen Digital-Pin des Arduino anschließen. Grund dafür ist ein Kondensator in der Schaltung.

Der zweite QTR-L-1RC wird nicht als Sensor benutzt, sondern es soll nur die Infrarot-LED auf dieser Platine genutzt werden. Da es die Sensoren meist im Doppelpack gibt, ist das sinnvoll. Wer jedoch nur einen einzelnen Sensor finden konnte, kann auch eine normale Infrarot-LED verwenden, um ihn anzuregen.

Schaltplan

Ein Board wird an eine Batterie angeschlossen, das zweite muss mit dem Arduino verbunden werden. Dessen Signal-Pin S soll an den Arduino-Pin 2 geführt werden, wobei auch jeder andere Pin am Arduino funktioniert, wenn die Software entsprechend angepasst wird.

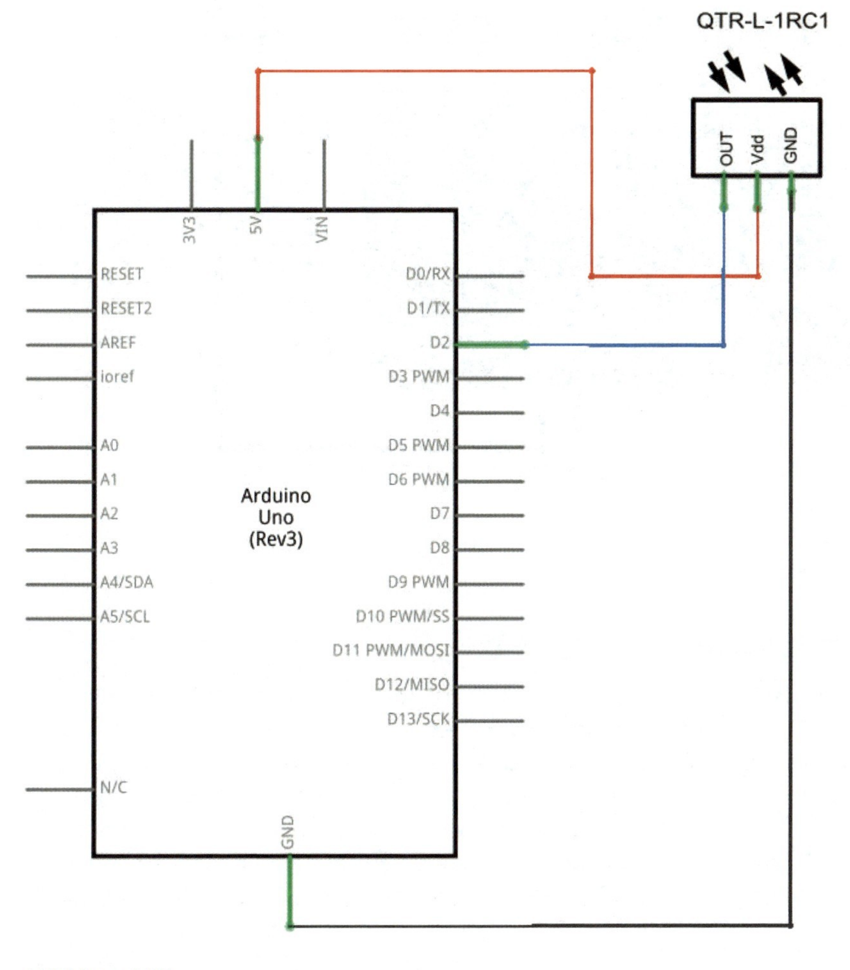

Abbildung 8-10:
Schaltplan QTR

Steckbrett

Der Schaltplan kann leicht auf einem Steckbrett umgesetzt werden. Drei Kabel müssen vom Arduino zum Sensorboard verbunden werden:

Farbe	Arduino Pin	Sensor Pin
Rot	5 V	+
Schwarz	GND	-
Blau	2	S

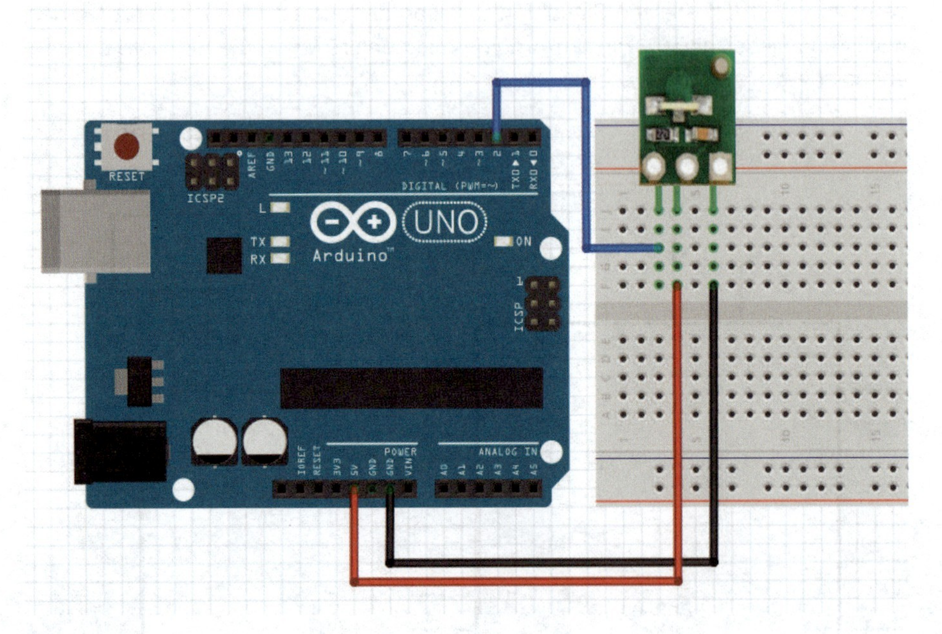

Abbildung 8-11:
Steckbrett QTR

Arduino-Sketch

Das Besondere an diesem Sketch ist das Verfahren, wie der Sensor ausgelesen wird. Der Signal-Pin muss zunächst als Ausgang genutzt werden, um damit den Kondensator zu entladen. Dann muss der Signal-Pin zum Eingang umfunktioniert und die Zeit gemessen werden, die vergeht, bis an dem Pin nicht mehr das Signal HIGH, sondern LOW gemessen wird. Das ist die Zeit, die benötigt wird, um den am Anfang entladenen Kondensator durch den Phototransistor aufzuladen. Wenn mehr Licht einfällt, kann der Kondensator schneller laden, und die gemessene Zeit ist folglich kürzer als bei wenig Lichteinfall.

Bei viel Lichteinfall kann der Kondensator in wenigen Mikrosekunden aufgeladen sein, bei wenig Lichteinfall kann der Vorgang ein paar Millisekunden dauern. Die Messung dieser Zeit wird in der Funktion `readQTR1RC` durchgeführt. Solange der Kondensator noch nicht geladen ist, wird die Variable c erhöht. Ein hoher Wert von `c` bedeutet folglich, dass viel Zeit vergangen ist, um den Kondensator zu laden.

Es folgt der Programmcode für den Arduino, der die gemessene Zeit auf der seriellen Schnittstelle ausgibt. Wenn der Wert groß wird, ist die Lichtschranke unterbrochen, und der Arduino schlägt Alarm.

```
//Signal-Pin des Sensors
#define SIGNAL_PIN 2

void setup()
{
  Serial.begin(9600);
}

void loop()
{
  long c = readQTR1RC();
  Serial.println(c);
}

long readQTR1RC()
{
    long c = 0;//Zählvariable

    //Kondensator entladen:

    //Pin als Ausgang nutzen
    pinMode(SIGNAL_PIN, OUTPUT);
    //und 5V anlegen
    digitalWrite(SIGNAL_PIN, HIGH);
    //Abwarten, um den Kondensator zu entladen
    delay(1);

    //Zeit messen, bis Kondensator
    //vom Phototransistor geladen wurde:

    //Pin als Eingang nutzen
    pinMode(SIGNAL_PIN, INPUT);

    //und abwarten, solange 5V anliegen
    while(digitalRead(SIGNAL_PIN) == HIGH)
    {
        c++;
    }
```

```
        return c;
    }

}
```

Ausblick

In diesem Kapitel wurden drei Experimente gemacht, um eine einfache Lichtschranke aufzubauen, mit der man einen Raum überwachen kann. Während die Photodiode nicht empfindlich genug war, gelang es mit einem Phototransistor schon besser. Am einfachsten ist es, zwei Abstandssensoren zu verwenden, da bei dieser Lösung am wenigsten gelötet werden muss. In jedem Fall kann es nicht schaden, eine leistungsstarke Infrarot-LED zu verwenden, die möglichst hell, aber unsichtbar leuchtet. An den Arduino könnte man eine Alarmanlage anschließen, oder noch besser wäre es, wenn im Alarmfall zusätzlich eine Nachricht ins Internet gesendet würde, damit bei einem Einbruch die Polizei benachrichtigt wird. Wie man den Arduino ins Internet bringt, wird in Kapitel 16 erklärt, wo Messwerte eines Helligkeitssensors in der Cloud abgespeichert werden. Phototransistoren werden auch in Kapitel 17 verwendet, um damit eine Laserharfe zu bauen.

Sonnenlicht aus der Konserve

9

von Christoph Emonds

Abbildung 9-1:
Sonne in der Konserve

Wie schön wäre es, wenn man ein bisschen Sonne für lange dunkle Abende aufsparen könnte. Leider lässt sich Licht nicht einfach in ein Glas sperren, doch durch einen kleinen Umweg über eine Solarzelle und eine Batterie kann es doch noch gelingen.

Materialien

- Einmachglas
- 1x Batteriehalter für 2x NiMh AA oder AAA Akkumulator
- Holzbrett (ca. 6 × 6 cm, sollte in das Einmachglas passen)
- Litze
- 1x Solarzelle, z. B. SCC2433 4,5 V
- 1–3 LEDs, rot oder orange
- 1 Transistor BC576
- 1 Widerstand 47k
- 1 Widerstand 10Ohm
- 1 Diode 1N1476

Werkzeug

Hammer, Lötkolben, Heißklebepistole

Themeninsel: Der Transistor

Der Transistor ist das wichtigste Bauteil in der aktuellen Elektronik. Ohne sie wäre kein Mobiltelefon, kein Computer in der heutigen Form denkbar. Ein Transistor ist ein Bauteil, das mit einem kleinen Strom einen anderen größeren Strom schalten oder beeinflussen kann. Ähnlich wie ein Lichtschalter, der es einem ermöglicht, mit nur wenig Kraftaufwendung größere Dinge ein- oder auszuschalten.

Immer wenn man einen Motor, einen Lüfter, viele LEDs oder andere Bauteile mit einem Mikrocontroller steuern möchte, benötigt man einen Transistor.

Es gibt viele verschiedene Arten von Transistoren, wovon beim Basteln meistens nur zwei Sorten relevant sind.

Bipolarer Transistor

Ein bipolarer Transistor hat im Normalfall drei Anschlüsse: Kollektor, Basis und Emitter.

Es gibt NPN- und PNP-Transistoren, die sich zueinander wie gespiegelte Zwillinge verhalten. Wechselt man in einer Schaltung einen NPN-Transistor gegen einen PNP-Transistor, muss man auch die Batterie andersherum anschließen. Alle Betriebs- und Steuerspannungen sind jeweils umgekehrt.

Als Schalter wird ein NPN-Transistor normalerweise mit dem Emitter zu Masse verbunden, die zu schaltende Last (z. B. eine LED) kommt zwischen

Betriebsspannung und Kollektor. Der Schaltimpuls wird jetzt z. B. von einem Ausgang des Arduino über einen Widerstand von ca. 1k-10k an die Basis angeschlossen.

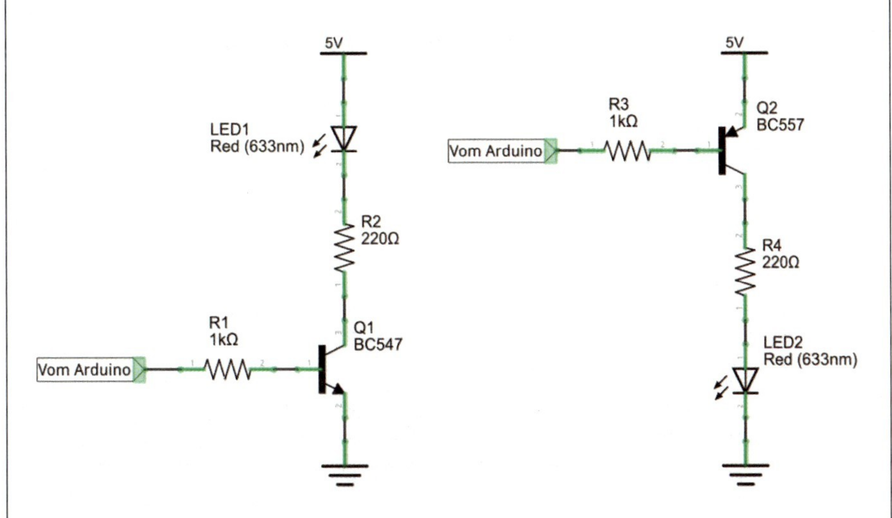

Abbildung 9-2:
Beispiel für einen NPN- oder PNP-Transistor

An der Basis muss immer ein Widerstand den Strom, der in den Transistor fließt, begrenzen, sonst kann der Transistor schnell kaputtgehen.

Auf diesem Bild sieht man dieselbe Schaltung, einmal mit einem NPN-Transistor und einmal mit einem PNP-Transistor aufgebaut. Sie erlaubt es, mehr als die 20 mA, die ein Arduino-Ausgang gerade so schalten kann, zu schalten. Der Vorteil der NPN(Q1)-Variante ist, dass die Spannung, die in diesem Beispiel mit 5 V angegeben ist, durchaus auch 12 V oder 24 V sein kann. Das heißt, damit können auch große LEDs und andere Aktoren geschaltet werden.

Mosfet-Transistor

Bei einem Mosfet (wie man abgekürzt zu Metal Oxid Semiconductor Field-Effect Transistor sagt) gibt es auch drei Anschlüsse. Sie heißen anders als bei einem bipolaren Transistor. Drain entspricht Kollector, Source entspricht Emitter und Gate entspricht der Basis. Die Verbindung von Drain zu Source wird dabei mit zunehmender Spannung am Gate niederohmiger.

Als Schalter für LEDs und andere Lasten nimmt man am besten einen Logic-Level-Mosfet (sonst benötigt er er eine Spannung, die höher ist als die normalerweise bei Mikrocontrollern verwendeten 3,3 V an den Logikausgängen, um voll durchzuschalten).

Mit modernen Mosfets kann man für wenig Geld problemlos ohne Kühlung viele Ampere schalten, so dass auch große LEDs damit gesteuert werden können.

Achtung: Wie bei den bipolaren Transistoren gibt es auch die Mosfets als n-Kanal und als p-Kanal! Dann muss die Schaltung komplett spiegelverkehrt aufgebaut werden.

Transistorliste gebräuchlicher Typen

Bauform	Typ	Für was	Name
Bedrahtet	Bipolar, NPN	kleine LEDs, bis zu 100 mA	BC547
Bedrahtet	Bipolar, PNP	kleine LEDs, bis zu 100 mA	BC557
SMD	Bipolar, NPN	kleine LEDs, bis zu 100 mA	BC847
SMD	Bipolar, PNP	kleine LEDs, bis zu 100 mA	BC857
Bedrahtet	Bipolar, NPN	Power-LEDs, bis zu 3 A	BD131
Bedrahtet	Bipolar, PNP	Power-LEDs, bis zu 3 A	BD132
Bedrahtet	Mosfet, n-Kanal	Power-LEDs, bis zu 30 A	IRLZ34N
SMD	Mosfet, n-Kanal	Power-LEDs, bis zu 20 A	IRLML6402PBF

Quellen

- *http://de.wikipedia.org/wiki/Transistor*
- *http://de.wikipedia.org/wiki/Bipolartransistor*
- *http://www.mikrocontroller.net/articles/Transistor*
- *http://www.mikrocontroller.net/articles/MOSFET-%C3%9Cbersicht*
- *http://www.mikrocontroller.net/articles/Transistor-%C3%9Cbersicht*

Themeninsel: Die Solarzelle

Eine Solarzelle kann Licht direkt in elektrische Energie verwandeln. Eine einzelne Solarzelle erzeugt dabei eine Spannung von ungefähr 0,5 V. Das ist viel zu wenig, um damit z. B. eine LED leuchten zu lassen oder eine Batterie aufzuladen. Daher sind die meisten Solarmodule aus vielen hintereinander geschalteten Solarzellen aufgebaut, um eine höhere Spannung zu erhalten. Die Daten einer Solarzelle gelten immer nur bei vollem Sonnenschein, der senkrecht auf die Zelle scheint. Hier ist es am besten, wenn man immer noch etwas Reserve einplant und die Zelle nicht zu klein wählt.

Abbildung 9-3:
Quelle: *http://commons.wikimedia.org/wiki/File:Solar_cell.png*

Zuerst vor allen Dingen durch Satelliten bekannt, gibt es mittlerweile Solarkraftwerke, die große Mengen Strom herstellen. Aber auch viele Privatleute haben Solarzellen auf ihren Dächern, um ihren Strom selbst zu erzeugen. Besonders an Orten ohne direkten Stromanschluss sind sie eine wunderbare Möglichkeit, doch noch ein elektronisches Gerät zum Laufen zu bringen.

Eine Solarzelle und eine aufladbare Batterie, ein Funkmodul, ein kleiner Computer – nicht viel mehr wird benötigt, um Wetterstationen, Fahrkartenautomaten und andere Geräte zu bauen, die man an fast jedem beliebigen Punkt der Erde nur noch hinstellen muss.

Schaltung

Leider reicht es nicht, eine Solarzelle mit einer aufladbaren Batterie (Akkumulator) zu verbinden, um ein Solarlicht zu bauen. Denn dann würde das Licht schon am Tag leuchten und die meiste Energie bereits verbrauchen, während es noch hell ist.

Folgende Schaltung hilft aus diesem Dilemma:

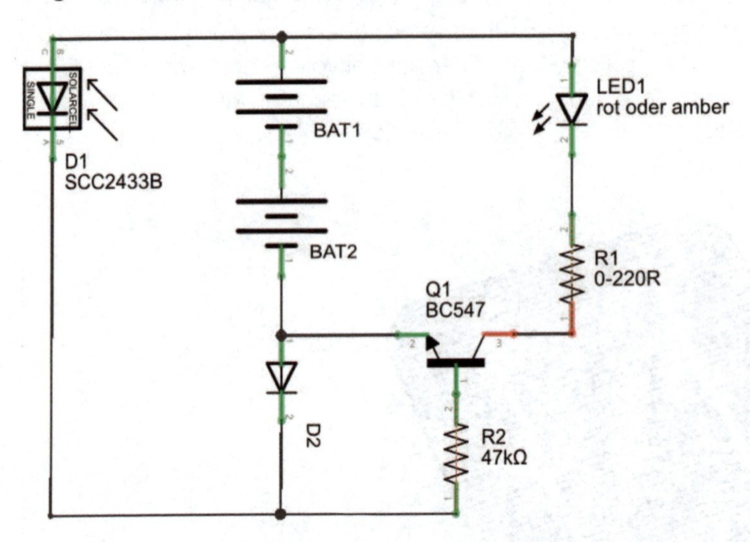

Abbildung 9-4:
Papiervorlage, ca. 8x6cm

Weiße LEDs benötigen mindestens rund 2,7 V zum Leuchten, richtig hell werden sie erst bei 3 V. Also ist es besser, für diese Schaltung mit zwei 1,2 V-NiMh-Batterien (ergibt zusammen rund 2,4 V, wenn sie fast leer sind, sogar nur noch 2 V) orange (amber) LEDs zu verwenden. Amberfarbene LEDs benötigen nur ca. 2–2,3 V, um ihre volle Helligkeit zu erreichen.

D1 in der Schaltung ist die Solarzelle, sie sollte für eine Spannung von 3–5 V ausgelegt sein, damit die Batterien optimal geladen werden. Da in dieser einfachen Schaltung keine Begrenzung der Ladung vorgesehen ist, sollte auch keine beliebig große Zelle verwendet werden, andernfalls könnten die Batterien überladen werden.

D2 ist eine Diode, die verhindert, dass nachts der Strom von der Batterie wieder zurück in die Solarzelle fließt.

Sobald es dunkel genug ist, dass die Solarzelle keinen Strom mehr in die Batterie laden kann, öffnet sich der Transistor Q1 und schaltet die LED an.

Der Widerstand R1 regelt dabei die Helligkeit der LED und damit auch die Leuchtdauer. Er sollte irgendwo zwischen 10Ohm (ganz hell) und 220Ohm (ganz schwaches Leuchten) liegen. Zur Not kann man den Widerstand R1 auch einfach weglassen, besonders wenn man eine weiße LED verwendet, die in dieser Schaltung sowieso nur ganz schwach leuchtet.

Löten

So eine kleine Schaltung kann natürlich auf verschiedene Art aufgebaut werden. Unerfahrene wählen die Variante mit Reißzwecken auf dem Holzbrett, geübtere Löter können die Schaltung freischwebend aufbauen.

Brett-Methode

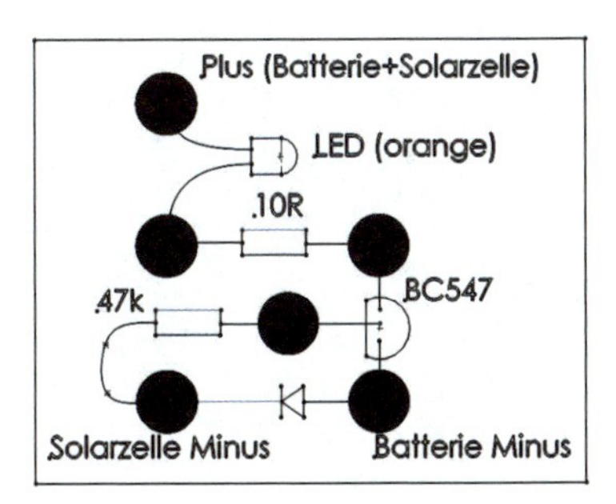

Abbildung 9-5:
Schaltplan zum Ausdrucken (8x6cm)

Der Schaltplan mit den eingezeichneten Reißzweckenpositionen wird ausgedruckt. Er sollte dann ca. 8 × 6 cm groß sein. Das Papier wird ausgeschnitten und mit Reißzwecken auf einem Stückchen Restholz befestigt. Dabei werden Reißzwecken an jeder eingezeichneten Stelle eingedrückt.

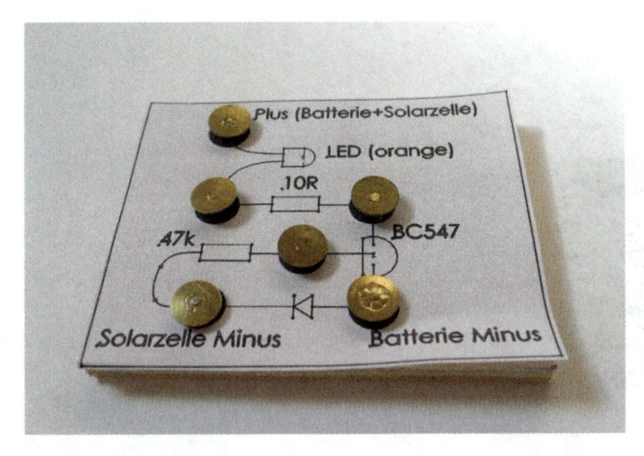

Abbildung 9-6:
Brett mit Reißzwecken

Als Erstes werden die Beinchen des Transistors so auseinandergebogen, dass alle drei auf die Reißzwecken passen. Dabei darauf achten, dass die Rundung, wie auf dem Plan, nach rechts zeigt. Am besten mit dem Lötkolben zuerst einen kleinen Klecks auf eine der drei Reißzwecken geben. Dann den Anschlussdraht mit dem Lötkolben zusammen in den Lötklecks halten. Man muss das Bauteil ungewöhnlich lange ganz still halten, weil in der Reißzwecke viel Wärmeenergie gespeichert ist und es nur langsam abkühlt. Es hilft ein wenig, auf die Lötstelle zu pusten. So werden alle drei Anschlüsse des Transistors BC547 angelötet.

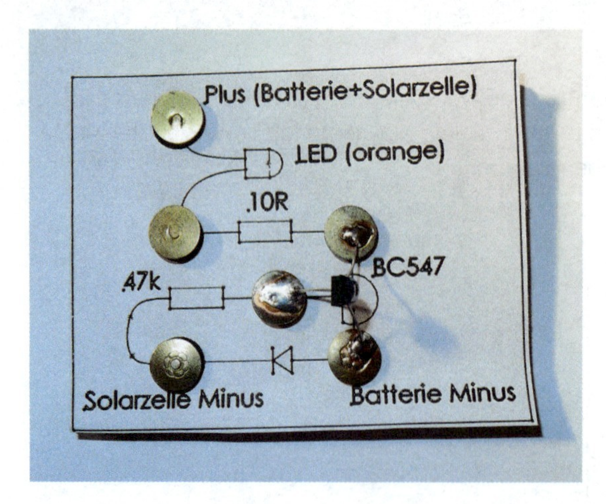

Abbildung 9-7:
Der Transistor ist eingelötet

Als Nächstes kommen der 47kOhm-Widerstand und die Diode. Zu lange Anschlussdrähte können am besten vor dem Löten abgezwickt werden. Bei der Diode muss der aufgedruckte Strich nach links zeigen, wie der Strich auf dem Plan.

An die Solarzelle kommen zwei Anschlussdrähte, Rot für Plus und Schwarz für Minus. Am besten lötet man sie nicht an die beiden bereits vorhandenen Lötstellen (das ist die Stelle, wo die eigentliche Zelle mit der Rückseite verbunden worden ist; sie ist ziemlich wärmeempfindlich), sondern 2 cm entfernt direkt auf die Leiterbahn.

Abbildung 9-8:
Solarzelle mit Anschlussdrähten

Ganz zum Schluss wird alles miteinander verbunden. Die roten Drähte von der Solarzelle und der Batterie werden zusammen auf die oberste Reißzwecke gelötet, die Minus-Anschlüsse (schwarz) an die unteren beiden. Jetzt sollte die LED bereits leuchten, falls die Batterien nicht total leer sind. Hält man die Solarzelle in die Sonne oder unter eine starke Lampe, verlischt die LED und die Batterien werden wieder aufgeladen.

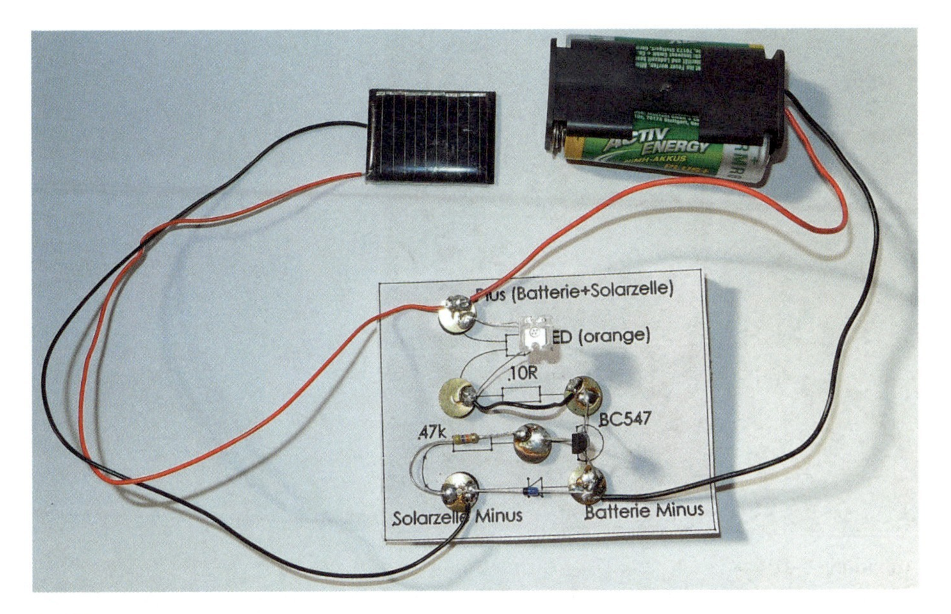

Abbildung 9-9:
Komplettes Solarlicht

3D-Freihand-Methode

Beim zweiten und dritten Mal kann man die Schaltung ohne Grundplatte nur aus den Anschlussbeinen der Bauteile aufbauen. Das erste Mal klappt es meistens noch nicht so gut, dabei sollte man zu lange Beine jedoch nicht gleich abschneiden, denn dann kann man die Schaltung Stück für Stück verkleinern und optimieren.

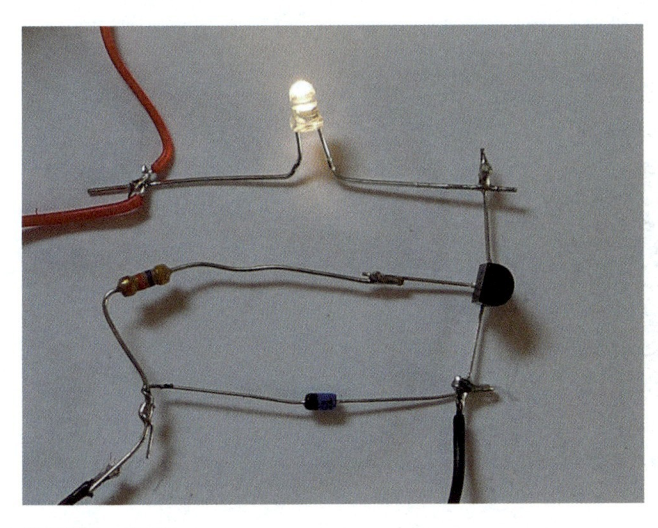

Abbildung 9-10:
Erste Version, noch sehr an den Schaltplan angelehnt.

Abbildung 9-11:
Zweite Version, schon deutlich kompakter. Aber es geht bestimmt noch kleiner und eleganter.

Wetterfest machen

Alle Komponenten kommen jetzt in das Einmach- oder Marmeladenglas. Die Solarzelle kann mit in das Glas gelegt werden, sollte dann aber möglichst so liegen, dass die Sonne später senkrecht auf die Solarzelle fällt. Gerade im Herbst und Winter wird die Solarlampe aber besser funktionieren, wenn die Solarzelle außen auf dem Glas angebracht wird. Dafür muss die Solarzelle rundherum mit Heißkleber oder besser Silikon abgedichtet werden, sonst korrodieren die Verbindungen auf der Rückseite. Alternativ könnte man die Rückseite und die Lötstellen auch einfach lackieren.

Abbildung 9-12:
Abgedichtete Solarzelle

Abbildung 9-13:
Fertige Sonnenkonserve

Natürlich kann die Schaltung auch in allerlei anderen Dinge verbaut werden, z. B. Vogelhäuschen, Plastikflaschen und Laternen.

Abbildung 9-14:
Laterne

Laser-Pong: Wer ist hier schneller als das Licht?

10

von Christoph Emonds

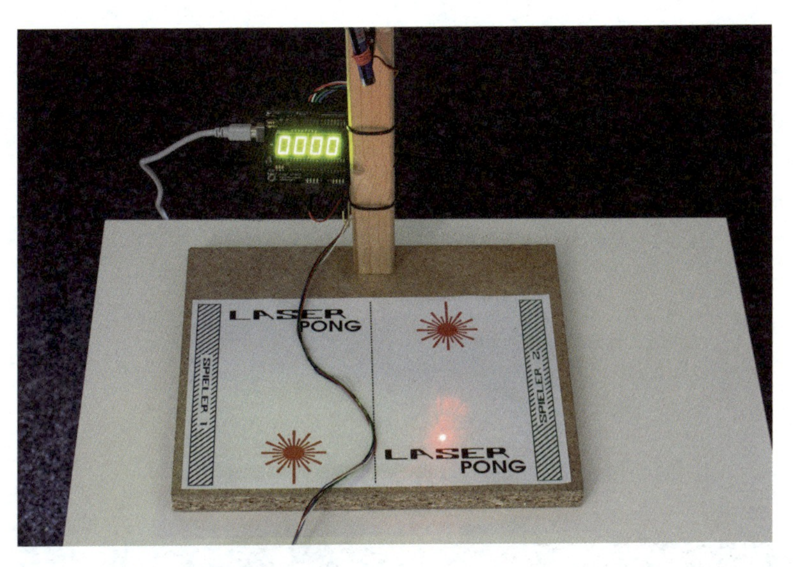

Abbildung 10-1:
Laser-Pong ist spielbereit

Laser-Pong ist ein Reaktionsspiel für zwei Personen. Ein Laserpunkt bewegt sich zwischen zwei Linien hin und her. Sobald der Laserpunkt in die Nähe der Linie eines Spielers kommt, muss der Spieler auf einen Knopf drücken, um die Richtung umzukehren. Drückt ein Spieler zu früh oder zu spät, bekommt der andere Spieler einen Punkt. Das Projekt demonstriert die Ansteuerung eines Servos mittels Arduino, das Auslesen eines Tasters, erklärt, wie ein Laser funktioniert, und benutzt sieben Segmentanzeigen als Spielstandsanzeige. Gebaut wird das Ganze innerhalb von etwa 5 Stunden.

Benötigte Bauteile

- 1 Arduino Uno (24 €)
- 1 DigitShield-Bausatz (20 €)
- 1 Laserpointer (5 €)
- 1 Mikroservo (8 €)
- 1 Breadboard (5 €)
- 11 Jumper-Wire-Kabel Leiterplatte (3 €)
- 3 Widerstände 10kΩ (0,30 €)
- 3 Kurzhubtaster 6 × 6 mm (0,30 €)
- 1 Stromversorgung (10 €)
- 1 Stiftleiste 2,54 mm abgewinkelt, 5 Kontakte (0,10 €)
- 10 Crimpkontakte (0,25 €)
- 5 Kupferlitzen, jeweils 1 roter, 1 grüner, 1 blauer, ein weißer und ein schwarzer (3,50 €)
- 1 20 cm Schrumpfschlauch 2,4 mm (0,30 €)
- 5 Kabelbinder (1 €)
- 1 Kantholz ca. 3 × 3 × 50 cm (1 €)
- 1 Spanplatte ca. 30 × 30 × 2 cm (1 €)
- 1 4 × 50 Senkkopfschraube (0,10 €)
- 1 Gummiring (0,10 €)
- Klebeband (1 €)
- Holzleim (5 €)

Abbildung 10-2:
Alle benötigten Teile für Laser-Pong

Benötigtes Werkzeug

- Seitenschneider
- Feuerzeug
- Lötkolben (inkl. Lötzinn)
- Computer mit Arduino-IDE
- USB-Kabel für Arduino
- kleiner Kreuzschraubendreher
- Akkuschrauber (alternativ großer Kreuzschraubendreher)
- Säge (Japansäge oder Dekupiersäge)
- Geodreieck

Optional

- Crimpzange (alternativ Spitzzange)
- 5 mm-Holzbohrer

Oft haben Baumärkte eine Ecke mit Holzverschnitt, der umsonst mitgenommen werden kann. Die hier angegebenen Abmessungen sind nur Richtwerte. Jedes Holzstück mit ähnlicher Größe kann benutzt werden.

Der Aufbau beginnt

Das Spielfeld

Zuerst wird aus dem Kantholz der Mast als Halterung des Servos gebaut. Dazu wird am unteren Ende des Kantholzes ein an der dünnsten Stelle etwa 2 cm großes Stück im 20°-Winkel mit Geodreieck angezeichnet und anschließend abgesägt. Dabei ist darauf zu achten, dass der Schnitt genau senkrecht erfolgt, da ansonsten der Mast später schief steht.

Das abgesägte Stück wird anschließend mit der Schnittkante auf die andere Seite des Kantholzes mit dem dünneren Ende nach oben geleimt. Wichtig ist dabei, dass das Stück auf der Seite befestigt wird, die am unteren Ende die kürzeste ist. Dadurch sollten die untere Seite des Kantholzes sowie die untere Seite des festgeleimten Stücks parallel sein.

Abbildung 10-3:
Das abgetrennte Stück, verleimt am oberen Ende

In etwa 15 cm Höhe können optional im Abstand von 2,5 cm zwei jeweils 5 mm große Löcher gebohrt werden. Sie dienen später zur Befestigung des Arduinos.

Nun muss noch der Mast auf die Grundplatte geschraubt werden. Dafür wird an einer Seite genau in der Mitte der Seite 2 cm vom Rand entfernt erst eine Markierung angezeichnet und anschließend an dieser Stelle die Senkkopfschraube soweit hineingedreht, bis die Spitze der Schraube auf der anderen Seite der Platte sichtbar wird.

Dann wird die untere Seite des Mastes an diese Stelle so festgeschraubt, dass der Mast in die Platte hineinragt.

Der Controller

Anschließend wird der Controller zusammengebaut, mit dem die Spieler Laser-Pong bedienen können. Grundlage ist ein großes, um 90° gedrehtes Breadboard, auf das 3 Taster gesteckt werden. Die Taster sind dabei am linken und rechten Rand (Spieler 1 und Spieler 2) sowie in der Mitte (Start) platziert.

Jeder Taster wird mit jeweils einem 10kΩ-Widerstand an den **-**-Pol des Breadboards angeschlossen. Das andere Beinchen des jeweiligen Tasters wird mit einer Steckbrücke oder einem Kabel mit dem **+**-Pol verbunden.

Abbildung 10-4:
Die Schraube sollte mittig 2cm vom Rand in die Bodenplatte geschraubt werden.

Abbildung 10-5:
Der Mast ragt nach innen in die Mitte der Bodenplatte.

Um später die Leitungen vom Controller anschließen zu können, müssen noch Stifte der Stiftleiste auf dem Breadboard angebracht werden. Jeweils ein Stift wird am Tas-

Abbildung 10-6:
Jeder Taster wird verbunden mit **+** und **-**.

ter angebracht, in der gleichen Reihe, in der auch der Widerstand eingesteckt ist. Die beiden verbleibenden Stifte werden in die **+**- und **-**-Spalte gesteckt.

Abbildung 10-7:
Die Anschlüsse für die Leitungen

Die Leitungen für den Controller

Anschließend werden die Leitungen für den Anschluss des Controllers erstellt. Dazu benötigt man zuerst jeweils ein etwa 50 cm langes Stück der 5 verschiedenen Kupferlitzen. Von jedem Ende der Stücke wird ein 1 cm langes Stück mit dem Seitenschneider abisoliert, und die Adern werden miteinander verdrillt.

Abbildung 10-8:
Abisolieren der Litze mit einem Seitenschneider

Crimpkontakte

Sind alle Enden abisoliert, geht es daran, die Crimpkontakte mit den Leitungen zu verbinden. Dafür gibt es 3 Methoden:

Crimpzange Die einfachste Methode besteht darin, die Kontakte mit Hilfe einer speziellen Crimpzange auf die Leitungen »zu crimpen«. Dazu schließt man die Zange soweit, dass ein Crimpkontakt, den man mit der Zange einklemmt, nicht wieder herausfällt. Anschließend steckt man das Kabel mit dem abisolierten Ende auf den Crimpkontakt und quetscht mit der Crimpzange die Seiten des Kontakts auf die Adern der Leitung.

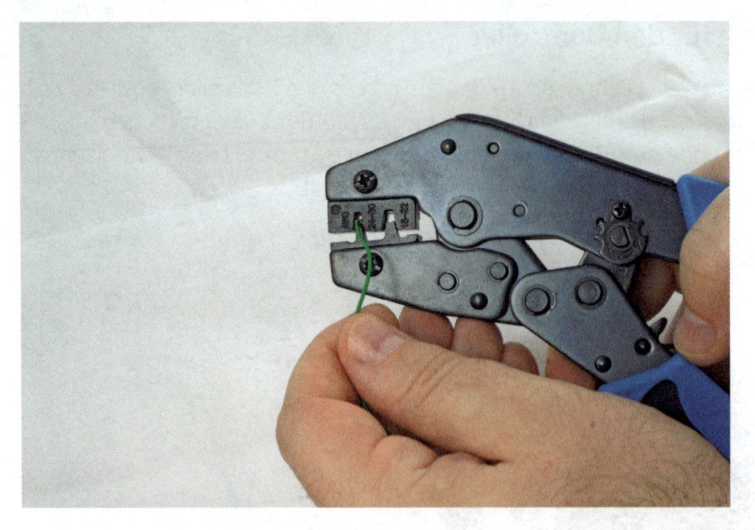

Abbildung 10-9:
Das Crimpen geht am einfachsten mit der entsprechenden Zange.

Spitzzange Falls keine Crimpzange zur Hand ist, kann man das Crimpen auch mit einer einfachen Spitzzange durchführen. Dabei drückt man zuerst einen Flügel auf die Adern, biegt danach den zweiten Flügel auf den ersten und drückt anschließend die Kabelsicherung zusammen.

Abbildung 10-10:
Die einzelnen Schritte beim Crimpen mit einer Spitzzange: 1) Ersten Flügel umbiegen 2) zweiten Fügel auf den ersten biegen c) Kabelsicherung zusammendrücken

Löten Die aufwendigste Methode ist das Festlöten der Kontakte an die Litzenadern. Falls es zu schwierig ist, die Adern der Litze mit den Seitenflügeln des Crimpkontakts einzuquetschen, kann das Festlöten der Adern viel Frust ersparen. Nach dem Löten kann einfach die Kabelsicherung mit einer einfachen Zange zusammengedrückt werden.

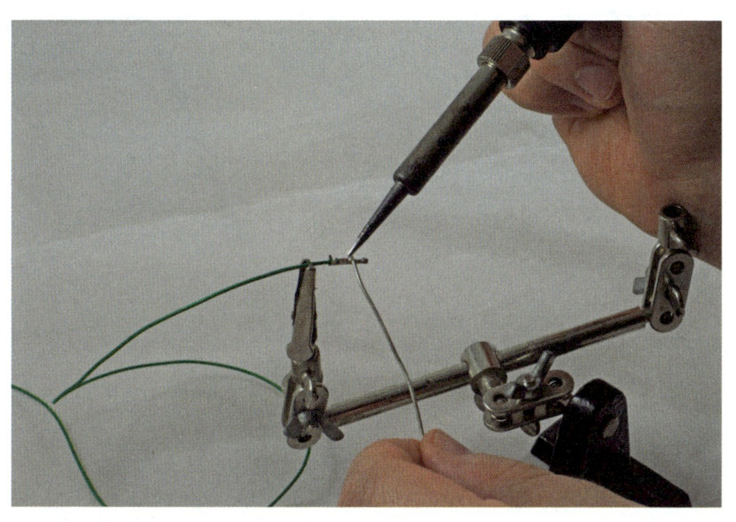

Abbildung 10-11:
Das Festlöten der Litzenadern als Lösung, falls das Einquetschen nicht zuverlässig funktioniert.

Kontakte mit Schrumpfschlauch isolieren

Damit die Kontakte keine Kurzschlüsse oder Ähnliches verursachen, wenn sie sich berühren, ist es sinnvoll, die Kontakte mit isolierendem Schrumpfschlauch zu überziehen. Dazu wird einfach ein etwa 2 cm langes Stück Schrumpfschlauch bündig über den Kontakt gestülpt und anschließend mit einem Feuerzeug kurz erhitzt, so dass er sich zusammenzieht und so keine blanken Metallstellen am Kontakt mehr sichtbar sind.

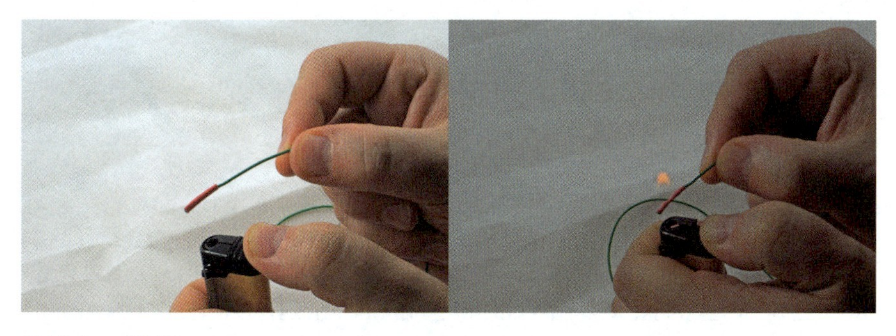

Abbildung 10-12:
Kontakt mit Schrumpfschlauch a) vor dem Schrumpfen b) nach dem Schrumpfen

Kabelstrang zusammenfassen

Als Letztes werden die einzelnen Kabel mit Klebeband in einem einzigen Kabelstrang zusammengefasst. Dazu werden etwa alle 7 cm die Kabel gemeinsam mit Klebeband umwickelt.

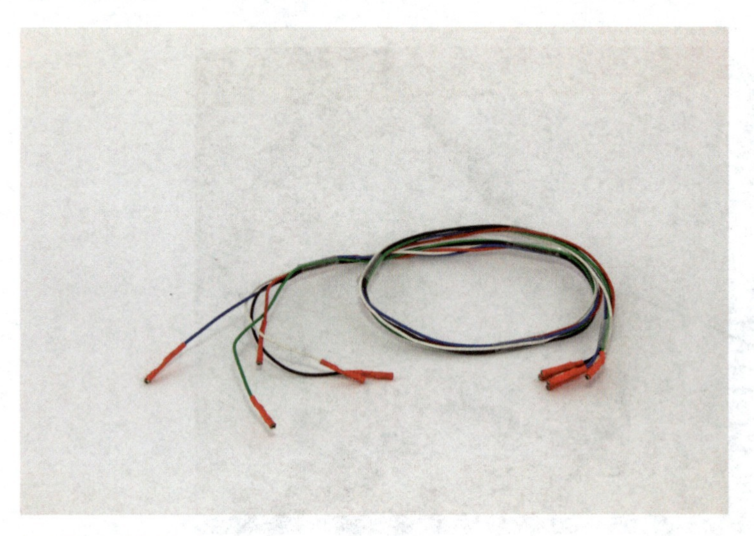

Abbildung 10-13:
Der mit Hilfe von Klebeband gebildete Kabelstrang

Die Elektronik

Die Grundlage für die Steuerung von Laser-Pong bildet ein Arduino *UNO*. Für den Arduino gibt es viele Erweiterungen in Form von Platinen, *Shields* genannt, die man einfach auf den Arduino aufstecken kann. Um die Punkte im Spiel anzeigen zu können, verwendet Laser-Pong das *Digit Shield* von *nootropic design* (http://nootropicdesign.com/). Auf dem Shield sind 4 *7-Segmentanzeigen* untergebracht, über das sich Zahlen darstellen lassen.

Löten des Digit Shields

Das Digit Shield kommt als Bausatz und muss vor dem Verwenden noch gelötet werden.

Löten der 8 150Ω-Widerstände Im ersten Schritt werden die 8 150Ω-Widerstände (Braun – Grün – Braun – Gold) aufgelötet. Die Positionen für die Widerstände sind in *Bild a* gezeigt. Die Beine der Widerstände werden durch die Platine gesteckt, auf der Rückseite umgeknickt und anschließend auf der Rückseite verlötet (Bild b). Im Anschluß daran können die überstehenden Drähte mit einem Seitenschneider abgeknipst werden.

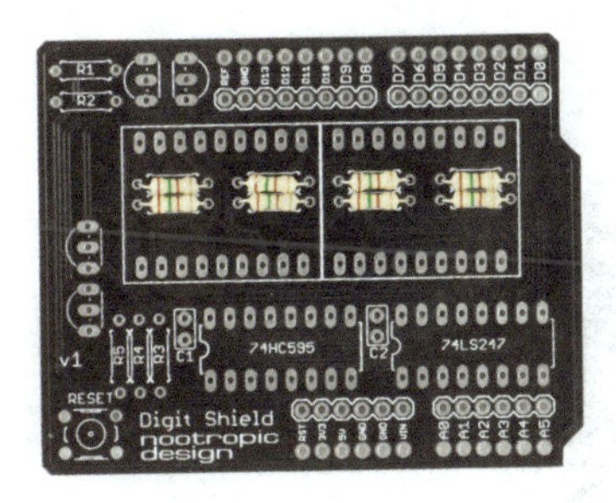

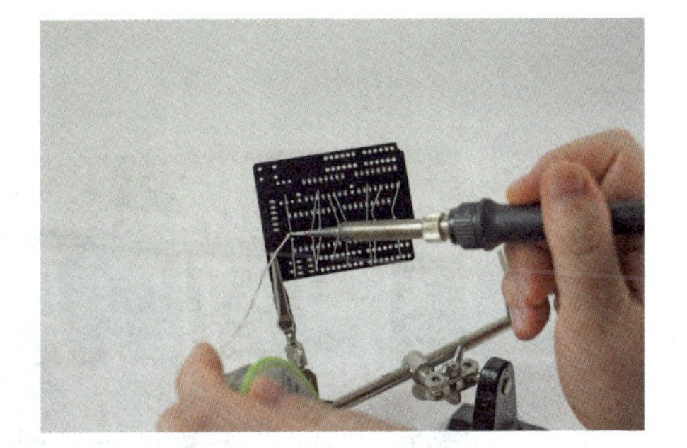

Abbildung 10-14:
Schritt 1: a) positionieren der Widerstände b) verlöten

Löten der 5 10kΩ Widerstände Schritt 2 besteht aus dem Löten der 5 10kΩ-Widerstände (Braun – Schwarz – Orange – Gold) an die Positionen, die auf dem Board mit *R1*, *R2*, *R3*, *R4* und *R5* beschriftet sind. Auch hier werden die Widerstände nach der Positionierung auf der Rückseite verlötet und die Beine können anschließend gekürzt werden.

Abbildung 10-15:
Die Position der 10 kΩ-Widerstände (Ringe: Braun - Schwarz - Orange - Gold)

Löten des LEDs Die 7-Segment-LEDs kommen in zwei einzelnen Bauteilen, die jeweils 2 Ziffern darstellen können. Beide Anzeigen werden über den 150Ω-Widerstände angebracht.

Es muss darauf geachtet werden, dass die Position der Dezimalpunkte genau der Position auf dem Bild entspricht, da sonst die Anzeigen nicht funktionieren.

Löten des 74HC595

Auf dem *Digit Shield* werden 2 ICs verwendet. Der erste ist ein *74HC595 Shift-Register*. Die Position des ICs ist auf dem Board beschriftet. Wichtig ist auch hier,

Abbildung 10-16:
Die Position und Orientierung der LED-Anzeigen

dass die Orientierung des ICs der Orientierung auf dem folgenden Bild entspricht. Auf dem Board ist dafür auch die Position der Markierung auf dem IC angegeben. Um den IC bequem von der Rückseite verlöten zu können, ohne dass der IC herausfällt, bietet es sich an, ihn für das Löten vorne mit Klebeband zu fixieren.

Abbildung 10-17:
74HC595 aufgesteckt auf das Board

Löten des 74LS247

Als zweiter IC findet ein *74LS247* Verwendung. Dieser IC ist speziell für die Ansteuerung von 7-Segmentanzeigen gedacht. Die Position ist ebenso mitsamt Markierung für die Orientierung auf dem Board als Beschriftung angegeben und wird auf dem folgenden Bild gezeigt. Auch hier empfiehlt es sich, vor dem Löten den IC mit Klebeband zu fixieren.

Abbildung 10-18:
74LS247, aufgesteckt auf das Board

Löten der Kondensatoren

Die nächsten zu verlötenden Bauteile sind 2 0,1 µF-Kondensatoren direkt neben den beiden ICs. Wie die Widerstände werden auch hier nach dem Durchstecken und Verlöten die Beine gekürzt.

Abbildung 10-19:
Die Kondensatoren direkt neben den ICs

Löten der Transistoren

Im nächsten Schritt werden 4 Transistoren auf das Board gelötet. Auch hier sind die Positionen wieder auf der Platine eingezeichnet. Die Orientierung bei den Transistoren ist wichtig, daher muss die Orientierung der flachen Seite der Transistoren genau dem Bild und der Beschriftung auf dem Board entsprechen. Nach dem Löten werden wieder die Beine gekürzt.

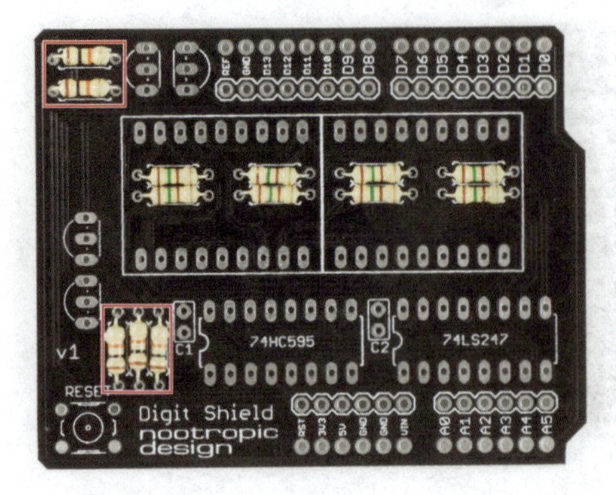

Abbildung 10-20:
Die Position der Transistoren

Löten der Buchsenleisten

Nun werden die Buchsenleisten aufgelötet. Wichtig ist, dass die Buchsenleisten an den inneren Löchern festgelötet werden. Dabei ist besonders darauf zu achten, dass die Leisten senkrecht vom Board abstehen. Eine Möglichkeit, dies sicherzustellen, besteht in der Verwendung von Klebeband zur Fixierung. Es ist einfacher, die einzelnen Buchsenleisten nacheinander zu löten als zu probieren, alle auf einmal zu löten.

Abbildung 10-21:
Wichtig ist, die Buchsenleisten an die inneren Positionen zu löten.

Löten der Steckerleisten

Im Bausatz enthalten ist eine Steckerleiste, die erst aufgeteilt werden muss. Für das Shield werden 2-mal eine Steckerleiste mit 6 Kontakten und 2-mal mit 8 Kontakten benötigt. Sie lassen sich einfach mit einem Seitenschneider von der Steckerleiste abtrennen.

Die Steckerleisten werden – im Unterschied zu den anderen Bauteilen – auf der Rückseite des Boards angebracht. Um das Löten zu vereinfachen, kann man den Arduino als Halter »missbrauchen«. Dazu werden die Steckerleisten einfach mit der langen Seite in die Buchsenleisten auf dem Arduino gesteckt und das Board wird auf die Steckerleisten aufgesetzt. Anschließend können die Steckerleisten komfortabel von oben mit dem Board verlötet werden.

Löten des Tasters

Als letztes Bauteil fehlt noch der Taster. Er lässt sich einfach von oben aufsetzen und dann von der Rückseite verlöten. Die Orientierung des Tasters ergibt sich aus der Position der Beinchen.

Abbildung 10-22:
Zuletzt wird der Taster verlötet.

Aufstecken und Testen des Shields

Nun kann das DigitShield getestet werden. Wenn alles richtig verlötet wurde, sollte sich das Shield ganz einfach auf den Arduino Uno aufstecken lassen. Um Shields innerhalb eines Arduino-Programms verwenden zu können, benötigen die meisten die Installation einer sogenannten *Bibliothek* (*Library* auf Englisch), so auch das DigitShield.

Installation der Bibliothek

Zu allererst muss die Bibliothek unter der URL *http://github.com/LichtUndSpass/Laser-Pong/raw/master/Bibliotheken/DigitShieldLibrary.zip* heruntergeladen werden. Die Installation kann bei einer aktuellen Arduino-Version über den Menüpunkt *Sketch -> Import Library... -> Add Library...* erfolgen. Dort wird einfach die zuerst heruntergeladene Zip-Datei ausgewählt und die Bibliothek so automatisch installiert. Weitere Informationen zum Installieren einer Bibliothek finden sich unter *http://arduino.cc/en/Guide/Libraries*.

Um den fehlerfreien Betrieb mit der Servo-Bibliothek zu gewährleisten, müssen Änderungen an der DigitShieldLibrary von nootropic gemacht werden. Diese Änderungen sind in der Version unter der angegebenen URL aber bereits enthalten.

Programmieren des Testprogramms für das Shield

Unter *http://github.com/LichtUndSpass/Laser-Pong/blob/master/TestDigitShield/TestDigitShield.ino* befindet sich der Code für das Testen des DigitShields. Nach dem Öffnen der Datei und dem anschließenden Programmieren des Arduinos mit aufgestecktem DigitShield sollten die LED-Anzeigen auf dem Shield die Zahlen von 0 bis 9 darstellen, und die Dezimalpunkte sollten abwechselnd leuchten.

Abbildung 10-23:
Das Shield zeigt alle Zahlen von 0 bis 9.

Servo

Der Laserpointer, der den Laserpunkt auf die Spielfläche wirft, wird durch einen Servo bewegt. Die 3 einzelnen Leitungen des Servos werden mit 3 Jumper Wires an folgende Pins des DigitShields angeschlossen: Die rote Leitung wird mit dem *5 V*-Pin verbunden, die schwarze Leitung mit dem *GND*-Pin daneben und die gelbe Leitung mit dem Pin *A5*. Falls vorhanden, ist es sinnvoll, die Leitungen über eine abgewinkelte Buchsenleiste anzuschließen.

Abbildung 10-24:
Der Servo, angeschlossen über abgewinkelte Buchsenleisten an die Pins **5V**, **GND** und **A5**

Themeninsel: Was ist ein Servo?

Oft stehen elektronische Schaltungen nicht für sich alleine, sondern sollen mit der Welt um sie herum interagieren. Eine Möglichkeit ist zum Beispiel, Dinge in der Welt zu bewegen. Dafür kommen Motoren zum Einsatz. Ein Servo ist eine spezielle Art von Rotationsmotor, der eine Rückmeldung gibt, auf welche Position der Servo gedreht ist. Die meisten Servos können innerhalb eines Winkels von 0° bis 180° bewegt werden. Servos gibt es in unterschiedlichen Größen, mit unterschiedlicher Kraft und Qualitätsstufen. Die einfachsten verwenden kleine Elektromotoren und Kunststoffgetriebe, größere und bessere haben mehr Kraft und sind durch die Verwendung von Metallgetrieben genauer und langlebiger.

Abbildung 10-25:
Ein einfacher Mikro-Modellbauservo

Servos haben in der Regel 3 Leitungen, über die sie angeschlossen werden müssen, traditionell *Rot*, *Schwarz* und *Gelb*. Rot ist für den Anschluss des **+**-Pols der Versorgungsspannung (5 V beim Arduino), Schwarz für den **-**-Pol (**GND** beim Arduino) und Gelb für den Anschluss des Signals zur Steuerung der Servo-Position, mit dem regelmäßig ein Impuls geschickt wird. Die Länge des Impulses gibt dem Servo die Position vor. Glücklicherweise muss man die Ansteuerung aber nicht selber programmieren, sondern kann die mitgelieferte Servo-Bibliothek von Arduino benutzen.

```
#include<Servo.h>
const int PIN_SERVO = 10;
Servo servo;
void setup() {
    servo.attach(PIN_SERVO);
}
```

Die zugehörige Bibliothek wird eingebunden und anschließend wird ein Servo-Objekt erstellt. Innerhalb der setup()-Funktion wird dann das Servo-Objekt mit dem Pin verknüpft, an dem die Steuerleitung angeschlossen ist. Anschließend lässt sich durch einen Aufruf

```
servo.write(servoPosition);
```

der Servo auf eine andere Position bewegen. *servoPosition* ist dabei ein ganzzahliger Wert zwischen 0 und 180.

Servos verbrauchen eine große Menge Strom. Dies kann dazu führen, dass die Spannung zusammenbricht und so der Arduino abstürzt und neu startet. Um dies zu verhindern, hilft ein Kondensator mit etwa 100–470 µF Kapazität, den man direkt an die Versorgungspins des Servos anschließt.

Controller

Als letzten fehlenden Teil der Elektronik muss noch der Controller angeschlossen werden. Dazu werden die beiden *roten* und *schwarzen* Leitungen mittels Jumper Wires an die Pins *D11* sowie *GND* auf der anderen Seite des DigitShields angeschlossen. Die Leitungen zu den Tastern für Spieler 1 (*Blau*), Spieler 2 (*Grün*) und Start (*Weiß*) gehören an die Pins *D8*, *D9* und *D10*.

Abbildung 10-26:
Die 5 Leitungen des Controllers, angeschlossen an **D8**, **D9**, **D10**, **D11** und **GND**

Programmieren und Testen der Firmware

Nun kann das richtige Programm für Laser-Pong auf den Arduino aufgespielt werden. Der Quellcode dafür findet sich unter *http://github.com/LichtUndSpass/Laser-Pong/blob/master/Laser-Pong/Laser-Pong.ino* und sollte sich ohne Änderungen programmieren lassen. Anschließend kann die Elektronik getestet werden. Nach dem Upload startet das Programm automatisch. Der Servo fährt auf die Mittenposition, und auf den LED-Anzeigen erscheint »0000«. Mit dem linken und dem rechten Taster kann die Position des Servos im Uhrzeigersinn (links) und gegen den Uhrzeigersinn (rechts) gedreht werden.

Fehlerbehebung

Servo dreht sich in die falsche Richtung

Dreht sich der Servo in die falsche Richtung, sind sehr wahrscheinlich die Leitungen von den beiden Tastern links und rechts vertauscht. Der linke Taster muss an den Pin *D8* angeschlossen werden, der rechte Taster an *D9*.

Der Servo dreht sich nach dem Start, ohne dass ein Taster gedrückt ist

Dies passiert, wenn der Stift für den Anschluss des Kabels nicht zwischen dem Widerstand und dem Schalter, sondern zwischen 5 V und dem Schalter angeschlossen ist. Dadurch liegt ständig ein HIGH-Signal an dem entsprechenden Pin an, und deshalb fährt der Servo in diese Richtung.

Bei anderem Fehlerbild

Wenn das DigitShield mit dem Testprogramm einwandfrei funktioniert hat, kann der Fehler nur an einem fehlerhaften Aufbau liegen. Daher müssen alle Leitungen kontrolliert daraufhin werden, ob sie auch an den richtigen Pins des DigitShields angeschlossen sind. Zwei vertauschte Kabel können bereits dafür sorgen, dass nichts funktioniert.

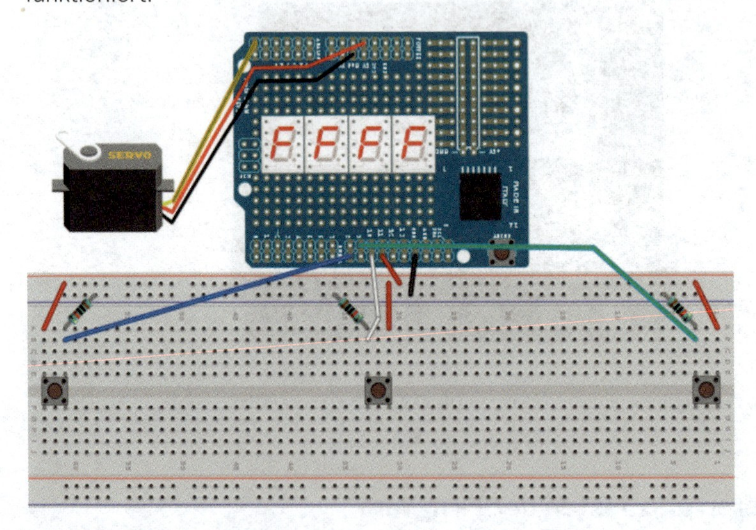

Abbildung 10-27:
Die Schaltung modelliert in Fritzing. Das DigitShield wurde hier durch ein PrototypShield ersetzt, die Verbindungen der Pins sind aber gleich.

Zusammenbau der einzelnen Teile

Wenn alle Teile fertiggestellt sind, fehlt nur noch der Zusammenbau.

Servo

Der Servo wird mit einer kleinen Schraube an die Spitze des Mastes geschraubt, und zwar so, dass das Ende mit dem Kabel nach unten zeigt. Die Rotationsebene des Servos sollte senkrecht zur Bodenplatte stehen.

Abbildung 10-28:
Der Servo kann einfach mit einer kleinen Schraube an die Spitze des Mastes geschraubt werden.

Arduino

Der Arduino mit dem aufgesteckten DigitShield wird mit zwei Kabelbindern in 15 cm Höhe links neben den Mast gehängt. Der USB- und Stromanschluss des Arduinos muss dabei vom Mast weg weisen. Mit den zwei gebohrten Löchern geht es am einfachsten. Ohne gebohrte Löcher werden die Kabelbinder um den ganzen Mast gelegt, was aber leider dazu führt, dass die Anzeige ebenso wie der Mast nach unten geneigt ist. Die überstehenden Enden der Kabelbinder können einfach mit einem Seitenschneider abgeknipst werden.

Abbildung 10-29:
Der Arduino wird links vom Mast befestigt.

Kabel

Die Kabel zum Servo und zum Controller werden mit Kabelbindern auf der Rückseite des Mastes befestigt.

Laserpointer

Als Letztes bleibt die Befestigung des Laserpointers am Servo. Dazu wird ein gewöhnlicher Gummiring mehrmals um den Laserpointer und den Servo-Arm gewickelt. Der Laserpointer sollte dabei nach unten zeigen. Um den Laserpointer auf Dauerbetrieb zu stellen, kann man ein abgeknipstes Ende eines Kabelbinders zwischen den Gummiring und den Taster klemmen. Falls der Druck des Gummirings nicht ausreicht, um den Taster gedrückt zu halten, muss der Gummring ein paar zusätzliche Wicklungen um Laserpointer und Servo-Arm bekommen.

Laserlicht ist mit Vorsicht zu behandeln! Insbesondere Augen sind sehr gefährdet. Daher sind ein paar Verhaltensregeln im Umgang mit Lasern zu beachten: **Niemals direkt in den Laserstrahl schauen! Niemals den Laser auf andere Menschen oder auf Tiere richten! Niemals mit dem Laser auf reflektierende Oberflächen wie Spiegel oder Glasflächen leuchten!**

Themeninsel: Was ist ein Laser?

Ein Laser (der Name ist aus der englischen Bezeichnung "**L**ight **A**mplification by **S**timulated **E**mission of **R**adiation" gebildet) ist eine spezielle Art von Licht, bezeichnet aber auch ein Gerät, was dieses Licht erzeugt. Laserlicht hat einige Eigenschaften, die zum Beispiel das Licht einer Glühbirne nicht hat. Anders als eine Glühbirne, die Licht in alle Richtungen abstrahlt, wird Laserlicht als gebündelter Strahl in nur eine Richtung gestrahlt. Ein anderer Unterschied besteht in der Wellenlänge des ausgestrahlten Lichts. Während eine Glühbirne oder auch die Sonne eine Mischung von Licht verschiedener Wellenlängen ausstrahlt, enthält Laserlicht nur Licht einer Wellenlänge. Jede Wellenlänge hat eine eigene Farbe, und jede Art Laser hat eine spezifische Wellenlänge.

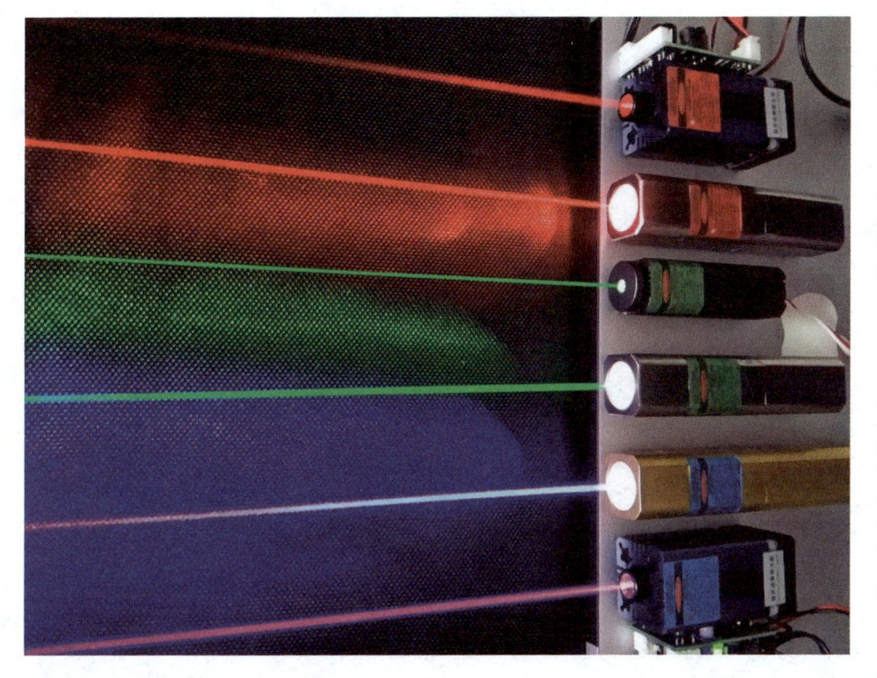

Abbildung 10-30:
Laser mit unterschiedlichen Farben (Urheber: 彭家杰, Quelle: *https://de.wikipedia.org/wiki/Datei:LASER.jpg*)

Es gibt viele unterschiedliche Anwendungsgebiete für Laser. Durch seine Eigenschaften kann ein Laserstrahl eine große Menge Energie in einem Punkt bündeln, so dass man mit einem Laser auch Materialien schneiden und schweißen kann. Darüber hinaus werden Laser für die Datenspeicherung, zum Beispiel bei CDs/DVDs, zur Kommunikation oder auch zur Abstandsmessung verwendet.

Das Spiel

Nach dem abgeschlossenen Zusammenbau des Spiels kann man loslegen. Wenn der Arduino an den Strom angeschlossen ist, muss in einem ersten Schritt das Spiel kalibriert werden, damit das Spiel weiß, wo die Bereiche der einzelnen Spieler anfangen. Mit Hilfe der beiden Taster außen am Controller wird dazu der Lichtpunkt, der vom eingeschalteten Laserpointer auf die Spielfläche geworfen wird, erst an den linken Rand der Spielfläche bewegt und anschließend wird auf den Starttaster in der Mitte des Controllers gedrückt. Genauso wird anschließend die rechte Seite der Spielfläche kalibriert (siehe Abbildung 10-32).

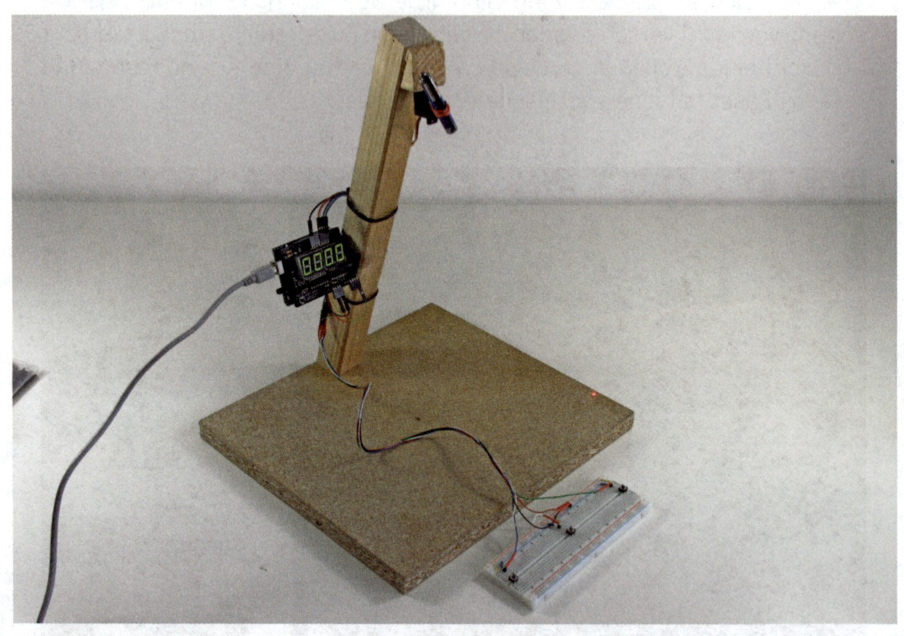

Abbildung 10-31:
Zur Kalibrierung des Spiels wird nach dem Einschalten der Laserpunkt an die Ränder bewegt.

Ist die Kalibrierung abgeschlossen, fährt der Laserpunkt in die Mitte des Spielfelds. Ein neues Spiel wird durch Drücken des Starttasters begonnen. Der Laserpunkt bewegt sich in die Richtung eines Spielers. Bevor der Laser den Rand erreicht, muss der entsprechende Spieler rechtzeitig auf seinen Taster drücken, um die Richtung der Bewegung umzukehren. Drückt der Spieler zu früh, wird sein Taster blockiert, und der Punkt geht an den anderen Spieler. Ein Spiel dauert, bis der erste Spieler 15 Punkte erreicht. Drückt man auf die Starttaste, wird ein neues Spiel gestartet.

So gehts auch

Das Spiel lässt sich mit ein paar einfachen Variablen im Programmcode anpassen, um es wahlweise einfacher oder schwieriger zu machen.

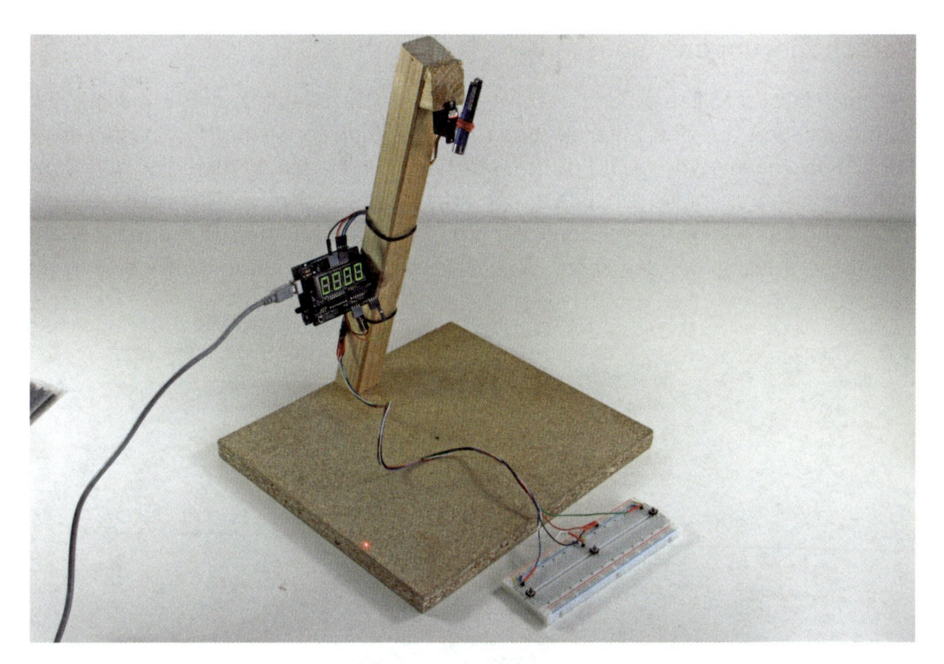

Abbildung 10-32:
Zur Kalibrierung des Spiels wird nach dem Einschalten der Laserpunkt an die Ränder bewegt.

Punkte bis Spielende

```
const byte punkteSpielende = 15;
```

Standardmäßig ist ein Spiel beendet, sobald der erste Spieler 15 Punkte erreicht hat. Sollen die Spiele etwas schneller vorbei sein, kann hier einfach ein niedrigerer Wert eingetragen werden.

Breite der Spielerbereiche

```
const int breiteAktivZone = 7;
```

breiteAktivZone gibt an, wie groß der Bereich ist, in dem die Spieler ihren Knopf drücken dürfen. Die Angabe ist in Grad gemacht. Je größer der Wert ist, desto größer ist der Bereich, in dem die Spieler ihren Knopf drücken können, ohne sich zu blockieren.

Geschwindigkeit des Servos

```
const int startZeitProSchritt = 30;
```

Zuletzt lässt sich auch die Geschwindigkeit anpassen, mit dem der Lichtpunkt in einem Spiel startet. Hierbei gibt *startZeitProSchritt* die Anzahl der Millisekunden an, die zwischen den einzelnen 1°-Schritten des Servos gewartet wird. Je niedriger der Wert, desto schneller ist der Punkt, und umgekehrt.

Verschönerungen

Natürlich lässt sich Laser-Pong noch verschönern. Dazu kann zum Beispiel ein Bild zum Aufkleben auf das Spielfeld unter *http://github.com/LichtUndSpass/Laser-Pong/blob/master/Vorlagen/Spielfeld.pdf* heruntergeladen werden. Für den Controller gibt es ebenfalls ein Bild unter *http://github.com/LichtUndSpass/Laser-Pong/blob/master/Vorlagen/Controller.pdf*, das einfach auf dem Breadboard durch die Taster befestigt werden kann. Eigenen Ideen sind hier natürlich keine Grenzen gesetzt.

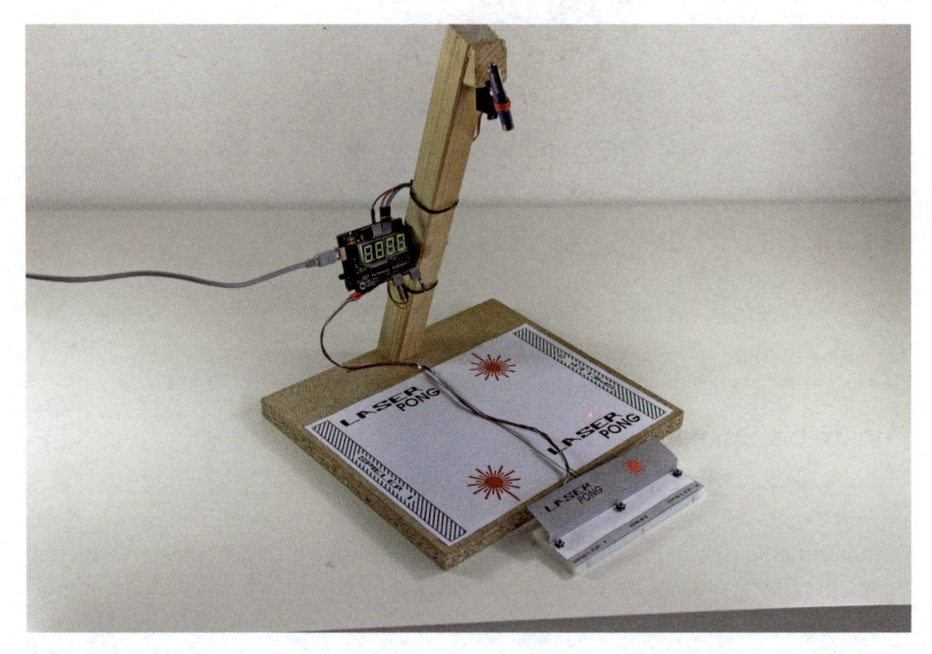

Abbildung 10-33:
Laser-Pong mit aufgeklebten Bildern

Der Schaltplan

Die Verkableung ist nicht sehr kompliziert, daher fällt auch der zugehörige Schaltplan relativ einfach aus.

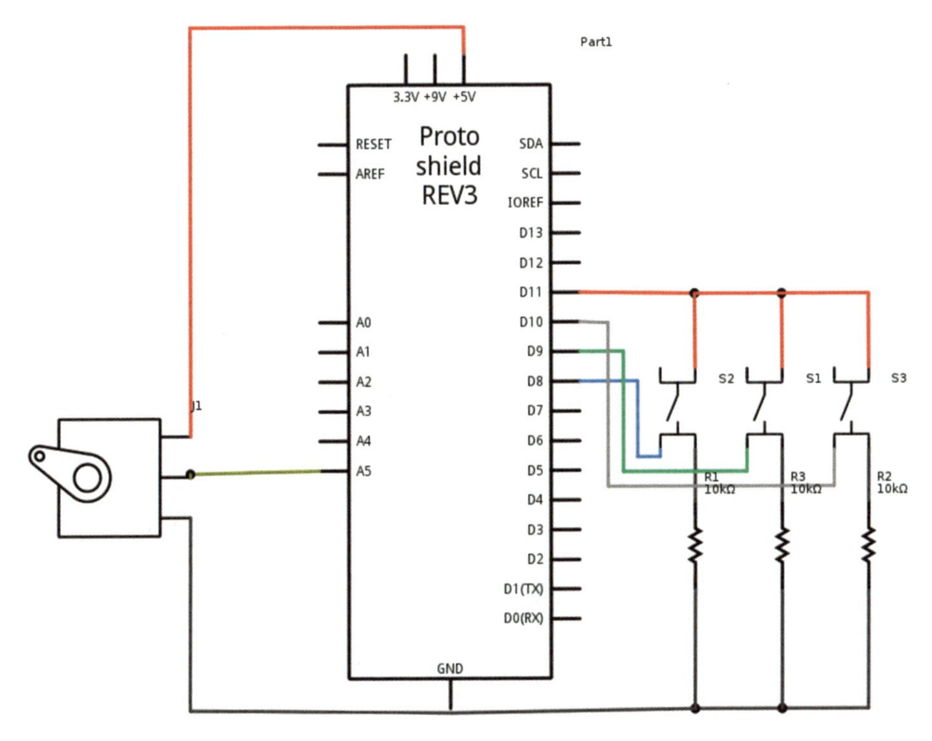

Abbildung 10-34:
Der Schaltplan von Laser-Pong

Links

Laser-Pong Github Repository
http://github.com/LichtUndSpass/Laser-Pong/

Beschreibung der Servo-Bibliothek (Englisch)
http://arduino.cc/en/Reference/Servo

Webseite der verwendeten DigitShield-Anzeige (Englisch)
http://www.nootropicdesign.com/digitshield/

Erklärvideo: Was ist ein Laser?
https://www.youtube.com/watch?v=ATR3o7D-e4k

Zusammenfassung

Laser-Pong zeigt die einfache Verwendung eines Servos mit Hilfe der Arduino-Bibliothek und erklärt, was ein Laser ist und was bei seiner Verwendung zu beachten ist.

Die Milchstraße im Schlafzimmer

11

von Alex Wenger

Abbildung 11-1:
Sternenhimmel aus Holz und Glasfasern

Nichts ist schöner, als in einer sternenklaren Nacht unter freiem Himmel zu schlafen. Diesen Anblick können wir mit diesem Projekt künftig jede Nacht in unserem Schlafzimmer haben. Dazu leiten wir das Licht durch hunderte von Glasfasern, die dann als Sterne an der Decke funkeln.

Materialien

- Sternenhimmel-Set bestehend aus:
  - 200 Glasfasern à 2 m
  - LED-Lichtquelle
- 2 Holzplatten 800 × 1600 mm (6–8 mm, Sperrholz, Pappel)
- Holzleisten
- Beize (schwarz oder blau)
- Holzschrauben, Holzleim

Werkzeug

- Bohrmaschine
- Schleifpapier, Schwingschleifer

Themeninsel: Wie funktionieren Glasfasern?

Glasfasern sind ganz dünne Fäden aus Glas, so dünn dass sie erst abbrechen, wenn man sie scharf knickt. Wird an einem Ende der Glasfaser Licht eingebracht, kann es unterwegs die Faser nicht verlassen, weil das Licht immer von der Oberfläche zurück in die Faser reflektiert wird. Diese Reflektion ist dabei so gut, dass man damit Licht über viele Meter, ja sogar Kilometer transportieren kann.

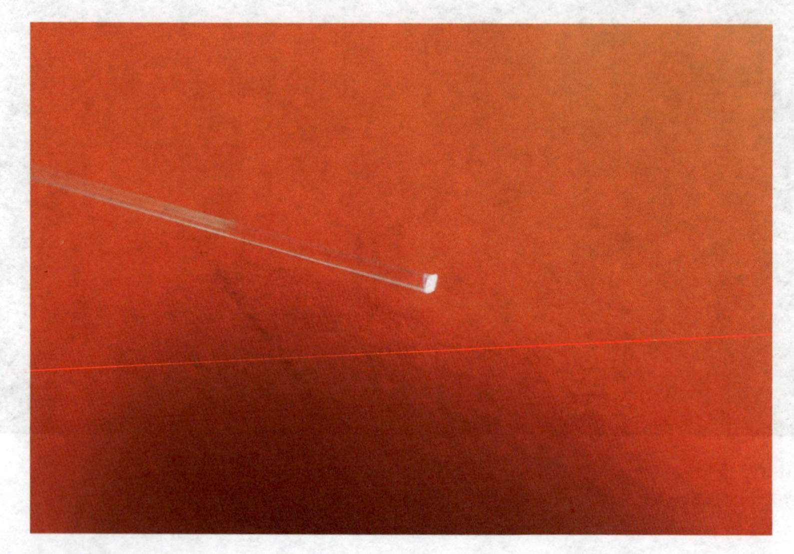

Abbildung 11-2:
Eine einzelne Glasfaser

Glasfasern begegnen uns an vielen Stellen im Leben, oft ohne dass wir es bewusst wahrnehmen. Glasfasern werden zu Datenübertragung für schnelles Internet verwendet. Dazu werden kurze Lichtpulse mit einer LED oder einem Laser durch die Faser gesendet. Glasfasern können aber nicht nur zur Weiterleitung von Licht verwendet werden, ihre Zähigkeit wird verwendet, um Kunststoffe oder sogar Beton zu verstärken, indem Glasfasern unter das Material gemischt werden.

Auspacken

Was ist in einem solchen Sternenhimmel-Set enthalten?

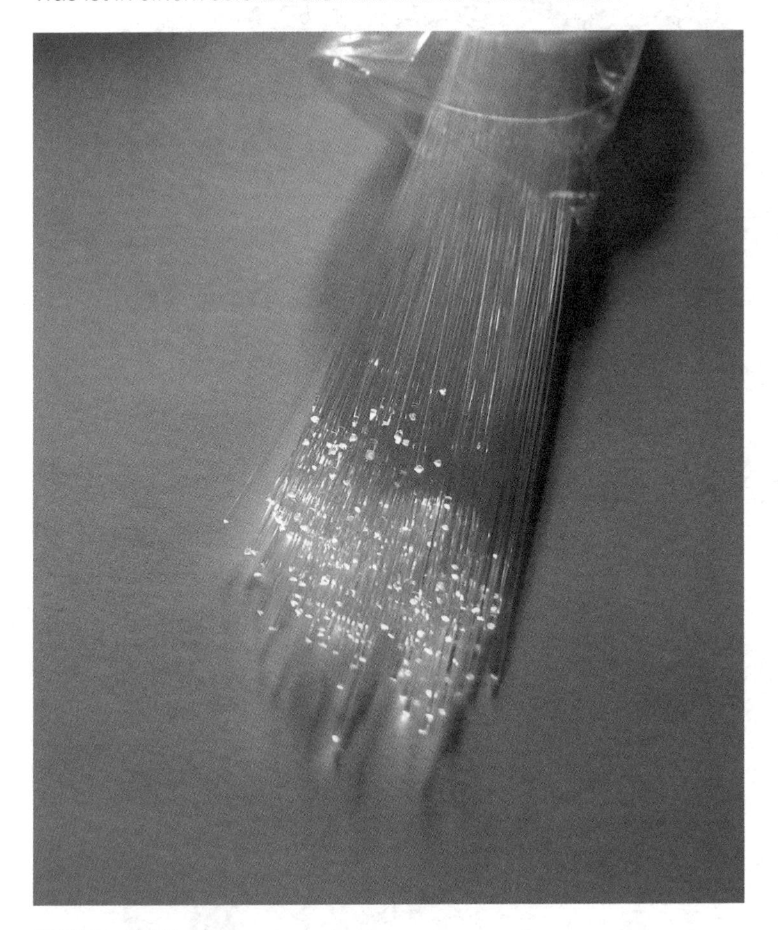

Abbildung 11-3:
Glasfaserbündel, ca. 2m lang, ca. 200 Fasern.

Abbildung 11-4:
LED-Lichtquelle, teilweise mit Funkfernbedienung.

Abbildung 11-5:
LED-Lichtquelle mit Faserbündeln zusammengebaut.

Sägen

Als Erstes wird die Holzplatte in die gewünschte Form geschnitten. Dieser Sternenhimmel sollte rund werden, damit er bei 1,8 m Durchmesser aber noch transportabel ist, ist es sinnvoll, dafür zwei Platten a 0,9 × 1,8 m und 6 mm Dicke zu verwenden. Auch ist es dadurch möglich, die beiden Platten rechts und links einer bestehenden Hängelampe anzubringen, so dass das Kabel genau in der Mitte durch den Himmel kommt.

Auf jede der beiden Platten zuerst auf der langen Seite den Mittelpunkt markieren und dort eine Schnur mit einer Reißzwecke befestigen. Mit einem Bleistift, der mit der Schnur daran befestigt wird, lässt sich jetzt ein perfekter Halbkreis aufzeichnen. Jetzt werden beide Halbkreise mit der Stichsäge ausgeschnitten. Dabei möglichst langsam und ohne viel Druck schneiden, dann wird der Schnitt gleichmäßiger.

Bohren

Auf der Sichtseite werden jetzt die Sternpositionen eingezeichnet. Markierungen, die mit einem spitzen Bleistift gemacht wurden, sind nach dem Bohren nicht mehr zu sehen. Andernfalls können sie leicht ausradiert werden.

Wer will, kann bekannte Sternbilder in den Himmel integrieren. Diese Sterne werden auf der Rückseite extra markiert, damit hier Glasfasern aus einem gemeinsamen Bündel eingeklebt werden, so dass die Sternbilder später etwas heller leuchten können als die restlichen Sterne.

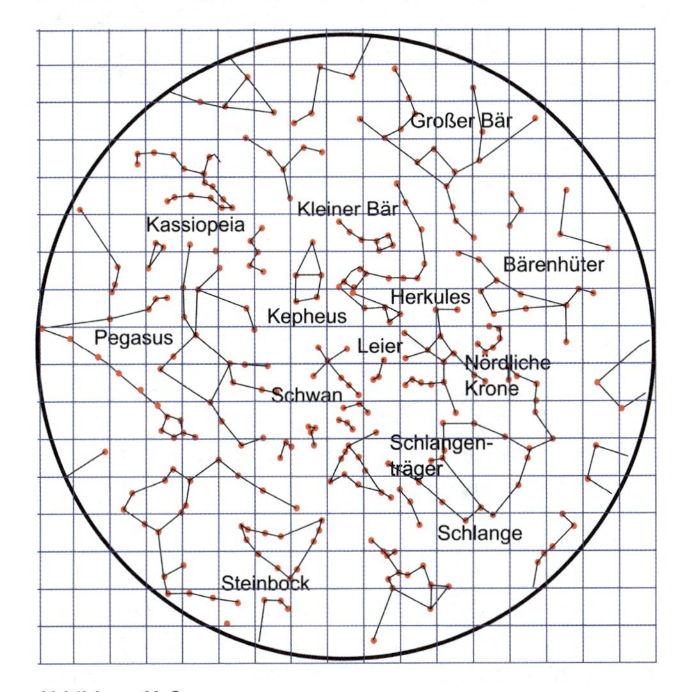

Abbildung 11-6:
Vorlage für einen Sternenhimmel im Juni.

Auf dieser Vorlage sind es 278 Sterne für die Sternbilder. Entweder müssen ein paar der kürzeren Fasern doppelt verwendet werden oder ein paar Sternbilder werden einfach weggelassen.

Zum Übertragen der Sternkonstellationen gibt es auf der Sternvorlage alle 10 cm eine Hilfslinie. Zeichnet man diese auch auf das Holz und druckt die Vorlage spiegelverkehrt aus, ist es ein Leichtes, alle Positionen richtig einzuzeichnen.

Abbildung 11-7:
Übertragen der Sternpositionen mit einem Hilfsgitter

Unterkonstruktion

Für die Unterkonstruktion werden jetzt die Holzleisten auf die Rückseite geleimt. Dazu die Leiste in 20 cm lange Stücke zersägen und immer mit 4 cm Abstand vom Rand aufleimen.

Bei einer Platte an den langen Kanten ein paar Leisten so anleimen, dass die Hälfte übersteht. Dabei darauf achten, dass keine Sternlöcher überdeckt werden. Damit können die beiden Platten später sauber verschraubt werden.

Schleifen

Die Kante mit 80er-Schmirgelpapier glätten und leicht abrunden. Die Fläche mit 120er-Papier und dem Schwingschleifer schleifen, bis sie ganz glatt ist. Wer es besonders glatt haben möchte, feuchtet das Holz mit einem Lappen kurz leicht an und schleift nach dem Trocknen mit 180er- oder 240er-Papier noch einmal.

Farbe

Jetzt wird das Holz mit der Beize eingefärbt, dazu die Beize nach Packungsvorgabe verarbeiten. Für eine dunkle, gleichmäßige Farbe muss das Holz nach dem ersten Trocknen noch einmal gestrichen werden.

Die Rückseite braucht keine Farbe, nur am Rand wird ein paar Zemtimeter um die Ecke gestrichen, damit auch von der Seite kein helles Holz zu sehen ist. Dabei die Leisten nicht vergessen.

Glasfasern

Die meisten Sternenhimmel-Glasfaser-Sets mit 200 Glasfasern liefern 4 Bündel à 50 Glasfasern. Jeweils zwei der Bündel kommen auf die rechte und zwei auf die linke Platte, damit beide Platten unabhängig voneinander transportiert werden können.

Die Glasfasern werden von hinten durch die Löcher gesteckt und soweit durchgezogen, dass die Glasfasern gerade noch ohne zu knicken auf der Rückseitezum liegen kommen. Mit dem mitgelieferten Kleber werden die einzelnen Fasern dann auf der Rückseite fixiert.

Abbildung 11-8:
Glasfasern werden durch die Löcher gesteckt

Mit einer kleinen Zange oder einer Nagelschere werden die Glasfasern möglichst dicht an der Platte abgeschnitten.

Zum Testen die Glasfaserbündel in die mitgelieferte LED-Beleuchtung stecken und in Betrieb nehmen.

Abbildung 11-9:
Glasfasern vor dem Abschneiden

Jetzt ist der richtige Zeitpunkt, um sich Gedanken über die Beleuchtung der Glasfaserbündel zu machen. Die mitgelieferte Box ist zwar schön und hat auch eine Fernbedienung, die Programme sind aber eher hektisch, die zum Dimmen verwendete PWM ist so langsam, dass man das Flimmern leider sieht, also nicht unbedingt für Schlafzimmer tauglich.

Wer möchte, ersetzt die Elektronik in der mitgelieferten LED-Box durch 4–5 normale weiße 5 mm-LEDs. Bei einer 12 V-Versorgungsspannung wird jede LED mit einem 470-Ohm-Widerstand angeschlossen.

Weitere LEDs für mehr Faserbündel werden wie im Set mit einem Schrumpfschlauch gebündelt und dann mithilfe eines weiteren Schrumpfschlauchs mit der LED verbunden. Die Fasern sollten dazu alle möglichst sauber abgeschnitten sein. Dazu empfiehlt es sich, verschiedene Zangen und Scheren zu testen. Als gut geeignet haben sich Seitenschneider, Nagelscheren und Nagelknipser erwiesen.

Aufhängen

Jede der beiden Platten muss mit 4 Schrauben an der Decke befestigt werden. Unsichtbar geht das mit kleinen Metallplatten mit einem schlüssellochförmigen Loch, durch das der Schraubenkopf eingeführt wird. Durch Verschieben der Platten wird die Konstruktion dann an der Decke verriegelt.

Erweiterungen

Besonders schön funkeln die Sterne mit einer sogenannten Funkelscheibe. Das ist eine runde Scheibe mit Löchern, die sich zwischen Glasfaserbündel und LED langsam dreht. Durch den Schattenwurf der Scheibe wird jede einzelne Glasfaser zu einem anderen Zeitpunkt beleuchtet. Dieser Effekt lässt sich mit einzelnen LEDs nur schwer nachbilden, allerdings ist es schwierig, den Motor für die Scheibe ganz lautlos zu bekommen, was bei einem Sternenhimmel im Schlafzimmer doch eher stört.

Die Glasfaserqualle 12

von Lina Wassong

Abbildung 12-1:
Die Glasfaserqualle

Glasfasern eignen sich hervorragend, um Licht von einem zum einem anderen Punkt zu leiten. Diese Besonderheit wird auch bei der Glasfaserqualle ausgenutzt. Die Qualle besteht aus einem LED-Streifen, der um einen runden Lampenschirmrahmen geklebt wird. An jede LED wird ein Bündel Glasfasern geklebt, deren Enden in allen Farben aufleuchten werden. Für die Ansteuerung der RGB-LEDs wird ein Arduino Uno verwendet. Mit den Kenntnissen über das Programmieren eines Arduino und RGB-LED-Streifen aus Projekt 7 beträgt die Bastelzeit für die leuchtende Qualle ca. 6 Stunden.

Benötigte Bauteile

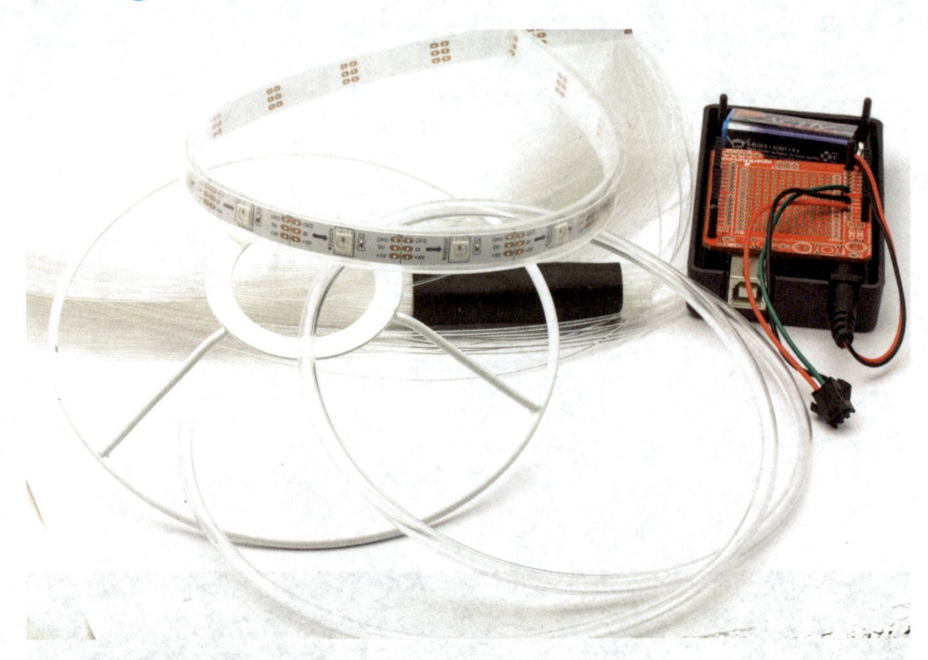

Abbildung 12-2:
Alle benötigten Bauteile für die Qualle

- 100 m Glasfasern – Ø 1 mm (17 €)
- 1 30 cm 5 V WS2811 LED-Streifen 30LED/m (7,50 €)
- 2 PVC-Schläuche (1,50 €)
- 1 Arduino Uno (24 €)
- 1 Leiterplatte (4 €)
- 2 6-Pin-Buchsenleisten (1 €)
- 2 8-Pin-Buchsenleisten (1 €)
- 2 Arduino-Boxen (12 €)
- 1 9 V-Batterieclip (1,50 €)
- 1 9 V-Batterie (3 €)
- 1 JST-Stecker und Buchse (3,50 €)

Werkzeuge

- USB-Kabel Typ B
- Schere
- Lötkolben
- Lötzinn
- Lötkabel

- Heißklebepistole
- Zangen
- Cuttermesser
- Transparenter Tesa-Film extra power
- Dritte Hand
- Pattex-Kraftkleber transparent
- Feuerzeug

Die Vorbereitung

Für die Leuchtqualle werden die gleichen elektronischen Komponenten gebraucht, die schon bei den leuchtenden Hosenträgern in Projekt 7 zum Einsatz kamen. Damit nichts schiefläuft, sollte man sich in Ruhe alle wichtigen Informationen über die RGB-LED-Streifen in Projekt 7 durchlesen. Zudem wird bei den leuchtenden Hosenträgern beschrieben, wie der Arduino programmiert und die Arduino-Box zusammengebaut wird. Für die Leuchtqualle kann die gleiche Box verwendet werden, lediglich die Anzahl der LEDs im NeoPixel-Code muss angepasst werden. Wie dies funktioniert, wird ebenfalls detailliert in Projekt 7 ausgeführt.

Schritt 1: LED-Streifen und PVC-Schlauch zurechtschneiden

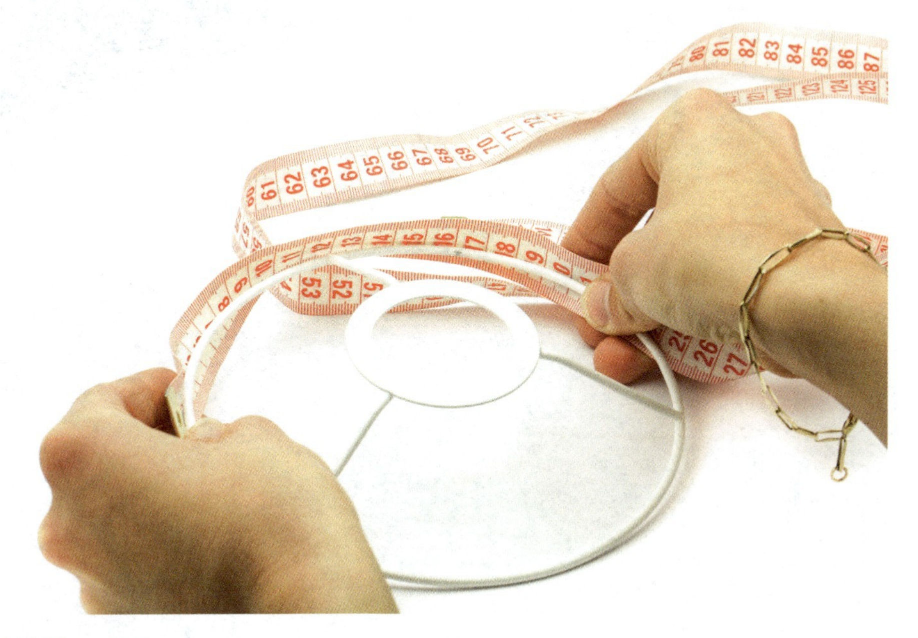

Abbildung 12-3:
Ausmessen des Lampenrahmens

Zuerst muss der Umfang des Lampenschirmrahmens ausgemessen werden, damit die Länge des LED-Streifens bestimmt werden kann. Der LED-Streifen sollte nur an einer mit einer Schere markierten Stelle durchgeschnitten werden, da ansonsten die Schnittstelle nicht verlötet werden kann. Der Streifen kann ruhig etwas kürzer als der Rahmen sein, da das Verlöten und Verkleben der Kabel auch etwas Platz in Anspruch nimmt. Anschließend zählt man die LEDs auf dem Streifen und schneidet die gleiche Zahl 6 cm langer PVC-Schlauchstücke zurecht. In diesem Projekt sind es 14 LEDs und somit 14 PVC-Stücke.

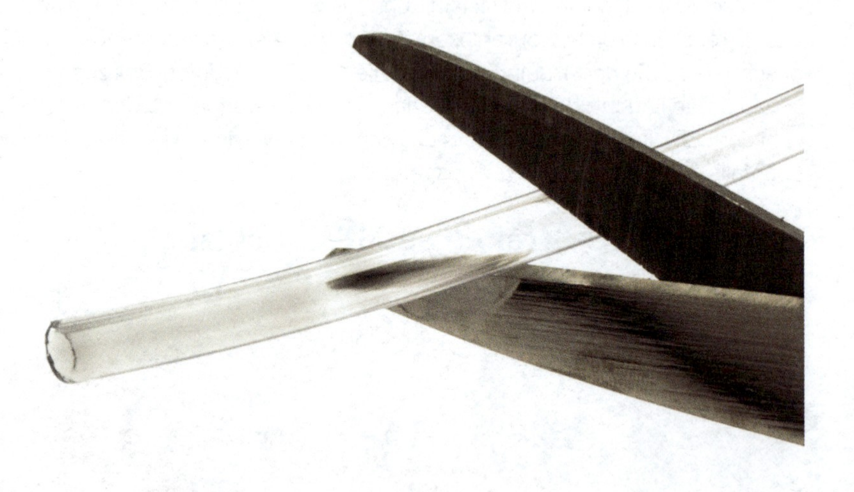

Abbildung 12-4:
Der PVC-Schlauch wird in Stücke geschnitten.

Schritt 2: Glasfasern vorbereiten

Abbildung 12-5:
Die Glasfasern werden in das Schlauchstück gesteckt.

Da der Durchmesser des PVC-Schlauchs je nach Hersteller variieren kann, muss man ausprobieren, wie viele Glasfasern in ein Schlauchstück passen. In diesem Projekt sind es ca. 12 Glasfasern pro Schlauchstück. Jetzt müssen die Glasfasern zugeschnitten werden, und zwar die *Anzahl der Schlauchstücke x Anzahl der Glasfasern pro Schlauchstück*. Das macht 168 Glasfasern, die eine Länge von jeweils ca. 50 cm haben sollten. Ganz zum Schluss können die einzelnen Glasfasern für mehr Abwechslung auf unterschiedliche Längen geschnitten werden.

Schritt 3: Glasfasern in den Schlauch kleben

Abbildung 12-6:
Die Glasfasern werden in den PVC-Schlauch geklebt.

Nachdem die Glasfasern zugeschnitten sind, werden sie in die PVC-Schläuche geklebt. Zuerst wird die entsprechende Anzahl Glasfasern durch ein Schlauchstück geschoben, so dass der Anfang des Bündels aus dem Schlauchanfang herausguckt. Anschließend wird Pattex-Kleber auf die Fasern aufgetragen. Der Kleber sollte auch zwischen den einzelnen Fasern gut verteilt sein. Zum Schluss wird das Bündel wieder in das Schlauchstück gezogen und überschüssiger Kleber abgewischt.

Abbildung 12-7:
Das Anfangsstück wird abgeschnitten.

Wenn der Kleber getrocknet ist, werden 2-3 mm des Schlauchanfangs mit einem scharfen Cuttermesser abgeschnitten. Somit sind alle Glasfasern im Schlauch gleich lang.

Die Glasfaserspitzen leuchten heller, wenn das Licht gerade auf die Glasfaser-Schnittstellen auftrifft und das Licht so wenig wie möglich gebrochen wird. Indem man kurz eine Feuerzeugflamme an den Schlauchanfang hält, erreicht man, dass die Glasfaser-Schnittstellen zu einer glatten Oberfläche schmelzen. Jetzt kann mehr Licht zu den Glasfaserspitzen fließen.

Zum Schmelzen der Glasfasern sollte eine reine Gasflamme verwendet werden. Die Flamme einer Kerze beispielsweise ist rußig und würde die Glasfasern schnell schwarz färben.

Abbildung 12-8:
Mit einem Feuerzeug wird die Oberfläche geschmolzen.

Damit die Glasfasern nicht zu sehr gebündelt fallen, können sie ca. 2 cm vom Schlauchstück entfernt nebeneinander angeordnet und mit etwas Heißkleber fixiert werden. Die Fasern sollten auseinandergehalten werden, bis der Kleber getrocknet ist. Vorsicht: Wird zu viel Kleber aufgetragen, können die Glasfasern schmelzen.

Abbildung 12-9:
Kleber wird aufgetragen.

Schritt 4: LED-Streifen präparieren

Nun muss der zugeschnittene LED-Streifen vorbereitet werden. Auf dem LED-Streifen sind Pfeil-Markierungen, die die Richtung des Datenflusses anzeigen.

Falls noch keine JST-Buchse an den Anfang des LED-Streifens gelötet ist (die Pfeile zeigen vom Betrachter weg), muss sie zunächst angelötet werden. Der LED-Streifen hat drei Bahnen: 5 V+ versorgt die LEDs mit Strom, DI bzw. DO steuert die LEDs an und GND, über dessen Bahn der Strom abfließt. Das rote Kabel der JST-Buchse wird mit der 5 V+-Bahn verlötet, das grüne mit DI und das schwarze Kabel wird an die GND-Bahn gelötet. Danach kann an beiden Schnittstellen der Silikonschlauch mit etwas Heißkleber aufgefüllt werden. Dies schützt die Lötstelle und den LED-Streifen.

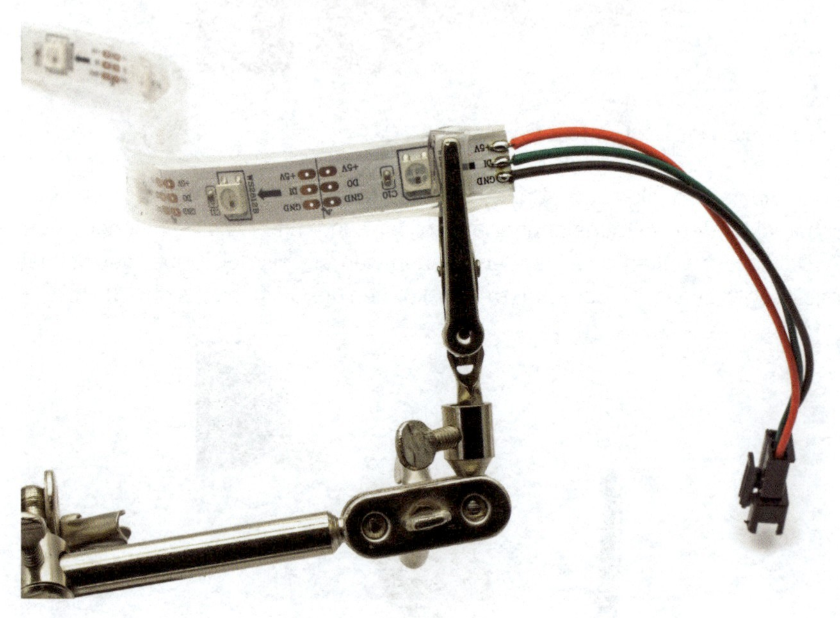

Abbildung 12-10:
Die Buchse wird an den LED-Streifen gelötet.

Schritt 5: Glasfaser-Halterung kleben

Die Silikon-Ummantelung schützt die LEDs sehr gut vor äußeren Einflüssen, es bleibt aber auch fast gar kein Kleber am Silikon haften. Um die PVC-Stücke im rechten Winkel an das Silikon zu kleben, wird zuerst mit Heißkleber eine Halterung vorgeformt. Anschließend werden mit Klebebandstreifen die Glasfaser-Halterungen und der LED-Streifen um den Lampenrahmen befestigt.

Das Anfangsstück des Schlauchs wird auf eine LED gehalten, und mit einer Heißklebepistole wird Kleber rundherum aufgetragen. Vorsicht: Es sollte möglichst kein

Kleber an die Oberfläche der Glasfasern gelangen. Der LED-Streifen als Unterlage dient zur Orientierung, damit die Größe der Halterung dem Streifen angepasst werden kann. Danach wird seitlich noch mehr Kleber aufgetragen. Dies ist die Stelle, um die später das Klebeband gewickelt wird. Sobald der Heißkleber getrocknet ist, wird er sich wieder vom Silikonschlauch lösen. Der Vorgang wird für alle Glasfaserschläuche wiederholt.

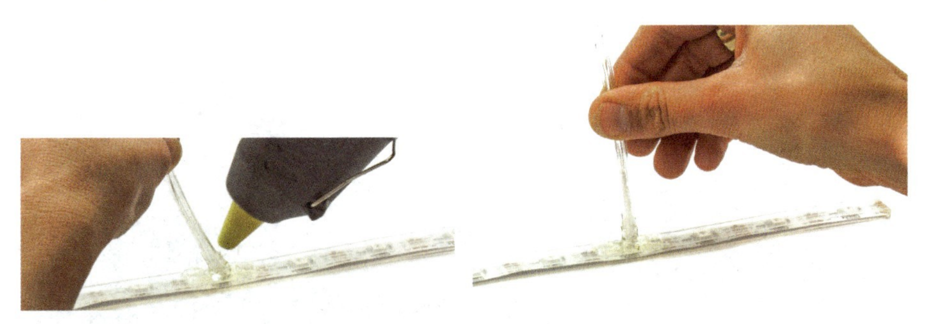

Abbildung 12-11:
Links: Zuerst kommt Kleber um den Schlauchanfang herum. Rechts: Danach wird seitlich mehr Kleber aufgetragen.

Schritt 6: Lampe zusammenbauen

Wenn alle Halterungen getrocknet sind, können sie mit dem LED-Streifen an den Lampenschirmrahmen geklebt werden. Hierzu wird das durchsichtige Tape in mehrere schmale, ca. 5 cm lange Klebestreifen geschnitten. Der LED-Streifen sollte zuerst mit ein paar Klebestreifen am Rahmen fixiert werden.

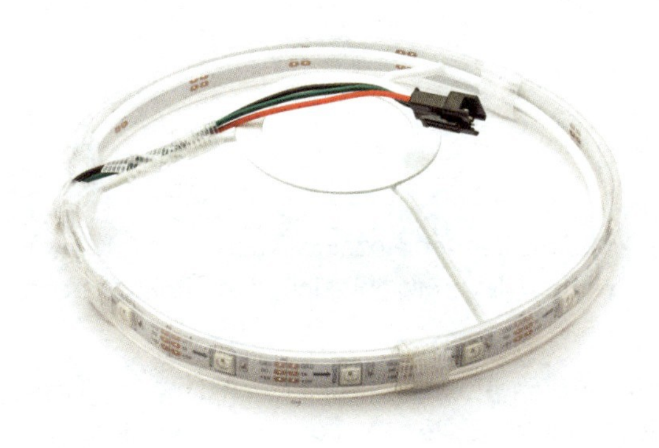

Abbildung 12-12:
Der LED-Streifen wird an den Lampenrahmen geklebt.

Anschließend werden die Glasfaserschläuche auf den LED-Streifen geklebt. Man muss unbedingt darauf achten, die Glasfasern exakt auf die LEDs zu kleben, denn sonst wird nur sehr wenig bis gar kein Licht durch die Glasfasern geleitet. Wenn die Schlauchstücke richtig positioniert sind, wird das Tape um die Halterung, den LED-Streifen und den Rahmen gewickelt. Dies wird so oft wiederholt, bis alles fest zusammenhält. Die Kabel der JST-Buchse werden am oberen Lampenrahmen entlang geführt und ebenso festgeklebt.

Abbildung 12-13:
Die Glasfasern werden auf die LEDs geklebt.

Um andere Leuchteffekte zu erhalten, können einzelne Fasern gekürzt, geknickt oder mit Sandpapier abgeschliffen werden. Es empfiehlt sich, den Effekt zuerst an einzelnen Glasfasern zu testen.

Jetzt muss nur noch die fertige Arduino-Box aus Projekt 7 an den LED-Streifen angeschlossen werden, und die leuchtende Qualle kann aufgehängt werden.

Abbildung 12-14:
Die leuchtende Glasfaserqualle ist fertig.

Der LED-Würfel fordert das Glück heraus 13

von Christoph Emonds

Abbildung 13-1:
Der LED-Würfel bringt Glück

Der LED-Würfel ist ein 12 cm großer Würfel, der anstelle von normalen Augen auf jeder Seite 7 LEDs hat. Im Inneren ist ein Arduino mit Batterie untergebracht, der die einzelnen LEDs ansteuert. Des Weiteren ist am Arduino ein Beschleunigungssensor angeschlossen. Wenn der Würfel geschüttelt wird, zeigt er zufällige Augen auf den Seiten an, erst wenn er zu Ruhe kommt, entscheidet er sich für eine Zahl, die dann auf allen Seiten angezeigt wird. Das Projekt erkärt, wie eine LED-Matrix angesteuert wird und wie ein Beschleunigungssensor funktioniert. Der LED-Würfel ist vom Bauaufwand her relativ aufwendig, da eine ganze Menge gelötet und gesägt werden muss. Ein Wochenende sollte als Bauzeit schon eingeplant werden.

Benötigte Bauteile

- 1 Arduino UNO (25 €)
- 1 Breakout Board ADXL345 (Sparkfun 25 €)
- 1 Arduino Proto-Shield, unbestückt (4 €)
- 1 Pegelwandler (4-Kanal) (2 €)
- 1 420 × 300 × 4 mm Sperrholz (2 €)
- 6 100 × 100 mm Streifenrasterplatinen (7 €)
- 42 5 mm-LEDs (5 €)
- 1 UDN 2981, DIP (1,50 €)
- 1 ULN 2803 A, DIP (0,50 €)
- 2 IC-Sockel, 18-polig (0,50 €)
- 6 Widerstände 10Ω (0,60 €)
- 4 Stiftleiste 2,54 mm, 20 Kontakte (0,20 €)
- 6 Wannenstecker, 10-polig, gerade (1 €)
- 6 Pfostenbuchse, 10-polig, mit Zugentlastung (1 €)
- 1 Flachbandkabel AWG28, 10-polig, farbig, 3 m-Ring (2 €)
- 48 Crimp-Kontakte (1,50 €)
- 6 Crimp-Gehäuse CV, 8-polig (1 €)
- 2 Crimp-Gehäuse CV, 1-polig (0,20 €)
- 1 Rolle Silberdraht 0,8 mm (3 €)
- 4 Buchsenleiste, 2,54 mm, 3-polig (1 €)
- 1 Buchsenleiste, 2,54 mm, 8-polig (0,50 €)
- 1 Kupferlitze (0,70 €)
- 1 9 V-Batterieclip (0,50 €)
- 1 9 V-Block (1 €)
- 1 Schaumstoff, 24 × 60 × 2 cm (2 €)
- Holzleim (5 €)
- Klebeband, farblos (1 €)

Abbildung 13-2:
Alle benötigten Teile für den LED-Würfel

Die hier angegebenen Mengen bei den Bauteilen sind die Mindestmengen, die verbaut werden. Für den ungeübten Bastler empfiehlt es sich, günstige Teile wie Crimp-Kontakte, Buchsen- und Stiftleisten oder LEDs mit etwas Reserve zu kaufen, da das ein oder andere Bauteil beim Bauen schonmal kaputt gehen kann. Und nichts ist ärgerlicher, als wegen einem 10-Cent-Bauteil eine Woche warten und 5 Euro Versandkosten bezahlen zu müssen.

Benötigtes Werkzeug

- Klebestift
- Säge (Laub-, Japan- oder Dekupiersäge)
- Lötkolben (inkl. Lötzinn)
- Seitenschneider
- Cuttermesser
- Computer mit Arduino-IDE
- USB-Kabel für Arduino
- Crimp-Zange (sehr anzuraten)
- 6 mm-Holzbohrer
- Holzleim
- Drucker

Optional

- Multimeter (sehr sinnvoll)

Die Einzelteile

Zuerst müssen einige Einzelteile vorbereitet werden, bevor man den ganzen Würfel zusammenbauen kann.

Gehäuse

Das Gehäuse des LED-Würfels besteht aus 6 gleichen Seitenteilen aus 4 mm dickem Sperrholz. Eine Säge- und Bohrschablone findet sich unter *http://github.com/LichtUndSpass/LED-Wuerfel/Schablone.pdf*. Die Schablone lässt sich ausgedruckt einfach mit einem Klebestift auf das Sperrholz kleben. So kann man beim Sägen genau die eingezeichneten Schnitte verfolgen. Da die einzelnen Teile nachher miteinander verleimt werden, kommt es hier auf Genauigkeit an.

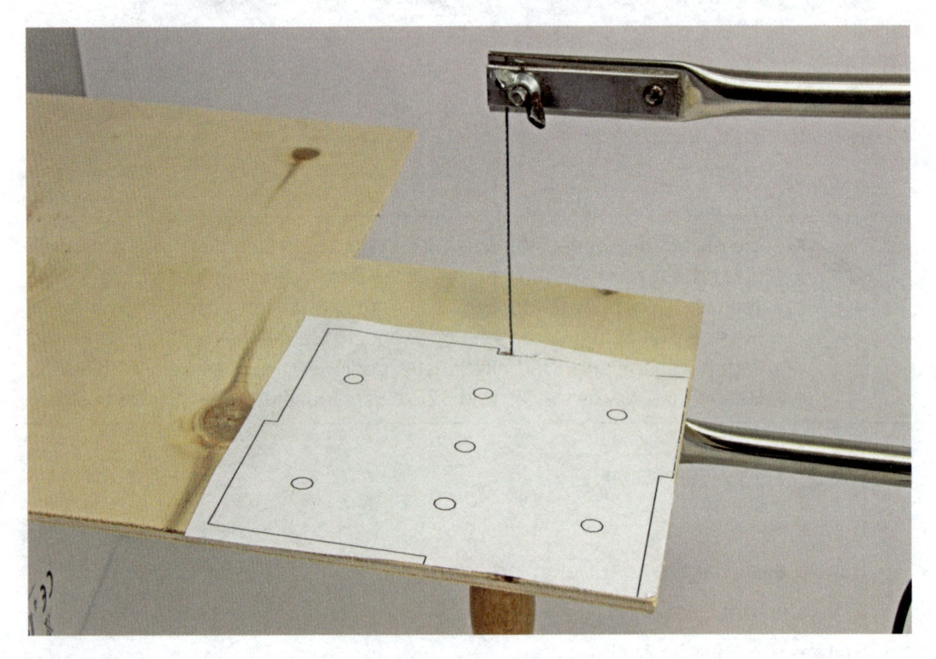

Abbildung 13-3:
Mit aufgeklebter Schablone sägt es sich genauer.

Nachdem die einzelnen Teile ausgesägt wurden, müssen noch mit einem 6 mm-Holzbohrer die Löcher für die LEDs gebohrt werden. Die Positionen sind in der Schablone angegeben und ergeben sich aus dem Rastermaß der Platine. Daher müssen auch sie sehr genau gebohrt werden. Sollte doch mal ein Bohrloch danebengehen, lassen sich die LEDs später durch Verbiegen noch etwas anpassen.

Platinen mit LEDs

Als Erstes werden die 6 Platinen mit den LEDs für die Seiten des Würfels gebaut. Alle 6 Seiten sind identisch, so dass hier exemplarisch der Aufbau einer Platine beschrieben wird.

LEDs verlöten

Es beginnt mit dem Auflöten der einzelnen LEDs. Sie sollten etwa 5 mm von der Platine abstehen. Die einzige Schwierigkeit beim Löten besteht darin, dass die LEDs nicht auf der Rückseite verlötet werden, sondern auf der Frontseite. Die genauen Positionen der einzelnen LEDs sind auf dem folgenden Bild zu sehen und entsprechen der Sägevorlage für die Holzteile. Die Kathode (--Pol) der LEDs muss dabei nach innen zeigen, die Anode nach außen. Bei der mittleren LED zeigt die zeigt die Kathode im folgenden Bild nach rechts. Wichtig ist auch, dass das Streifenraster auf der Oberseite ist und die einzelnen Streifen horizontal verlaufen. Nach dem Auflöten der LEDs können die auf der Rückseite überstehenden Beinchen mit einem Seitenschneider entfernt werden.

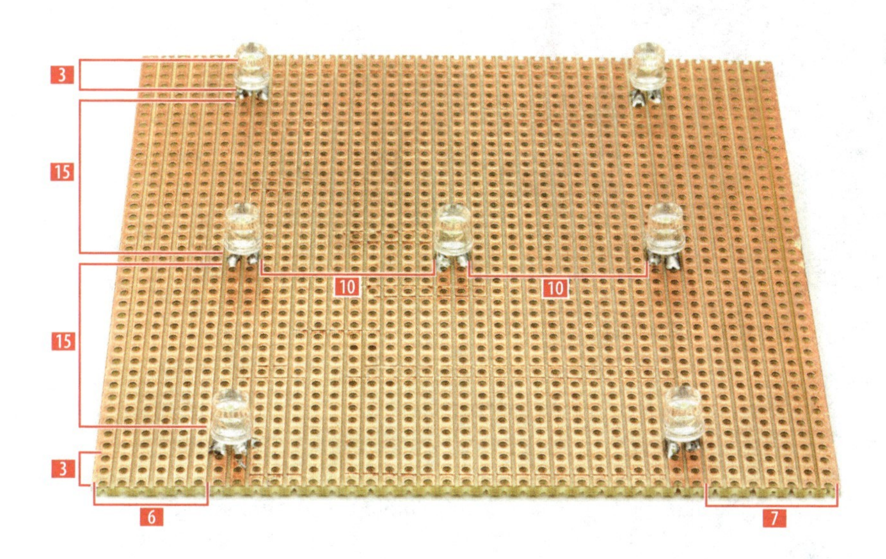

Abbildung 13-4:
Die Positionen der einzelnen LEDs. Die Abstände sind auf die Bohrungen der Löcher in den Seiten abgestimmt.

Das Löten wird sehr vereinfacht, wenn man den Schaumstoff als Unterlage für die Platine nimmt und die LEDs durch die Platine durchsteckt.

Streifen unterbrechen

Bei einer Streifenrasterplatine sind im Normalzustand die einzelnen Streifen jeweils komplett durchverbunden. Wenn man also zwei Bauteile auf den gleichen Streifen lötet, sind diese Bauteile dort verbunden. Um die beiden Bauteile wieder zu trennen, kann man mit einem Cuttermesser einfach den Streifen zwischen ihnen durchtrennen. Meistens muss man die zu trennende Stelle mehrmals mit dem Messer durchfahren, um eine saubere Trennung zu erreichen.

Es gibt dafür mit dem Leiterbahnunterbrecher auch ein spezielles Auftrennwerkzeug, das das Trennen etwas einfacher macht.

Auf den Platinen mit den LEDs müssen an diversen Stellen die Leiterbahnen durchtrennt werden.

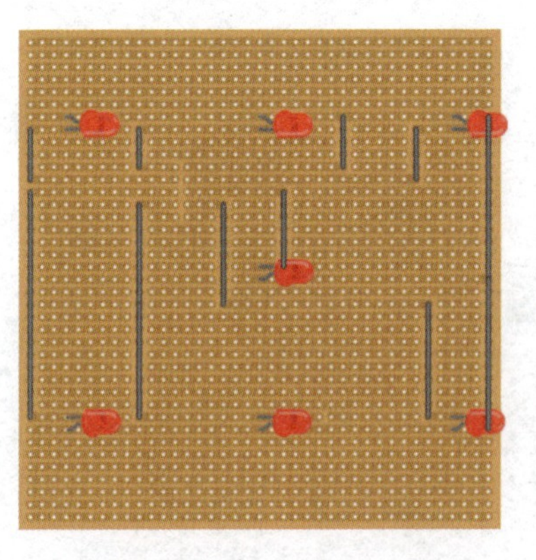
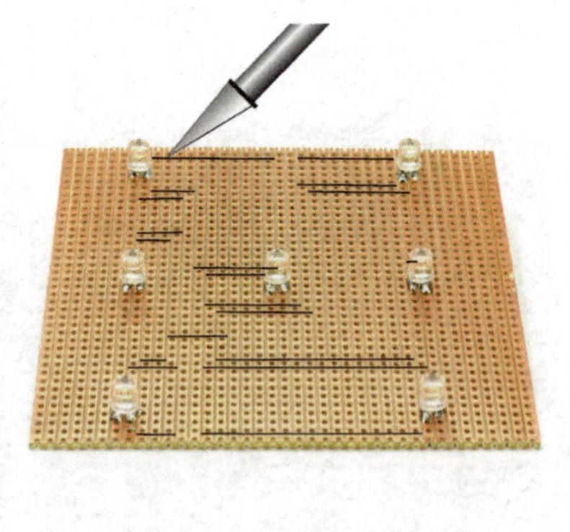

Abbildung 13-5:
Die Schnitte der Platine hier noch einmal hervorgehoben.

Die Platinen sehen mit nur aufgelöteten LEDs symmetrisch aus, sind es aber nicht. Hier muss sehr darauf geachtet werden, dass oben und unten genau dem Bild entsprechen. Oben liegen 6 Streifen zwischen den oberen LEDs und dem Rand, unten sind es 7 Streifen.

Falls doch mal ein Schnitt gemacht wurde, wo er nicht hingehört, braucht man die Platine nicht wegzuschmeißen, sondern kann einfach mit einem Lötkolben und etwas Lötzinn die Stelle wieder reparieren.

Mit Silberdraht Brücken schlagen

Um einzelne Streifen miteinander zu verbinden, werden nun mit Silberdraht Verbindungen gelötet. Dabei empfiehlt es sich, bei allen Verbindungen am unteren Ende erst einmal einen Tropfen Lötzinn auf die gewollte Stelle aufzubringen. Anschließend kann einfach von oben der Silberdraht in den Tropfen Lötzinn geschoben und mit einem Seitenschneider auf die gewünschte Länge geschnitten werden. Erst am Schluss wird das obere Ende festgelötet.

Abbildung 13-6:
Die Verbindungen mit Drahtbrücken

Wannenstecker auflöten

Zum Anschluss der einzelnen Platinen an den Arduino wird auf der Rückseite jeweils ein Wannenstecker angebracht. Die Position des Steckers wird auf dem folgenden Bild dargestellt. Dabei ist zu beachten, dass die Einkerbung des Steckers auf der richtigen Seite ist. Wichtig ist auch, dass beim Löten des Steckers nicht ungewollt eine Verbindungen zwischen zwei Pins entsteht.

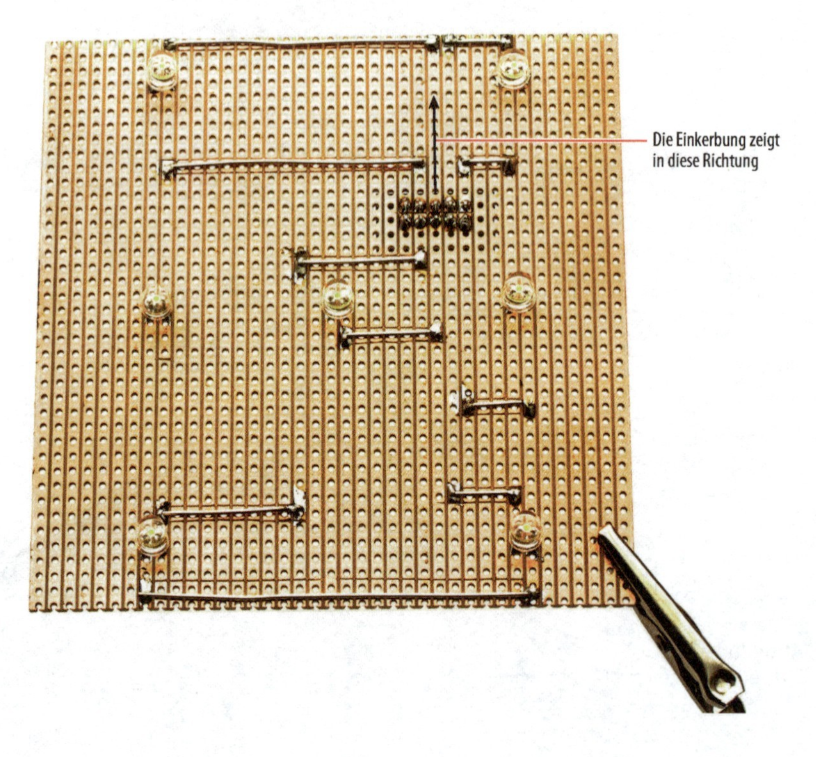

Abbildung 13-7:
Die Position und Richtung des Steckers

Anschlusskabel für die Seitenteile

Um die einzelnen Seitenteile mit den LEDs später an den Arduino anschließen zu können, müssen 6 Flachbandkabel mit den passenden Steckern versehen werden. Zuerst schneidet man daher mit dem Seitenschneider 6 etwa 15 cm lange Stücke Flachbandkabel zurecht. Auf der einen Seite jedes Kabels wird eine Pfostenbuchse angebracht. Das Kabel wird dabei so orientiert, dass, wenn man von unten auf den Stecker guckt, die Einkerbung und das Kabel auf einen zeigen und das braune Kabel links ist.

Abbildung 13-8:
Die Einkerbung zeigt nach links, das braune Kabel ist auf der Seite oben.

Anschließend wird das Kabel einmal umgeschlagen und mit der Zugentlastung festgeklemmt. Um den Stecker zu schließen, benötigt man nun etwas Kraft.

Den Stecker nur mit der Hand zu schließen, ist schwer. Am einfachsten geht es, wenn man den Stecker auf eine feste Unterlage legt und dann mit einem anderen Gegenstand, zum Beispiel einem kleinen Holzbrett, zudrückt.

Am anderen Ende des Kabels werden die ersten 8 Leitungen (also ohne Schwarz und Weiß) mit Crimp-Kontakten versehen. Wenn man das Kabel vor sich hinlegt und das Kabel auf der linken Seite ist, sollten die Crimp-Kontakte nach oben zeigen.

Abbildung 13-9:
Die Crimp-Kontakte müssen richtig herum sein, um nachher im Gehäuse richtig herum einzurasten.

Das Crimpen ist beim Projekt »Laser-Pong« ausführlich beschrieben. Allerdings werden hier die Crimp-Kontakte nicht am Ende mit einem Schrumpfschlauch überzogen, sondern in ein passendes Steckergehäuse gesteckt. Dabei müssen die Kontakte richtig einrasten, um zu verhindern, dass die einzelnen Kontakte wieder aus dem Gehäuse herausrutschen.

Der Einsatz einer Crimp-Zange ist hier wirklich anzuraten. 42 Kontakte nur mit einer Spitzzange zu crimpen, macht wirklich keinen Spaß.

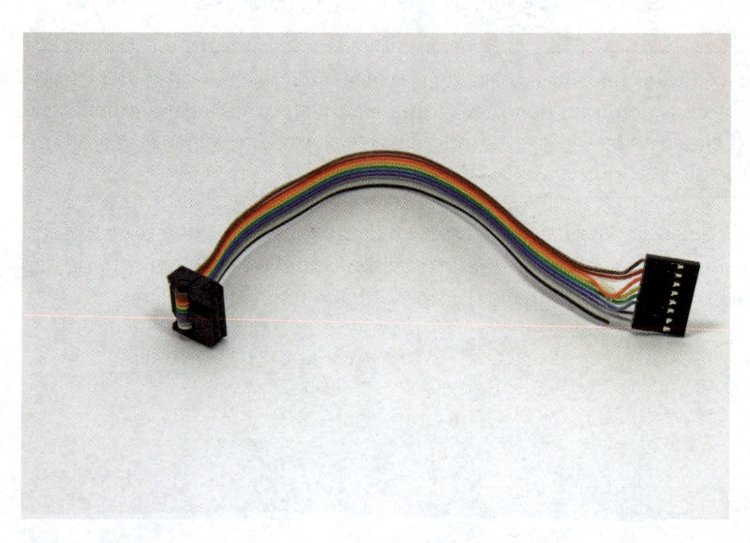

Abbildung 13-10:
Das fertige Kabel

Proto-Shield

Um die einzelnen LEDs anzusteuern und den Beschleunigungssensor mit dem Arduino zu verbinden, wird auf einem Prototyping-Shield eine eigene kleine Schaltung aufgebaut. Sollten Unsicherheiten bestehen, wo genau etwas angelötet werden muss, sollte man vorher lieber noch einmal auf der schematischen Zeichnung und den Fotos nachschauen.

Abbildung 13-11:
Das Board modelliert in Fritzing

Wenn ICs oder Breakout-Boards auf einer Schaltung verwendet werden, bietet es sich häufig an, sie nicht direkt festzulöten, sondern über einen Sockel oder eine Buchsenleiste steckbar zu machen. Gerade als Anfänger ist so die Gefahr, ein teures Bauteil beim Löten zu zerstören, geringer. Als zweiten positiven Effekt erhöht dieses Vorgehen die Wiederverwendbarkeit von Bauteilen und erlaubt im Fehlerfall den einfacheren Austausch.

Der Beschleunigungssensor

Der Würfel misst mithilfe eines Beschleunigungssensors, ob er in Bewegung ist oder still liegt. Das Board, auf dem der Sensor aufgelötet ist, wird später auf das Proto-Shield aufgesteckt. Dafür muss es erst mit einer Stiftleiste versehen werden. Diese Stiftleiste wird auf der Unterseite des Boards angebracht, so dass der Chip nach oben zeigt.

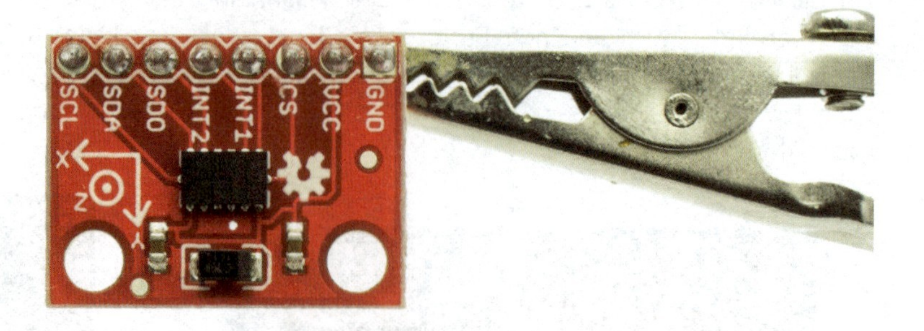

Abbildung 13-12:
Die Stiftleiste zum Aufstecken kommt nach unten.

Themeninsel: Wie funktioniert der Beschleunigungssensor?

In dem kleinen Chip, der in der Mitte des Boards mit dem Beschleunigungssensor sitzt, sind 3 kleine Federn aus Silizium, an deren Ende jeweils eine Masse aus dem gleichen Material hängt. Zusammen mit jeweils einer Elektrode bilden diese 3 Federn einen Kondensator. Die Größe der Kapazität des Kondensators hängt von der Entfernung der Masse zu der jeweiligen Elektrode ab. Wird die Entfernung größer, sinkt die Kapazität, wird die Entfernung kleiner, steigt sie. Wenn man nun den Chip beschleunigt, führt das dazu, dass sich die Federn je nach Richtung in die Länge ziehen oder verkürzen, wodurch die Größe der Kapazitäten sich ändert.

Die Unterschiede der Kapazität sind aber sehr gering. Wenn man versuchen würde, diese Messung zum Beispiel mit einem Arduino vorzunehmen, wäre der Fehler durch die Leitungen zu den Federn schon so groß, dass man keine sinnvollen Daten mehr erhielte. Aus diesem Grund wird die Größe der Kapazität ständig von einer kleinen Schaltung gemessen, die ebenfalls in dem Chip untergebracht ist. Mit dieser Schaltung kann man über eine robustere Art kommunizieren. Der hier eingesetzte Chip wird mittels *SPI* ausgelesen. SPI steht für *Serial Peripheral Interface* und ist ein Bus, der von vielen ICs und dem Arduino direkt unterstützt wird.

Leider arbeitet der Beschleunigungssensor mit 3,3 Volt, also einer anderen Spannung als die 5 Volt vom Arduino. Um den Beschleunigungssensor nicht zu zerstören, wenn man ihn an den Arduino anschließt, wird ein Pegelwandler zwischen die Pins des Arduino und des Sensors geschaltet. Dieser Pegelwandler nimmt die 5-Volt-Signale des Arduino und wandelt sie in 3,3-Volt-Signale für den Sensor um und umgekehrt. Der hier verwendete Pegelwandler muss ebensfalls noch mit Stiftleisten versehen werden. Auf welche Seite man sie anbringt, ist egal, da es nur beim Einstecken darauf ankommt, wie herum der Pegelwandler eingesteckt wird.

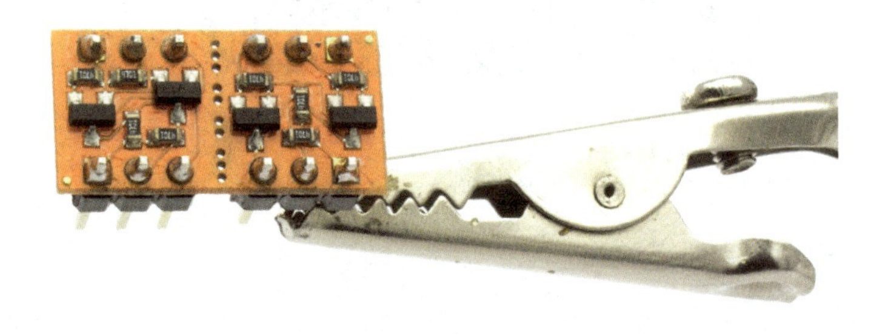

Abbildung 13-13:
Der 4-Kanal-Pegelwandler mit aufgelöteten Stiftleisten

IC-Sockel und Stiftleisten

Im ersten Schritt werden auf das Proto-Shield die IC-Sockel aufgelötet. Die Einkerbung des Sockels sollte dabei der Position der Einkerbung auf dem Bild entsprechen.

Anschließend wird 6-mal jeweils eine Leiste mit 8 Stiften zum Anschluss der einzelnen Seitenteile festgelötet. Dabei muss darauf geachtet werden, dass die einzelnen Reihen nicht schiefstehen, weil sonst später die Stecker nicht oder nur sehr schwer aufgesteckt werden können.

Abbildung 13-14:
Die Position der beiden IC-Sockel und der Stiftleisten

Buchsenleisten

Sind die Stiftleisten angebracht,können direkt auch die Buchsenleisten zum Aufstecken des Pegelwandlers und Beschleunigungssensors aufgelötet werden. Bei einer 3-poligen Buchsenleiste ist vor dem Festlöten noch eine Kontaktfeder an der Seite zu entfernen (kann einfach mit einer Zange unten herausgezogen werden), da an der Stelle, wo die Buchsenleiste angebracht wird, auf dem Proto-Shield kein Lötauge vorhanden ist. Die Positionen der Buchsenleisten sind auf dem folgenden Bild eingezeichnet.

Abbildung 13-15:
Die Positionen der Buchsenleisten. An der mit x markierten Stelle ist die Kontaktfeder vor dem Löten zu entfernen.

10 Ω-Widerstände

Nun gilt es, die 10Ω-Widerstände einzulöten. Sie begrenzen den Strom, der in alle LEDs einer Seite fließen kann. Dabei sollte der Draht des Widerstands direkt an den jeweiligen ersten Stift der gleichen Reihe angelötet werden.

Abbildung 13-16:
Die Position der Widerstände. Auf der Rückseite werden die Widerstände direkt an den danebenliegenden Pin angelötet.

Drahtbrücken, die Erste

Sind alle Bauteile auf dem Proto-Shield festgelötet, kann man darangehen, auf der Rückseite die Verbindungen zwischen ihnen herzustellen. Als Erstes müssen die Pins 2–8 durch kurze Drahtbrücken jeweils mit einem Bein des danebenliegenden IC-Sockels verbunden werden. Anschließend werden die gegenüberliegenden Beine mit den parallel liegenden Stiftleisten verbunden, die jeweils spaltenweise mit Lötzinn durchkontaktiert werden. Die fertigen Verbindungen sind auf dem folgenden Bild zu erkennen.

Abbildung 13-17:
Jeweils eine Spalte wird durchkontaktiert

Die abgeknipsten Beinchen der Widerstände eignen sich hervorragend als Drahtbrücke.

Drahtbrücken, die Zweite

Im zweiten Schritt werden noch einige kleine Drahtbrücken zwischen benachbarten Pins geschlagen. Wenn die Pins direkt nebeneinander liegen, reicht es, sie einfach mit einer guten Portion Lötzinn zu verbinden.

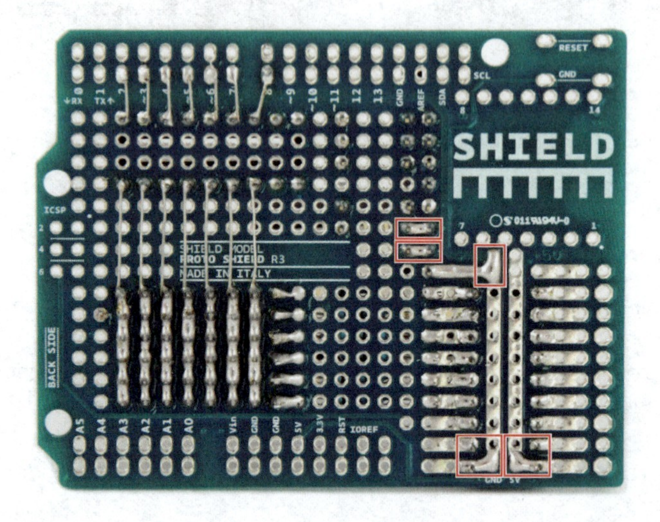

Abbildung 13-18:
Vereinzelte Brücken neben benachbarten Pins

Spannungsversorgung per Kabel

Einzelne Bauteile müssen noch mit der Spannung versorgt werden. So brauchen der Pegelwandler sowie der Beschleunigungssensor 3,3 Volt, die glücklicherweise vom Arduino an einem Pin bereitgestellt werden. Aber auch die 5 Volt Spannung wird vom Pegelwandler sowie dem ULN 2803 benötigt. Genauso hat der ULN 2803 noch einen Pin, an dem GND angelegt werden muss. Dies geht am einfachsten, wenn man ein abisoliertes Ende der Litze vorverzinnt, von unten durch das entsprechenden Lötauge steckt und von der oberen Seite des Boards verlötet. Wenn man die Litze an einem bereits belegten Lötauge mitanlöten will, sollte man darauf achten, dass das Ende nur sehr kurz abisoliert ist, damit man keine Quelle für mögliche Kurzschlüsse zu verursacht.

Abbildung 13-19:
Die Verbindungen zu den Spannungen 5 und 3,3 Volt wurden mit roten Kabeln, die Verbindung zu GND mit schwarzem Kabel durchgeführt.

Die Kabel für den Beschleunigungssensor

Durch den benötigten Pegelwandler wird das Anschließen des Beschleunigungssensors leider etwas schwieriger. In einem ersten Schritt werden die Arduino-Pins **10**, **11**, **12** und **13** an die 5 Volt tragende Seite des Pegelwandlers angeschlossen.

Abbildung 13-20:
Die Pins **10**, **11**, **12** und **13** werden mit kurzen Kabeln an den Pegelwandler angeschlossen.

Anschließend muss noch der Pegelwandler an drei Stellen mit dem Beschleunigungssensor verbunden werden.

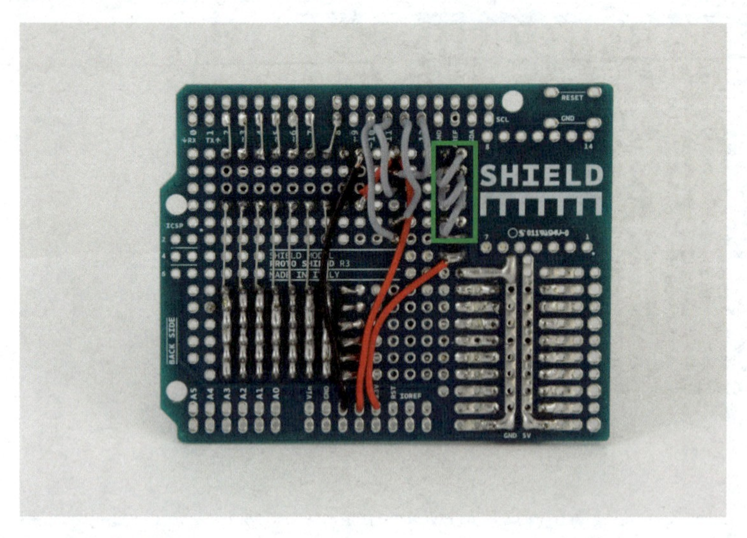

Abbildung 13-21:
Die Verbindungen zwischen Pegelwandler und Beschleunigungssensor sind versetzt.

Die Pins A0-A5

Zuletzt müssen nur noch die Arduino-Pins *A0-A5* mit etwas Litze mit dem IC-Sockel für den UDN2981 verbunden werden. Die Litze wird abisoliert, vorverzinnt und kann dann einfach von unten durch das entsprechende Lötauge durchgesteckt und von oben verlötet werden.

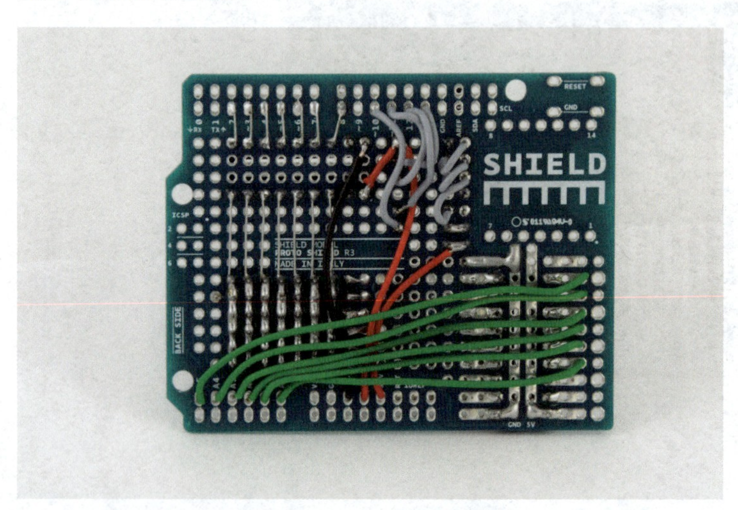

Abbildung 13-22:
Die vorverzinnte Litze, hier in Grün, wird einfach durchgesteckt und von oben verlötet.

Spannungsversorgung

Um später die 9-Volt-Batterie anschließen zu können, wird noch eine kleine 2-polige Stiftleiste an die beiden inneren Arduino-Pins *GND* und *Vin* gelötet.

Abbildung 13-23:
Eine 2-polige Stiftleiste zum Anschluss der Batterie

Stiftleisten am Rand

Als Letztes fehlen noch die Stiftleisten ganz außen an den Rändern des Proto-Shields, um es auf den Arduino aufstecken zu können. Diese Stiftleisten werden auf der Rückseite des Boards angebracht und auf der Vorderseite verlötet. Wie beim Projekt »Laser-Pong« erklärt, bietet sich auch hier der Arduino als Löthilfe zum geraden Festlöten der Leisten an.

Abbildung 13-24:
Die Stiftleisten zum Aufstecken werden auf der Rückseite angebracht.

Stecker für Spannungsversorgung

Im nächsten Schritt müssen die beiden Leitungen des Batterie-Clips mit Steckern versehen werden. Dazu werden, wie bei den Flachbandkabeln zuvor, an beiden Kabeln Crimp-Kontakte befestigt, die anschließend in die 1-poligen Crimp-Gehäuse gesteckt werden.

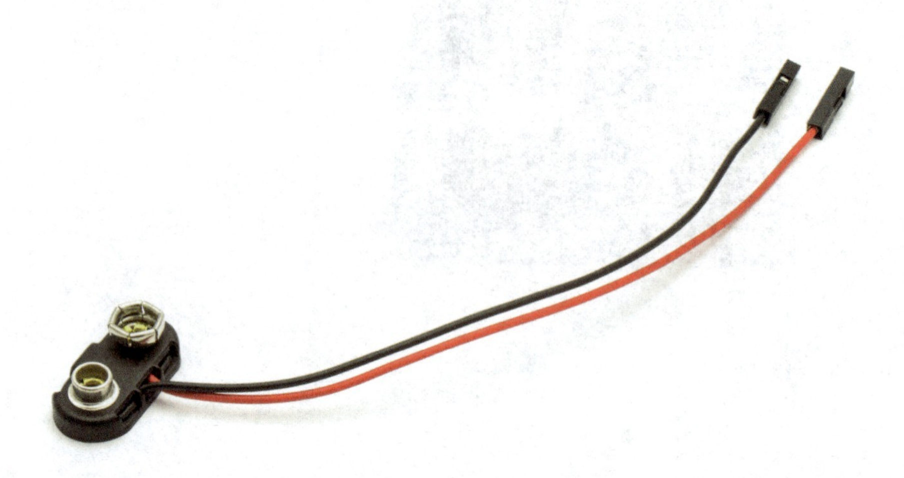

Abbildung 13-25:
Der Batterie-Clip mit den aufgecrimpten Steckern

Zusammenbauen der Elektronik

Die Elektronik ist sehr schnell zusammengebaut. Auf den Arduino wird einfach nur das Proto-Shield aufgesetzt. Danach können die beiden ICs auf die jeweiligen Sockel gesteckt werden. Der UDN 2981 kommt links unten neben den Beschleunigungssensor und die Widerstände, der ULN 2803 neben den Pegelwandler und die Stiftleisten. Dabei ist darauf zu achten, dass die Markierung der ICs mit den Einkerbungen der IC-Sockel übereinstimmt. Anschließend werden auf die Buchsenleisten auf dem Shield sowohl der Pegelwandler als auch der Beschleunigungssensor aufgesetzt. Beim Pegelwandler muss die Seite, die auf dem Board mit *LV* gekennzeichnet ist, in Richtung des Beschleunigungssensors zeigen.

Anschließend werden die Kabel der einzelnen LED-Platinen auf die Stiftleisten gesteckt. Dabei muss sich die braune Ader der Flachbandkabel an der Seite der Widerstände befinden.

Abbildung 13-26:
Die komplette Elektronik des LED-Würfels, im zweiten Bild mit verbundenen LED-Platinen.

Flashen des Testprogramms

Sind alle Elektronikteile zusammengesteckt, kann das Testprogramm zum Testen der einzelnen LED-Platinen auf den Arduino gespielt werden. Das Programm mit dem Namen *TestLEDs* findet sich unter *http://github.com/LichtUndSpass/LED-Wuerfel/blob/master/TestLEDs/TestLEDs.ino*. Wenn das Programm erfolgreich auf dem Arduino programmiert wurde, sollten alle LED-Platinen gleichzeitig leuchten und jede Sekunde die angezeigte Zahl wechseln.

Fehlerbehebung

Verschiedene Arten von Fehlern können auftreten:

Keine LED leuchtet

Wenn keine einzige LED leuchtet, ist der Fehler mit großer Sicherheit auf dem Proto-Shield zu suchen. Folgende Dinge gilt es dann zu kontrollieren:

- Sind alle ICs richtig herum aufgesteckt?
- Sind alle Verbindungen in Ordnung, die mit Kabeln oder Drahtbrücken gezogen wurden?
- Gibt es vielleicht irgendwo eine kalte Lötstelle?
- Liegt irgendwo ein Kurzschluss vor?

Für diese Arten der Fehlersuche ist ein Multimeter ein hervorragendes Werkzeug. Mit dem Gerät kann man einfach »durchpiepsen«, ob eine Verbindung zwischen zwei Punkten besteht, oder man kann Spannungen, Ströme und Widerstände sehr einfach messen.

Auf allen Platinen leuchtet die gleiche LED nicht

Wenn alle LED-Platinen das gleiche Problem haben, wird die Ursache sehr wahrscheinlich auf dem Proto-Shield zu finden sein. Daher sollten alle Drahtbrücken, die an die Stiftleisten gehen, daraufhin überprüft werden, ob sie durchkontaktiert sind. Eventuell ist ein Anschluss einer der Pins *2* bis *8* mit dem IC-Sockel nicht in Ordnung. Mit einem Multimeter kann man leicht überprüfen, ob am Ausgang des ICs eine Spannung anliegt, wenn die LED leuchten sollte. Die Belegung, welche LED von welchem Pin gesteuert wird, findest du in der folgenden Grafik:

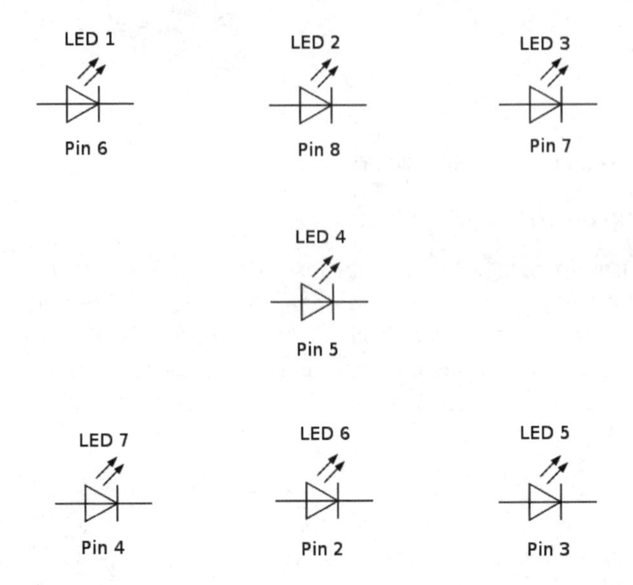

Abbildung 13-27:
Eine Übersicht, welche LEDs von welchen Arduino-Pins gesteuert werden

Eine einzelne LED auf einer Platine leuchtet nicht

Leuchtet eine einzelne LED nicht, kann es entweder daran liegen, dass die LED falsch herum eingelötet wurde, oder auf dem Weg vom Stecker zur LED gibt es irgendwo eine unterbrochene Leitung ...

Eine LED leuchtet, obwohl sie nicht leuchten sollte

Dieser Fehler tritt auf, wenn irgendwo auf dem Board eine Verbindung zwischen zwei LEDs existiert, die nicht miteinander verbunden sein sollten. Vielleicht hat aber auch das Unterbrechen einer Leiterbahn nicht richtig geklappt.

Flashen des richtigen Programms

Leuchten alle LEDs so wie gewollt, kann das eigentlich Programm aufgespielt werden. Es findet sich unter *http://github.com/LichtUndSpass/LED-Wuerfel/blob/master/Wuerfel/Wuerfel.ino*. Bewegt man nach dem Aufspielen des Programms den Arduino und stellt ihn wieder hin, sollten die angeschlossenen LED-Platinen jeweils die gleiche Zahl anzeigen.

Zusammenbau des Würfels

Ist die Elektronik soweit in Ordnung, geht es darum, die einzelnen Teile nun zu einem Würfel zusammenzusetzen.

Aufstecken der Platinen auf die Seitenteile

Zuerst werden die einzelnen LED-Platinen auf jeweils ein Seitenteil des Würfels gesteckt, so dass die LEDs aus den Bohrlöchern schauen. Da sowohl die Bohrungen als auch die LEDs in der Regel nicht hundertprozentig genau sind, passen selten alle LEDs auf Anhieb durch die Löcher. Hier kann mit sanftem Verbiegen der LEDs und gegebenenfalls einem Aufbohren der Löcher alles passend gemacht werden. Die Platinen sollten nachher aber noch so fest auf den Seitenteilen sitzen, dass sie nicht von alleine herausfallen, wenn man das Seitenteil hochhebt. Wichtig ist, dass alle LED-Platinen auf die gleiche Seite der Seitenteile gesteckt werden. Die Aussparung am Rand der Seitenteile sollte bei jedem Teil an der gleichen Position sein, wenn man aus der gleichen Richtung darauf schaut.

Abbildung 13-28:
Ein Seitenteil mit aufgesteckter LED-Platine

Leimen der Seitenteile auf eine Bodenplatte

Nachdem die alle Platinen fest auf den Seitenteilen sitzen, werden erst 3 Seitenteile so ineinandergesteckt, dass eine Ecke des Würfels entsteht und die Platinen nach innen zeigen. Wenn klar ist, wie die Seitenteile zusammengesetzt werden, können die Aussparungen am Rand, wo die Teile ineinandergreifen, mit Holzleim eingestrichen und die drei Teile aufeinandergepresst werden. Ist der Leim angetrocknet, kann man die Teile erst einmal beiseitelegen, sollte vor der Weiterarbeit aber dem Leim einige Zeit zum Trocknen geben.

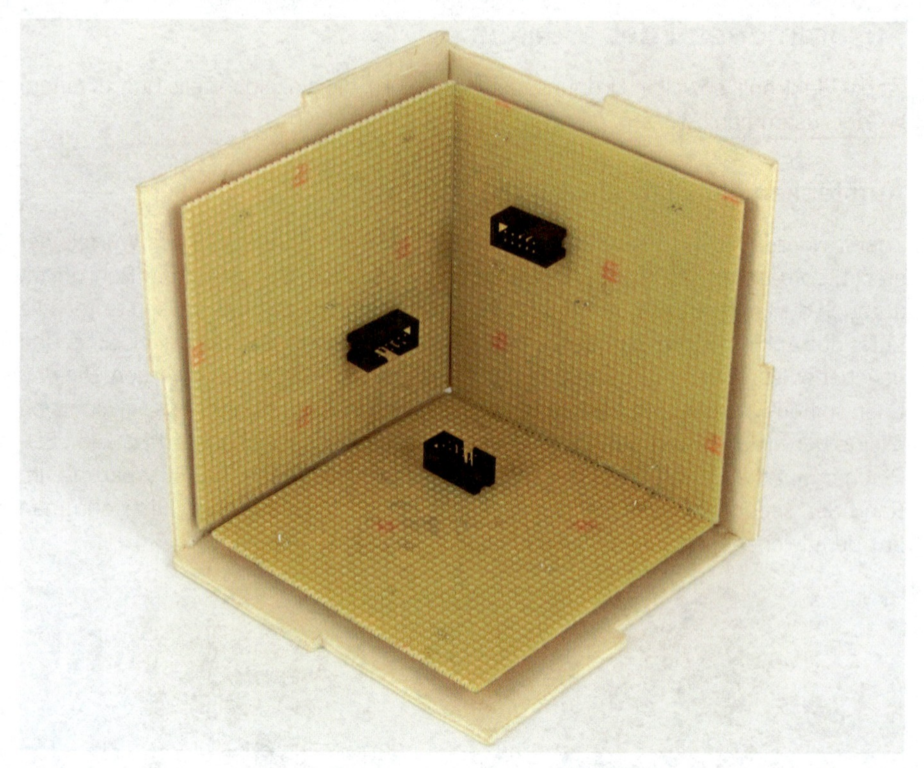

Abbildung 13-29:
3 Seitenteile werden zusammengebaut und verleimt.

Sind die drei Teile soweit getrocknet, dass sie sich nicht mehr bewegen, kann das vierte Seitenteil angesetzt werden. Auch hier werden die Aussparungen mit Leim eingestrichen und die beiden Teile aufeinandergepresst, bis der Leim anfängt auszuhärten. Nachdem das vierte Teil komplett ausgehärtet ist, wird das fünfte Teil verleimt, so dass sich eine einfache Box ergibt.

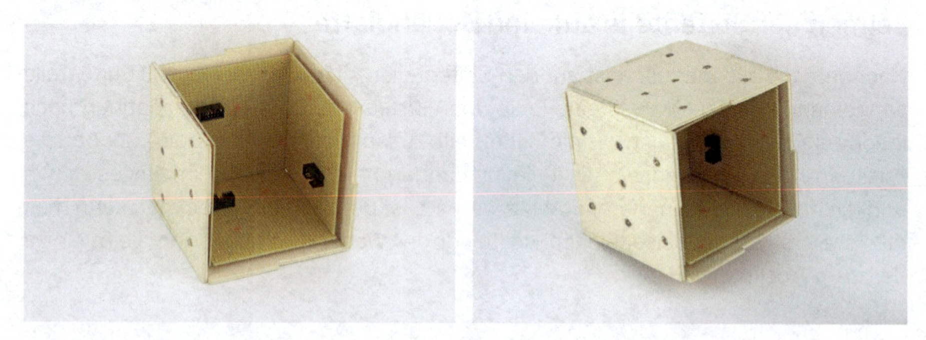

Abbildung 13-30:
Nach dem Anbringen des 4. und des 5. Seitenteils erhält man eine Box.

Schaumstofflage 1

Damit die Elektronik beim Schüttelnnicht im Würfel hin und her schlägt, wird der Würfel mit Schaumstoff gefüllt. Die Schaumstofffüllung wird in mehreren Schichten eingelegt. Die einzelnen Schichten haben eine Größe von 11 × 11 cm und können einfach mit einem Cuttermesser aus dem Block geschnitten werden. Dabei ist darauf zu achten, dass im Schaumstoff Aussparungen für die Stecker auf den Platinen vorgesehen werden. Ebenso müssen Schnitte gemacht werden, um die Kabel durch den Schaumstoff stecken zu können. Die ersten zwei Lagen Schaumstoff können so gelegt werden.

Abbildung 13-31:
Die erste Lage Schaumstoff enthält eine Aussparung für den Stecker der Bodenplatine.

Unterbringung der Elektronik

Die dritte Lage des Schaumstoffs nimmt die Elektronik auf. Aus diesem Grund müssen Aussparungen für den Arduino und die 9-Volt-Batterie zusätzlich zu den Aussparungen und Schnitten für die Stecker und Kabel gemacht werden. Nachdem der Schaumstoff mitsamt Elektronik im Würfel verschwunden ist, können die Stecker der einzelnen LED-Platinen sowie die Batterie auf dem Board eingesteckt werden. Dabei ist wieder darauf zu achten, dass sich die braune Ader der Flachbandkabel auf der Seite der Widerstände befindet.

Abbildung 13-32:
Die Aussparungen für die Elektronik im Schaumstoff und eingebaut im Würfel.

Verschließen des Würfels

Ist die Elektronik eingebaut, kann das letzte Seitenteil oben aufgesetzt werden, nachdem das Kabel des Seitenteils und die Batterie eingesteckt wurden. Da die Kabel relativ starr sind und der Schaumstoff fest sitzt, werden nicht zwingend weitere Lagen Schaumstoff benötigt.

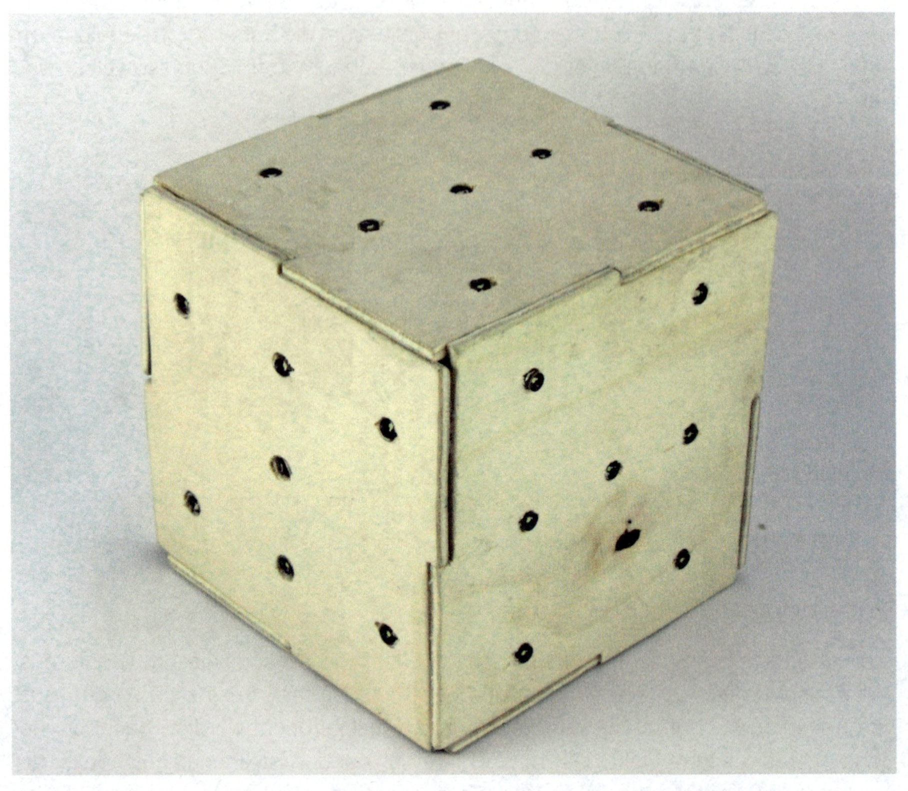

Abbildung 13-33:
Der Würfel komplett aufgebaut.

Wenn man nun den Würfel aufhebt und schüttelt und dann wieder ablegt, erscheint auf allen Seiten des Würfels eine zufällige Würfelzahl.

Die Ansteuerung der LEDs

Die Ansteuerung der LEDs erfolgt hier unabhängig von der Seite immer über die Pins 2 bis 8. Dennoch ist es möglich, auf jeder Seite eine andere Zahl darzustellen. Verwendet wird dafür eine Technik namens Multiplexing.

Themeninsel: Wie funktioniert Multiplexing?

Multiplexing macht sich die Trägheit des menschlichen Sehvermögens zunutze. Um den Eindruck zu haben, dass eine LED leuchtet, reicht es, wenn sie in ganz schneller Folge mehr als 60-mal pro Sekunde blinkt. Für einen Menschen sieht die LED dann so aus, als ob sie dauerhaft leuchten würde. Oft wird Multiplexing verwendet, wenn man eine große Anzahl LEDs leuchten lassen will. Würde man jede LED dabei einzeln an- und ausschalten, bräuchte man für jede LED einen Pin und Leitungen. Viel eleganter ist dagegen, wenn man sie als Matrix anordnet und immer nur eine Spalte oder eine Zeile gleichzeitig leuchtet. Dadurch benötigt man nur so viele Pins, wie man Spalten und Reihen hat. Die Ansteuerung läuft dann zum Beispiel so, dass man nacheinander jede Reihe einmal anschaltet und dann über die Spalten festlegt, welche LEDs in dieser Reihe leuchten sollen. Macht man dies schnell genug, sieht ein Mensch alle Reihen gleichzeitig leuchten. Dadurch, dass nie alle LEDs gleichzeitig leuchten, braucht man insgesamt auch weniger Strom, allerdings erkauft man sich das Ganze durch eine geringere Helligkeit. Ein ausführlicherer Artikel dazu findet sich unter *http://www.mikrocontroller.net/articles/LED-Matrix*.

So gehts auch

Alleine durch Änderungen am Programm kann der Würfel neue Funktionen bekommen.

Erkennen, welche Seite oben liegt

Der Beschleunigungssensor liefert drei Zahlen, die Beschleunigungen in x-, y- und z-Richtung. Im Moment wird nur der Betrag aus diesen drei Zahlen verwendet, um festzustellen, ob der Würfel in Bewegung ist oder nicht. Man kann anhand der Erdbeschleunigung, die ja auch auf den Würfel wirkt, feststellen, welche Seite des Würfels oben liegt. Dazu muss nur festgestellt werden, in welche Richtung (x, y oder z) und mit welcher Orientierung die Gravitation wirkt.

Schummel-Modus

Eine weitere Möglichkeit, das Würfelprogramm zu erweitern, besteht in dem Hinzufügen eines »Schummel«-Modus. Dabei könnte man bestimmte Bewegungen des Würfels erkennen und dann eine gewünschte Zahl anzeigen. Man schüttelt den Würfel zum Beispiel von links nach rechts und wirft so immer eine 6.

Links

Schaltung des Proto-Shield in Fritzing

http://github.com/LichtUndSpass/LED-Wuerfel/raw/master/Fritzing/shield.fzz

Schaltung einer LED-Platine in Fritzing

http://github.com/LichtUndSpass/LED-Wuerfel/raw/master/Fritzing/leds.fzz

Datenblatt ULN 2803 A

https://www.sparkfun.com/datasheets/IC/uln2803a.pdf

Datenblatt UDN 2981

https://cdn-reichelt.de/documents/datenblatt/A200/UDN2981%23ALG.pdf

Beschreibung Pegelwandler

http://www.watterott.com/de/Level-Shifter

Tutorial zur Benutzung des Beschleunigungssensors mit Arduino (Englisch)

https://www.sparkfun.com/tutorials/240

Datenblatt Beschleunigungssensor

https://www.sparkfun.com/datasheets/Sensors/Accelerometer/ADXL345.pdf

Zusammenfassung

Der LED-Würfel demonstriert, wie man eine große Menge LEDs ansteuern kann, ohne dass jede LED über einen eigenen Pin des Mikrocontrollers gesteuert werden muss. Des Weiteren wird gezeigt, wie man über SPI mit einem externen Chip (hier einem Beschleunigungssensor) kommuniziert. Im Zuge des Baus muss viel gelötet werden, so dass es ein gutes Projekt ist, um etwas Übung im Umgang mit dem Lötkolben zu bekommen.

14 Lichtwecker

von Alex Wenger

Abbildung 14-1:
Der fertige Lichtwecker in Aktion

Fast jeder kennt das verhasste Schrillen des Weckers am Morgen, die plötzliche Unterbrechung des schönsten Traumes. Wäre es da nicht viel schöner, wie im letzten Campingurlaub langsam von der aufgehenden Sonne geweckt zu werden? In diesem Projekt soll eine künstliche Sonne gebaut werden, die gleichsam der Natur nachempfunden zur gewünschten Zeit mit sanftem Licht den Morgen einläutet.

Materialien

- Holzplatte 19 × 19 cm, 8 mm Sperrholz
- Holzplatte 18 × 18 cm, 20–25 mm MDF
- Arduino
- 2 m WS2812B LED-Streifen mit 60LEDs/m
- Netzteil 5 V min. 5 A
- Litze (rot,grün und schwarz)
- Kupferdraht oder Silberdraht 1–1,5 mm

Werkzeug

- Stichsäge
- Schleifpapier
- Schraubenzieher
- Bohrmaschine

Übersicht

Erste Pläne des Lichtweckers bestanden aus LEDs, die das gewünschte Licht ausstrahlen, und einem Display mit Tasten, damit man den Wecker vernünftig einstellen kann. Die zündende Idee kam bei der Betrachtung von LED-Streifen mit 60 einzeln steuerbaren LEDs pro Meter. Warum nicht den LED-Streifen selbst als Display verwenden? Bleibt nur noch die Frage der Tasten, doch dazu später mehr. Ein Kreis aus Holz mit genau einem Meter Umfang bildet nun die Grundlage für den Lichtwecker. Er bietet im Inneren Platz für die notwendige Elektronik. Nach vorne abgeschloßen wird das Ganze mit einem etwas größeren Kreis, so dass die LEDs nicht blenden. Die leere Frontplatte sieht in dieser Form aber ziemlich langweilig aus. Es wäre schön, hier das Sonnenmotiv wieder aufzugreifen, wenn die LEDs gerade nicht leuchten. Ein Sonnenornament aus stabilem Kupferdraht passt farblich gut zum hellen Holz der Sperrholzplatte und wird versteckt gleichzeitig zum Bedienelement, indem Berührungen der Strahlen oben, unten, rechts und links vom Arduino kapazitiv gemessen werden. Die dazwischen liegenden Strahlen sind ungenutzt und helfen, versehentliche Fehlbedienungen zu vermeiden.

Themeninsel: Kapazitive Tasten

Jeder kennt kapazitive Tasten, es gibt sie z. B. an der Herdplatte, der Waschmaschine und als Bedienoberfläche bei Smartphones. Sie funktionieren als Bedienelement, ohne dass mechanisch irgendetwas bewegt werden muss. Gemeinsam ist allen das Prinzip, dass eine leitfähige Fläche aus Kupfer oder ITO (eine durchsichtige leitende Glasbeschichtung) hinter einer Schutzschicht aus Glas oder Kunstoff sitzt. Eine Elektronik misst nun fortlaufend die Kapazität (die Menge an Ladung, die auf eine leitende Struktur bei einer Spannung aufgebracht werden kann) und vergleicht sie mit den vorhergehenden Messungen. Kommt man mit dem Finger in die Nähe dieser Fläche, so vergrößert sich die Kapazität, was wiederum von der Elektronik als Tastendruck ausgewertet wird.

Es gibt eine Vielzahl von Methoden, um kapazitive Tasten auszuwerten, die alle ihre Vor- und Nachteile haben. Interessant sind natürlich Verfahren, die außer dem Mikrocontroller nicht allzu viele zusätzliche Bauteile benötigen und trotzdem gut und störungssicher funktionieren. Eines der einfachsten Verfahren besteht darin, einen digitalen Ein-/Ausgangs-Pin zuerst auf 0 V und Ausgang zu schalten und dann mit einem 1–5-Megaohm-Pull-up-Widerstand (einem Widerstand vom I/O-Pin zu 5 V) zu messen, wie lange es dauert, bis der Pin vom Mikrocontroller aus gesehen wieder HIGH zurückgibt. Die dauert umso länger, je größer die Kapazität an diesem Pin ist, da ja dann mehr Elektronen benötigt werden, um die Sensorfläche wieder aufzuladen.

Das Verfahren, das für den Lichtwecker verwendet wird, ist noch etwas eleganter, es benötig auch keinen extra 1–5-Megaohm-Widerstand. Dazu muss man wissen, dass die Analog-Eingänge des Arduino einen sogenannten »Sample and Hold«-Kondensator eingebaut haben. Er ist eigentlich dazu da, ein sich bewegendes Signal für die Dauer einer Messung einzufrieren, damit man in Ruhe messen kann. Dieser Kondensator kann jetzt trickreich zur Messung der Touchsensorfläche verwendet werden. Als Erstes wird der Pin dazu als Ausgang geschaltet und 5 V ausgegeben. Dadurch lädt sich die Touchfläche auf. Dann wird der »Sample and Hold«-Kondensator entladen, und gleich darauf wird der Sensor-Pin mit dem »Sample and Hold«-Kondensator verbunden. Dadurch verteilt sich die Ladung gleichmäßig zwischen beiden Kapazitäten, und mit dem Analog-Eingang kann eine Spannung gemessen werden. Sie ist umso größer, je größer die externe Kapazität ist.

Allen Verfahren gemeinsam ist, dass nach der Messung noch ein wenig Software notwendig ist, die Umwelteinflüsse von tatsächlichen Touch-Ereignissen zu trennen vermag. Dazu werden meistens als Erstes ein langsamer Mittelwert und ein Referenzwert vom Messwert abgezogen, so dass

Kapazitätsschwankungen und Bauteiltoleranzen aufgehoben werden. Weitere Kritereien sind die Anstiegsgeschwindigkeit (wenn man einen Finger langsam genug an eine Touchfläche annähert, wird der Touch nicht erkannt) und die Mindestdauer einer Auslösung. Ganz zum Schluss folgt eventuell noch die Erkennung von Langzeitfehlern, z. B., wenn eine Taste länger als 1 Minute gedrückt wird. Je nach Anwendung werden dann die Schwellwerte neu gesetzt.

Alle diese Filtermaßnahmen sind notwendig, um Fehler wegzurechnen. Die Parameter dafür müssen allerdings sorfältig gewählt werden, sonst reagiert der Touch verzögert, langsam oder garnicht.

Holzarbeiten

Damit genau 60 LEDs, also 1 m LED-Stripe auf einen Kreis passen, braucht der Kreis einen Durchmesser von 100 cm/π, was ungefähr 31,8 cm entspricht. Genau in der Mitte der MDF-Platte wird ein kleiner Nagel oder eine Reißzwecke eingeschlagen. Von der Mitte aus an mehreren Stellen 15,9 cm Abstand anzeichnen. Mit einem Bleistift und einer Schnur kann jetzt ein möglichst exakter Kreis von 31,8 cm Durchmesser eingezeichnet werden. Innerhalb der Kreislinie wird mit 4–6 cm Abstand ein zweiter Kreis markiert, damit genügend Platz für die Elektronik entsteht.

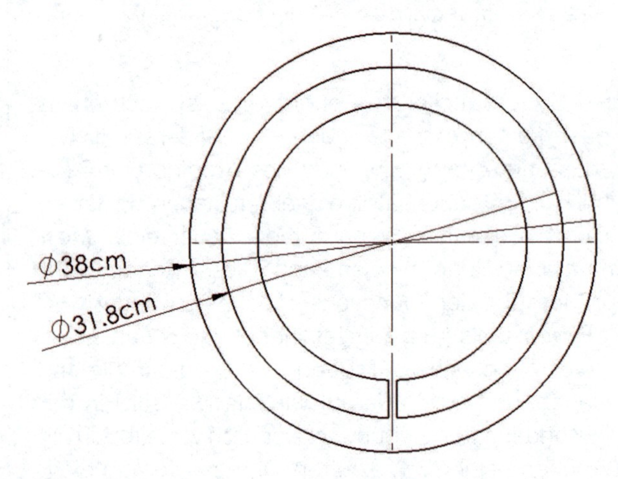

Abbildung 14-2:
Maßzeichnung für die zu sägenden Holzteile

Mit der Stichsäge wird nun der äußere Kreis ausgesägt, dabei möglichst langsam und ohne Druck sägen, damit das Sägeblatt nicht verrutscht. Dann den Kreis an einer Stelle aufsägen und den inneren Kreis heraussägen. Durch den dabei entstehenden Schlitz werden später die Kabel verlegt.

Auf die Deckplatte aus dem 8 mm-Sperrholz wird auf die gleiche Weise ein Kreis mit 39–40 cm Durchmesser gezeichnet und dann ausgeschnitten.

Abbildung 14-3:
Eine Schnur und eine Reißzwecke ersetzen den Zirkel

In die Deckplatte werden nun 2–3 mm große Löcher gebohrt für die Sonnenstrahlen, die später als Eingabe-Elemente für die Uhr dienen. Dazu mit dem Zirkel oder der Schnurmethode zwei Hilfskreise auf die Rückseite zeichnen und die Kreise in 8 gleiche Teile teilen.

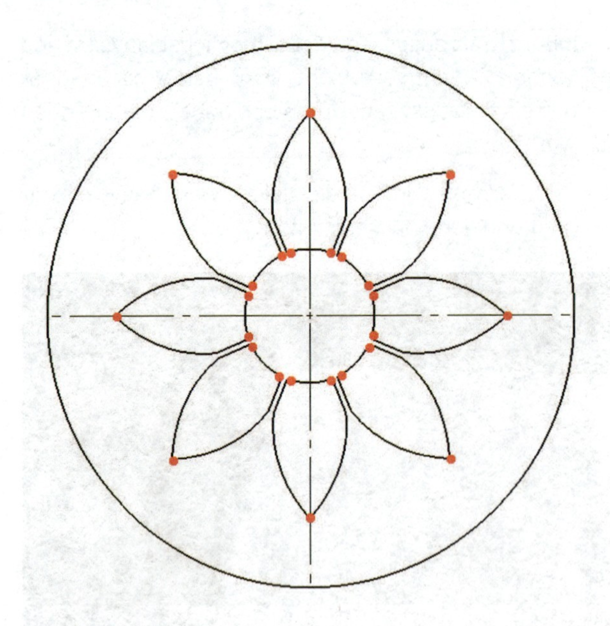

Abbildung 14-4:
Position der Löcher

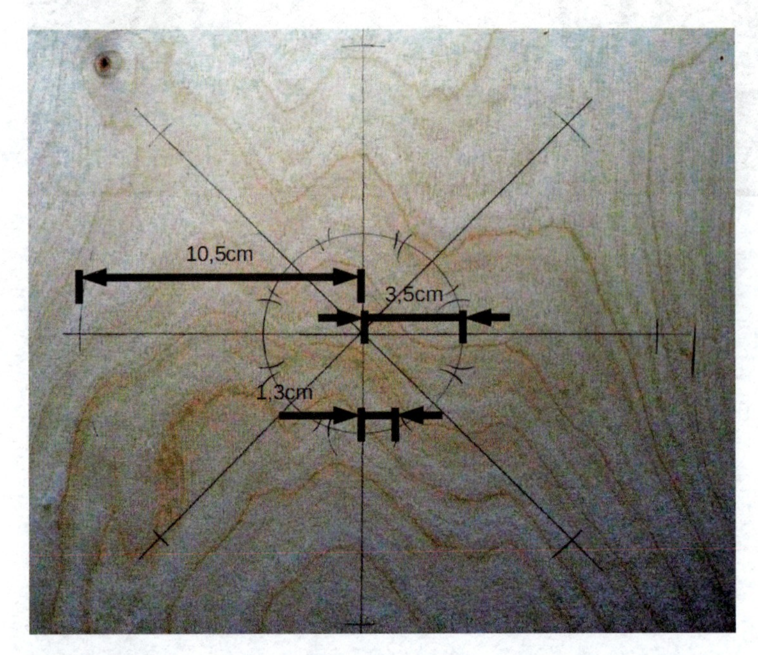

Abbildung 14-5:
Hilfskreise für die Position der Löcher

Als Letztes werden beide Holzteile sorgfältig geschliffen, besonders die vordere Kante der Sperrholzplatte sollte etwas abgerundet werden. Der MDF-Ring wird mit Holzleim auf die Rückseite der Sperrholzplatte geklebt.

Abbildung 14-6:
Angeklebter MDF Ring

Sonnenstrahlen

Aus dünnem Kupferdraht die Strahlen der Sonne biegen, das geht am besten auf einer ausgedruckten Schablone. Bei einer Seite des Strahls werden beide Enden mit einer Spitzzange um 90° gebogen, so dass die Enden durch die beiden Löcher passen. Die andere Seite wird nur auf einer Seite umgebogen, das andere Ende wird an den bereits montierten Strahl gelötet. Die Spitzen werden auf der Rückseite umgebogen, damit sie nicht wieder herausfallen können.

An die Strahlen oben, unten, links und rechts wird jeweils ein Kabel gelötet. Die Kabel werden mit dem Arduino wie folgt verbunden: Oben -> **A0** Rechts -> **A1** Unten -> **A2** Links -> **A3**

Abbildung 14-7:
Ein Sonnenstrahl aus Kupferdraht entsteht

Abbildung 14-8:
Fast fertige Sonnenstrahlen

LED-Streifen

Den LED-Streifen in zwei 1 m lange Teile teilen und um den MDF-Ring kleben. Dazu den MDF-Ring sorgfältig reinigen, auf Holzstaub hält der Kleber nicht. Zwischen den Streifen ein bisschen Platz lassen. Hier kann der Streifen mit Heißkleber oder Silikon zusätzlich gesichert werden, falls er sich lösen sollte. Beide LED-Streifen sollten in die gleiche Richtung zeigen und exakt übereinander liegen.

Bei beiden LED-Streifen jeweils ein schwarzes Kabel an GND und ein rotes Kabel an VDD (kann auch mit 5 V oder VCC beschriftet sein) an den Dateneingang des oberen Streifens ein drittes Kabel löten und den Datenausgang des oberen Streifens mit dem unteren Streifen verbinden.

Abbildung 14-9:
Anschlussbelegung der LED-Streifen

Am Schluss alle Kabel durch den Schlitz nach innen legen und wie auf dem Bild mit dem Arduino verlöten. Wichtig ist, dass die Versorgungsspannung (rote Kabel) direkt mit dem Netzteil verbunden werden und nicht mit dem 5 V-Ausgang des Arduino, denn der liefert nicht genügend Strom für einen so langen LED-Streifen.

Sollte der LED-Streifen, wenn viele LEDs an sind, merkwürdig flackern oder die Helligkeit der LEDs nicht gleichmässig sein, könnte eine weitere Verbindung von 5 V und GND an die Enden der LED-Streifen helfen.

Es sollte auch immer der gesamte Stromverbrauch im Auge behalten werden, denn wenn alle LEDs auf 100% stehen, fließen bis zu 7,2 A. Nicht jedes Netzteil kann so viel Strom liefern. Hier kann man Abhilfe schaffen, wenn man nie alle LEDs auf 100% stellt.

Software

Alle Beispiele zu diesem Projekt gibt es zum Download unter: *http://github.com/LichtUndSpass/Lichtwecker*

Für dieses Projekt werden zwei externe Bibliotheken benötigt, ADCTouch zur kapazitiven Touch-Erkennung an den Sonnenstrahlen und FastLED Animation Library, mit der der LED-Streifen angesteuert wird.

Download der beiden Bibliotheken unter:

- FastLED Animation Library: http://fastled.io/
- ADCTouch: *http://playground.arduino.cc/Code/ADCTouch*

Beide Bibliotheken müssen wie üblich unter "arduino directory/libraries" installiert werden. (Siehe Arduino-Anleitung)

Ansteuerung des LED-Streifens

Als Erstes wird für den LED-Streifen ein Objekt erzeugt, das alle zur Ansteuerung benötigten Informationen enthält:

```
// Wie viele LEDs hat der LED String?
#define NUM_LEDS 120
// Ausgangs-Pin, an dem der LED-Streifen angeschlossen ist.
#define DATA_PIN 3

void setup() {
    FastLED.addLeds<WS2812B, DATA_PIN, GRB>(leds, NUM_LEDS);
}
```

Wie man sieht, wird hier definiert, welche Art LED-IC in dem LED-Streifen verbaut ist. Die FastLED-Bibliothek unterstützt bei Drucklegung dieses Buchesfolgende LED -Treiber: APA102, ws2811/ws2812/ws2812B, lpd8806, P9813 und noch ein paar weniger verbreitete. So kann in den meisten Fällen die Hardware verändert werden, ohne allzu viele Änderungen in der Software zu benötigen. Der zweite Parameter definiert den Daten-Pin, an den der LED-Streifen angeschlossen ist, und der letzte Parameter übergibt die Information über die Anzahl der verwendeten LEDs und wie die Farben Rot, Grün und Blau genau angeschlossen sind.

Einzelne LEDs können jetzt mit verschiedenen Funktionen beschrieben und verändert werden.

Beispiele:

```
leds[0] = CRGB( 255, 0, 255);    // Schaltet die erste LED auf Lila
leds[1] = 0xFF007F;
```

Wie man sieht, gibt es verschiedene Wege, die Farbe einer LED zu beeinflussen.

Es gibt eine ganze Menge besonderer Funktionen, um die Farben weiter zu beeinflussen:

```
leds[5] += CRGB( 20, 0, 0);
```

Dadurch wird die LED von der bestehenden Farbe aus ein bischen röter, wobei eventuell auftretende Überläufe automatisch behandelt werden.

```
leds[5] += 20;
```

Macht die LED etwas heller, ohne dabei die aktuelle Farbe zu verändern.

Es gibt noch eine ganze Menge weiterer Funktionen, die in der Dokumentation auf *https://github.com/FastLED/FastLED/wiki/Pixel-reference* nachgelesen werden können.

Sind alle LEDs auf die gewünschte Farbe gesetzt, können sie mit

```
FastLED.show()
```

auf den LED-Streifen übertragen werden.

Es kann vorkommen, dass die Schaltung merkwürdige Dinge tut, wenn man zu viele LEDs auf einmal auf Weiß setzt. Das liegt am hohen Stromverbrauch der LED-Streifen, der bei Weiß am höchsten ist.

Die richtige Funktion der LED-Streifen kann jetzt mit dem Sketch LichtweckerLED-Test getestet werden. Nach dem Laden des Sketches sollten weiße, rote, grüne und blaue LED-Punkte im Kreis laufen.

Auswerten der kapazitiven Strahlen

Die Bibliothek ADCTouch erlaubt es, die Kapazität einer leitfähigen Struktur (z. B. ein Kupferdraht oder ein Stück Aluminiumfolie) zu messen und damit eine Berührung durch den Benutzer zu erkennen.

Da jeder kapazitive Sensor eine andere Grundkapazität hat, die von der Länge und Fläche des Sensors abhängt, müssen wir sie zuerst wegrechnen, um dann nur noch den vom Benutzer erzeugten Teil messen zu können.

Wir brauchen also eine Variable, in der wir für jeden Sensor diese Grundkapazität speichern.

```
int touchRef[4];     // Referenzwerte für Touch-Auswertung
```

In der Setup-Funktion ergibt eine erste Messung dann den Startwert für diese Grundkapazität.

```
// Touchtasten initialisieren
for(int i = 0; i < 4; i++) {
    touchRef[i] = ADCTouch.read(A0+i, 500);
}
```

Der erste Parameter gibt hier den zu messenden Kanal A0 an und der zweite Parameter gibt an, dass diese Messung 500-mal wiederholt werden soll, um einzelne Messfehler auszugleichen.

Im Hauptprogramm werden die Sensoren dann wie folgt abgefragt:

```
void getTouch(void) {
    // Touchtasten auswerten
    touchStatus = 0;  // Tasten zurücksetzen
    for(int i = 0; i  < 4; i++) {
        // Sensorwert einlesen
        int tmp = ADCTouch.read(A0+i,4);
        // Tiefpassfilter gegen Störungen
        touchValue[i] = (7*touchValue[i] + tmp)/8;

        // Referenzwert korrigieren
        if (touchValue[i]  < touchRef[i]) touchRef[i]--;
        if ((touchValue[i] > touchRef[i]) &&
        ((touchValue[i]-touchRef[i])  < maxNoTouch)) touchRef[i]++;

        // Taste gedrückt?
        if ((touchValue[i]-touchRef[i]) > minTouch) touchStatus |= _BV(i);
    }
}
```

Wie man sieht, wird die Grundkapazität immer leicht angepasst, solange nicht gerade eine aktive Taste erkannt wird. Dadurch werden langsame Umwelteinflüsse herausgerechnet.

Die richtige Funktion der Sensortasten kann mit dem Sketch LichtweckerTouchTest überprüft werden. Nach dem Laden des Sketches den seriellen Monitor öffnen:

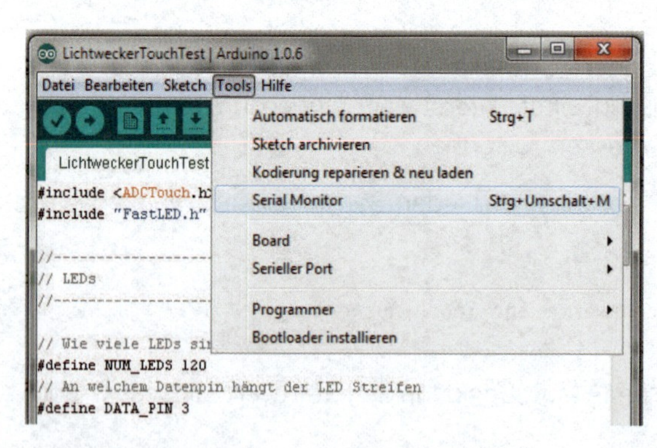

Abbildung 14-10:
Öffnen des seriellen Monitors in der Arduino-GUI

und auf 115200 Baud stellen:

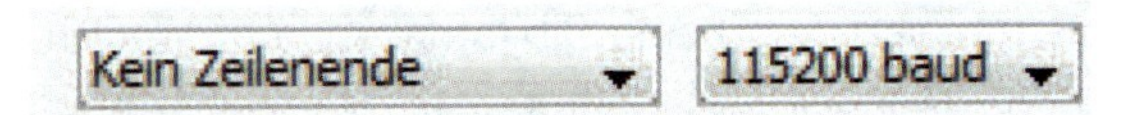

Abbildung 14-11:
Baudraten-Einstellung

Dann erscheint eine lange Zahlenkolonne mit jeweils 4 Einträgen, die von den gemessenen Kapazitäten der Touch-Sensoren beeinflusst werden. Man sieht, dass die Werte ohne Berührung um die Null herum schwanken. Diese Schwankungen ändern sich etwas, je nachdem, welches Netzteil verwendet wird, und abhängig davon, ob der Arduino z. B. an einen Laptop mit oder ohne Netzteil angeschlossen ist. Niemals sollten die Werte dabei aber über 20–30 liegen.

Berührt man nun eine Sensortaste, so steigen die Werte der betreffenden Taste auf über 200-300 an.

Beispiel:

```
0   0   1   0
0   0   1   0
0   0   0   0
0   0   0   0
0   -1  0   0
0   -1  -1  -2
0   0   42  0
0   0   73  0   Runter
0   0   214 0   Runter
0   0   264 0   Runter
0   0   164 0   Runter
0   -1  56  0
0   0   49  0
0   0   43  0
0   0   21  0
0   0   10  0
0   0   1   0
```

Ganz oben im Sketch gibt es zwei wichtige Definitionen für das Verhalten des Touch-Sensors:

»maxNoTouch« definiert die Grenze, bis zu der der gleitende Referenzwert mitgezogen wird, um langsame Umwelteinflüsse auszugleichen. »minTouch« definiert die Grenze, ab der ein gültiger Touch registriert wird.

Kommt es zu ungewollten Fehlauslösungen des Touchs, kann dieser Wert auch um 100 oder 200 erhöht werden. Damit wird der Sensor unempfindlicher.

Wecker

Der Arduino-Sketch Lichtwecker kombiniert nun beide Bibliotheken zum Wecker. Nach dem Start befindet sich der Arduino im Uhrzeitmodus. Hier kann durch Gedrückthalten der Aufwärtstaste und gleichzeitigem Drücken der Rechts-/Links-Tasten die aktuelle Uhrzeit eingestellt werden, wobei der Stundenzeiger rot und der Minutenzeiger grün ist. Die Weckzeit wird mit der gleichen Methode durch das Drücken der Abwärtstaste eingestellt, wobei der Weckzeitmodus durch ein Blinken der Zeitanzeige angezeigt wird. Wird länger keine Taste gedrückt, schaltet sich die Zeitanzeige aus. Sie kann jederzeit durch eine beliebige Sensortaste wieder eingeschaltet werden.

30 Minuten vor der eingestellten Weckzeit beginnt der Sonnenaufgang mit einem dunkelrot glühenden Himmel, der langsam über Orange und Gelb immere heller wird und zuletzt ganz weiß leuchtet.

Erweiterungen/Ideen

- Integration einer Leselampenfunktion: Eine längere Sensorberührung rechts oder links dimmt warmweißes Licht auf der entsprechenden Seite auf.
- Hinzufügen eines Lautsprechers, um bei Erreichen der Weckzeit auch akustisch wecken zu können.
- Hinzufügen eine RTC-Moduls: Dadurch kann die Uhrzeit auch bei Stromausfall weitergezählt werden. (siehe Projekt »Wortuhr«)

Abbildung 14-12:
Fertiger Lichtwecker mit Farbemitter

Links

- ADCTouch, eine Touch-Sensor-Bibliothek für den Arduino
  http://playground.arduino.cc/Code/ADCTouch
- Capacitive Touch Sensing with AVR and a Single ADC Pin:
  http://tuomasnylund.fi/drupal6/content/capacitive-touch-sensing-avr-and-single-adc-pin
- FastLED, eine Bibliothek zur Ansteuerung von LED-Streifen:
  http://fastled.io/

Infrarot-Thermometer 15

von René Bohne

Abbildung 15-1:
Der Sensor

Thermometer gibt es in jedem Geschäft günstig zu kaufen. Selbst die modernen sogenannten Pyrometer, mit denen eine berührungslose Temperaturmessung möglich ist, gibt es im Baumarkt bereits für unter 20 Euro.

Aber wie funktionieren diese Geräte? In diesem Projekt wird ein Strahlungsthermometer auf einem Steckbrett mit einem Arduino aufgebaut und am Ende in ein Gehäuse eingebaut. Die I2C-Schnittstelle wird erklärt, da sie von dem Sensor verwendet wird. Die SPI-Schnittstelle wird erklärt, da sie vom OLED-Display verwendet wird, das dem Benutzer die gemessene Temperatur anzeigt.

Vorbereitung

Der erste Testaufbau auf dem Steckbrett ist innerhalb von wenigen Minuten erledigt, das Programm ist ebenso schnell auf den Arduino gespielt. Auch Kinder können problemlos dieses Teilprojekt in weniger als 20 Minuten umsetzen.

Der zweite Aufbau ist etwas aufwendiger, da die Komponenten gelötet und in ein Gehäuse integriert werden müssen. Die einfachen Lötarbeiten können auch von Kindern unter Aufsicht erledigt werden. Für das mobile Thermometer sollte man sich eine gute Stunde Zeit nehmen, und falls Probleme auftreten, kann die Fehlersuche mühselig sein, da der Teufel meist im Detail steckt. Aber in 2 Stunden sollte auch das mobile Thermometer mit OLED-Display einsatzbereit sein.

Einfacher Aufbau auf dem Steckbrett

Benötigte Komponenten

Für den einfachen Aufbau werden folgende Komponenten benötigt:

- IR-Temperatursensor MLX-90614-E-SF-ACF-000-TU (Watterott: 20110684)
- 2 Widerstände mit jeweils 4,7kOhm (etwas höhere Werte gehen auch)
- Arduino UNO (Watterott: A000066)
- USB-Kabel
- Steckbrett mit Steckbrücken (Kabel)

Themeninsel: Wärmestrahlung

In Kapitel 8 »Lichtschranke« wurde bereits in einer Themeninsel unsichtbares Licht vorgestellt und der Begriff Wärmestrahlung erwähnt. Jeder Gegenstand auf der Erde gibt Wärmestrahlung ab. Diese Strahlung ist meistens unsichtbar, da ihre Wellenlänge im Infrarotbereich (IR) liegt und das menschliche Auge kein Licht in diesem Wellenlängenbereich erfassen kann. Das Strahlungsmaximum kann jedoch auch zu kürzeren Wellenlängen hin verschoben sein und im Fall des Sonnenlichts sogar in den sichtbaren Bereich bis ins Ultraviolette ragen. Für die Temperaturmessung in diesem Kapitel interessieren aber nur Umgebungstemperaturen, die wir in der Umwelt finden.

Mit IR-Sensoren wie dem Melexis MLX90614 kann man diese Wärmestrahlung detektieren. Damit lässt sich sehr einfach ein berührungsloses Thermometer herstellen.

Funktionsweise

Der Temperatursensor misst die Wärmestrahlung eines beliebigen Gegenstandes, und der Arduino wertet sie als Temperatur aus. Im einfachsten Fall kann das Ergebnis via USB an einen Computer gesendet werden. Am Ende dieses Kapitels kommt zusätzlich ein Display zum Einsatz, das die gemessene Temperatur anzeigt.

Der Sensor

Abbildung 15-2:
IRSensorHousing

Es gibt verschiedene Varianten des Sensors. Die Komponente folgt dem Benennungsschema MLX-90614-E-SF-**Option Code (1)(2)(3)**-000-TU, wobei statt des E auch ein K existiert für einen anderen Temperaturbereich, und der Option-Code aus den drei Komponenten (1),(2) und (3) aufgebaut ist, der laut Datenblatt folgende Bedeutungen hat:

(1)	(2)	(3)
A – 5 V	A – single zone	A – Standard package
B – 3 V	B – dual zone	B – reserviert
C – Reserviert	C – gradient compensated	C – 35 Grad FOV
D – 3 V medical accuracy		D/E = Reserviert
		F – 10 Grad FOV
		G – Reserviert
		H – 12 Grad FOV
		I – 5 Grad FOV

In diesem Projekt wird der MLX-90614-E-SF-ACF-000-TU verwendet, also eine Variante für 5 V und mit 10 Grad Field of View (FOV). Damit ist der Sensor kompatibel zum Arduino UNO, und das eingeschränkte Blickfeld von 10 Grad erlaubt eine fast punktgenaue Messung. Die Beschränkung des Blickfeldes wird übrigens durch das schwarze Metallgehäuse erreicht. Varianten mit 35-Grad-Blickfeld besitzen das schwarze Gehäuse nicht und sind wesentlich flacher.

Der Sensor kann in einem sogenannten SMBus (System Management Bus) verwendet werden. Dieser ist wiederum weitgehend kompatibel zum I2C-Bus (Inter-Integrated Circuit), der auch als TWI (Two-Wire-Interface) bekannt ist. Im Wesentlichen geht es darum, dass Komponenten mit zwei Leitungen (plus Versorgungsspannung) miteinander kommunizieren können. Der Sensor hat vier Beine: +5 V, GND und die beiden Beine für die Kommunikation: SCL und SDA. Um sich besser orientieren zu können, hat der Sensor eine rechteckige Nase, die im folgenden Bild oben zu sehen ist:

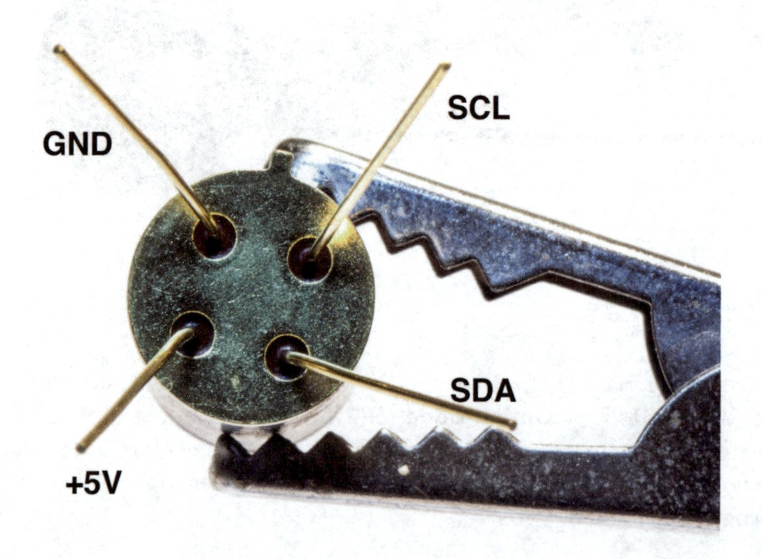

Abbildung 15-3:
Die vier Beine des Sensors

SCL ist die Takt-Leitung und SDA die Daten-Leitung. Der Arduino kann über die SCL-Leitung einen Takt angeben und auf der Datenleitungen Befehle anlegen, die der Sensor auf derselben Datenleitung beantwortet. Der Sensor sendet die gemessene Temperatur also digital an den Arduino. Es ist wichtig zu wissen, dass sowohl eine SDA- als auch eine SCL-Leitung jeweils mit einem Widerstand eine Verbindung zur 5-Volt-Versorgung haben müssen. Diese Pull-up-Widerstände dürfen nicht weggelassen werden und sind meist zwischen 4,7kOhm und 30kOhm groß. Es ist wichtig, dass nur ein Pull-up-Widerstand pro Signal verwendet wird.

Der Arduino macht es sehr einfach, Komponenten zu verwenden, die solche Technologien unterstützen. Dafür gibt es eine fertige Bibliothek namens *Wire*.

Schaltplan

Der Schaltplan ist sehr überschaubar: er zeigt nur den Arduino UNO, den MLX-90614 und zwei Widerstände. Dabei ist der GND Pin vom Arduino mit dem VSS Pin des Sensors zu verbinden und 5 V vom Arduino mit dem VDD Pin des Sensors. Der SCL Pin muss mit A5 verbunden werden und SDA verbindet man mit A4. Sowohl SDA als auch SCL haben jeweils einen 4,7kOhm-Pull-up-Widerstand, der auf der anderen Seite mit 5 Volt verbunden ist.

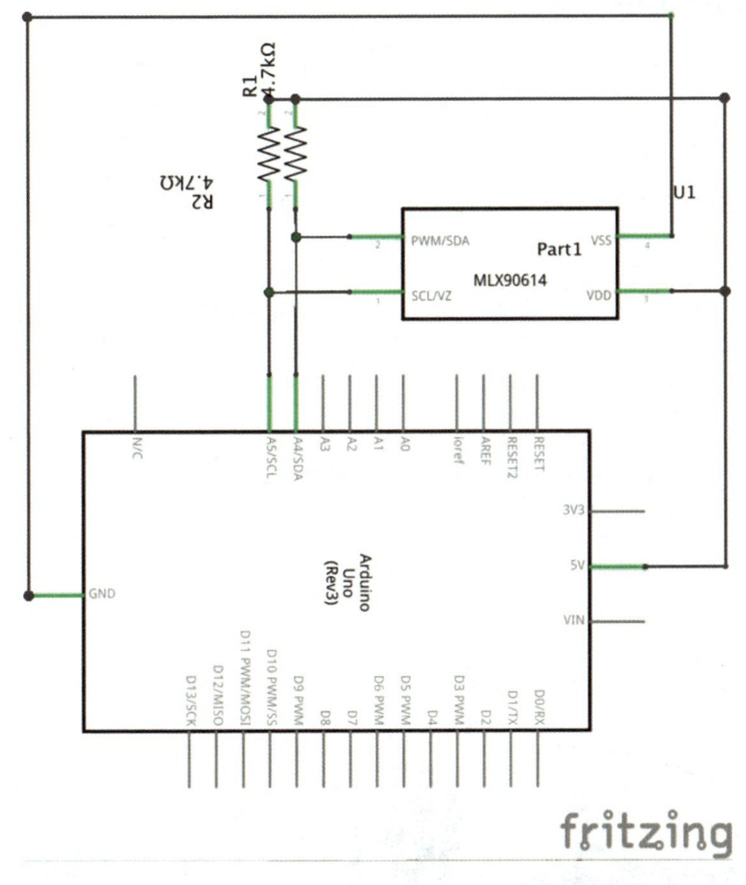

Abbildung 15-4:
Schaltplan mit MLX-90614 und Arduino und zwei Pull-Up-Widerständen

Steckbrett

Der Schaltplan kann ganz einfach auf dem Steckbrett umgesetzt werden. Dazu empfiehlt es sich, 5 V vom Arduino auf die Plus-Schiene (rote Kabel) des Steckbretts zu verbinden und GND auf die Minus-Schiene (schwarze Kabel). Beim MLX-90614 ist auf die eckige Nase zu achten, die auf dem folgenden Bild auf der 5-Uhr-Position zu erkennen ist:

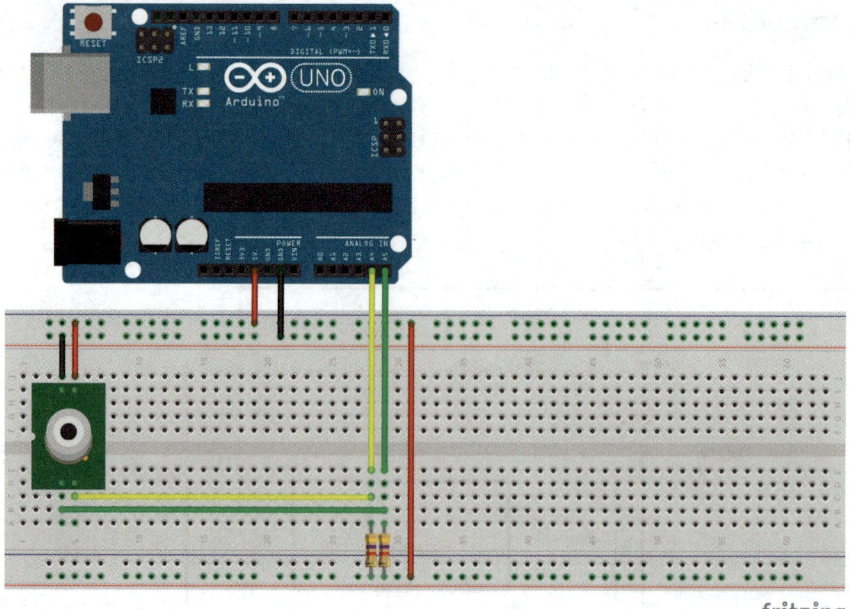

Abbildung 15-5:
Der Aufbau auf dem Steckbrett

Es reicht also aus, 9 Kabel und 2 Widerstände auf ein Steckbrett zu stecken und so den Sensor mit dem Arduino zu verbinden.

Abbildung 15-6:
Ganz so ordentlich wie in der schematischen Zeichnung sieht es in echt selten aus

Arduino-Sketch

Der Aufbau auf dem Steckbrett kann mit dem *mlxtest* Sketch getestet werden, der sich bei den Beispielen in der Arduino-IDE im Unterverzeichnis MLX90614 befindet. Damit das Beispiel gefunden werden kann, muss zuvor die passende Bibliothek installiert werden. Sie kann hier heruntergeladen werden: *https://github.com/adafruit/Adafruit-MLX90614-Library/archive/master.zip*

Die ZIP-Datei muss entpackt und der Inhalt wie gewohnt in das entsprechende Unterverzeichnis des Arduino-Sketchpads kopiert werden. Eine Anleitung befindet sich auch in der README.txt-Datei in dem entpackten Verzeichnis.

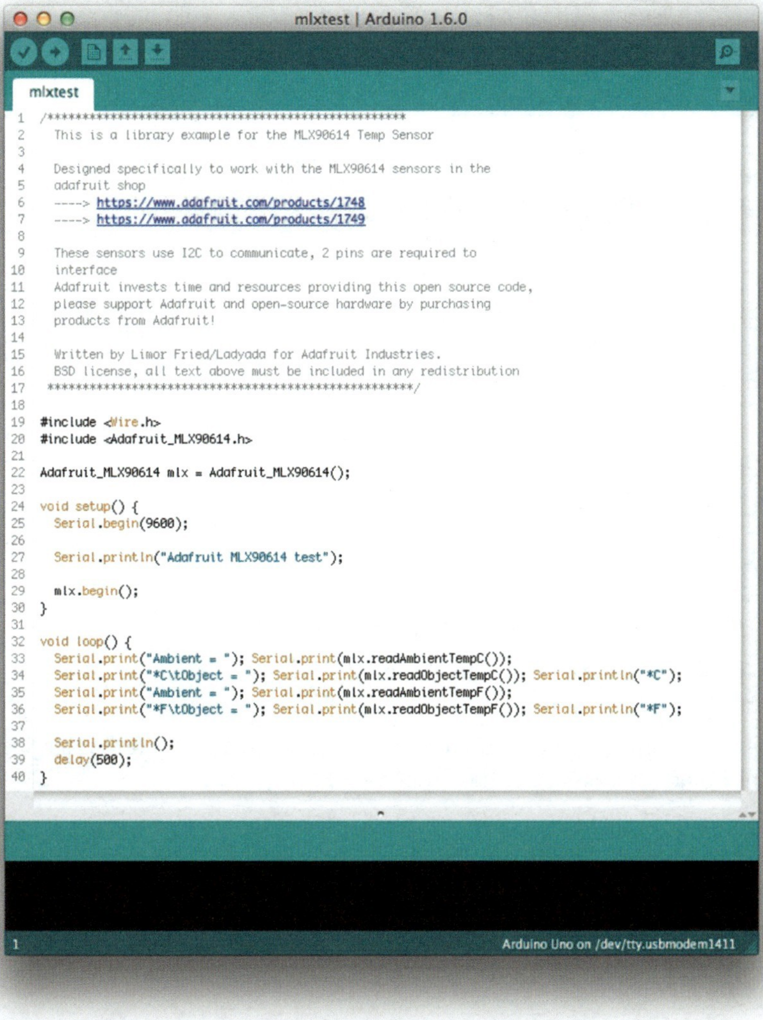

mlxtest | Arduino 1.6.0

mlxtest

```
/***************************************************
  This is a library example for the MLX90614 Temp Sensor

  Designed specifically to work with the MLX90614 sensors in the
  adafruit shop
  ----> https://www.adafruit.com/products/1748
  ----> https://www.adafruit.com/products/1749

  These sensors use I2C to communicate, 2 pins are required to
  interface
  Adafruit invests time and resources providing this open source code,
  please support Adafruit and open-source hardware by purchasing
  products from Adafruit!

  Written by Limor Fried/Ladyada for Adafruit Industries.
  BSD license, all text above must be included in any redistribution
 ****************************************************/

#include <Wire.h>
#include <Adafruit_MLX90614.h>

Adafruit_MLX90614 mlx = Adafruit_MLX90614();

void setup() {
  Serial.begin(9600);

  Serial.println("Adafruit MLX90614 test");

  mlx.begin();
}

void loop() {
  Serial.print("Ambient = "); Serial.print(mlx.readAmbientTempC());
  Serial.print("*C\tObject = "); Serial.print(mlx.readObjectTempC()); Serial.println("*C");
  Serial.print("Ambient = "); Serial.print(mlx.readAmbientTempF());
  Serial.print("*F\tObject = "); Serial.print(mlx.readObjectTempF()); Serial.println("*F");

  Serial.println();
  delay(500);
}
```

1 Arduino Uno on /dev/tty.usbmodem1411

Abbildung 15-7:
Arduino-Sketch mixtest

Im Serial Monitor sieht es dann so aus:

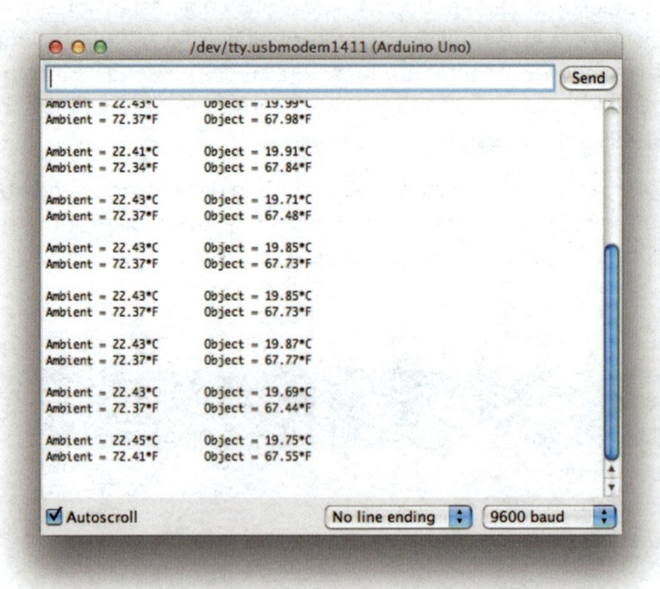

Abbildung 15-8:
Ausgabe von mixtest auf dem SerialMonitor

Der Arduino kann also die Umgebungstemperatur und die Objekttemperatur bestimmen. Es ist möglich, die Ergebnisse in Grad Celsius und in Grad Fahrenheit zu erhalten.

Fehlerbehebung

Falls es nicht klappt, empfehlen sich folgende Schritte:

- Sofort das USB-Kabel aus dem Arduino ziehen (damit er keinen Strom mehr bekommt).
- Die Orientierung des Sensors überprüfen. Zeigt die Nase in die richtige Richtung? Sind die 4 Beine richtig verbunden?
- Man verzählt sich leicht auf dem Steckbrett. Sind alle Kabel wirklich so angeschlossen wie auf dem Bild zu sehen?
- Wurde die Software auf den Arduino aufgespielt? Manchmal hat man den falschen seriellen Port ausgewählt oder das falsche Arduino-Modell. Für dieses Projekt muss der Arduino UNO ausgewählt sein!

So geht es auch: ein mobiles Thermometer

Der Aufbau auf dem Steckbrett kann für einige Anwendungen bereits ausreichen, z. B., wenn lokal Messwerte an einen Computer übertragen werden sollen. Praktischer ist jedoch ein mobiles Gehäuse mit einem Display. Beim Projekt »Leuchtende Hosenträger« kam bereits ein Gehäuse zum Einsatz, das einen Arduino UNO, ein Shield und eine Batterie aufnehmen kann und das man noch angenehm in die Hand nehmen kann.

Abbildung 15-9:
Arduino-Gehäuse

Um die aktuelle Temperatur anzuzeigen, wird ein OLED-Display verwendet. Bei diesen Displays kann jeder Punkt leuchten oder nicht leuchten – es wird also im Gegensatz zum LCD-Display keine Hintergrundbeleuchtung benötigt. Das hat den Vorteil, dass meist weniger Energie benötigt wird, und die meisten OLED-Displays bilden auch sehr scharf und kontrastreich ab. Für dieses Projekt wird ein farbiges Display eingesetzt, das über die SPI-Schnittstelle vom Arduino angesteuert wird. Zu beziehen ist es bei Watterott Elektronik unter der Art.Nr.: ADA1431.

Auf der Rückseite der Platine ist sogar ein Steckplatz für eine microSD-Karte vorhanden, die genutzt werden kann, um Messwerte zu speichern oder um darauf Bilder abzulegen, die auf dem Display angezeigt werden.

Abbildung 15-10:
OLED-Display Frontansicht

Abbildung 15-11:
OLED-Display Rückansicht

Benötigte Komponenten

Zusätzlich zu den oben aufgelisteten Komponenten für den Aufbau auf dem Steckbrett benötigt die mobile Variante Folgendes extra:

- Arduino-Gehäuse (Watterott: A000009)
- Arduino Wireless SD Shield oder vergleichbares Prototyping Shield
- Streifenrasterplatine
- Stiftleiste 4-polig
- Farbiges OLED-Display mit 128x128 Pixeln (Watterott: ADA1431)
- Noch viel mehr Steckbrücken in allen möglichen Farben und Variationen
- 9 V-Blockzelle mit Clip für die Batterie
- Alternativ kann die Stromversorgung auch über einen USB-Power-Tank geschehen.

Themeninsel: OLED

Bisher wurden in diesem Buch nur anorganische LEDs benutzt. Es gibt aber auch organische Leuchtdioden, die man OLEDs nennt. Eine OLED ist das Ergebnis der organischen Chemie, die sich mit chemischen Verbindungen beschäftigt, welche auf Kohlenstoff basieren. Chemisch ist eine OLED also etwas ganz anderes als eine herkömmliche LED, die z. B. auf Silizium oder Gallium basiert. Die OLED-Technologie wird in Deutschland fast ausschließlich benutzt, um Leuchtmittel zu produzieren. Vor allem flächige Kacheln für die Raumbeleuchtung stehen dabei im Mittelpunkt. Dabei ist die schmale Bauform interessant und die Eigenschaft, das OLEDs transparent sein können, wenn sie nicht leuchten. So können sie leicht vor einem Spiegel angebracht werden. Dadurch entstehen spiegelnde Leuchtkacheln, die vor allem im Badezimmer faszinieren können.

Im Ausland werden auch Displays mit OLEDs hergestellt, so wie das Display, das in diesem Kapitel verwendet wurde. Herkömmliche LEDs sind zu groß, um sie als Pixel in Displays für Fernseher oder Telefone zu verwenden. OLEDs hingegen können sehr klein und flach produziert werden und sind sogar biegsam. Ein Handy mit einem gebogenen Display verwendet also höchstwahrscheinlich OLED-Technologie. Ansonsten ist es jedoch ziemlich schwer, zu erkennen, ob ein Display auf LCD-Technologie (flüssige Kristalle) oder auf OLEDs basiert. Man erkennt es meist an der Dicke, denn OLEDs sind oft dünner. Sie leuchten aktiv, und die Pixel, die schwarz sind, senden kein Licht aus. Beim LCD-Display hingegen wird eine Hintergrundbeleuchtung benötigt, deren Licht durch die flüssigen Kristalle gefiltert wird. Für dunkle Bilder benötigt ein OLED-Display weniger Strom als ein LCD-Display. OLEDs sind außerdem um den Faktor 100 bis 1000 schneller als

LCD-Displays, und die meisten OLED-Displays haben einen hohen Kontrast, so wie das Exemplar aus diesem Kapitel. Es ist erfreulich, dass die kleinen OLED-Displays seit Neuestem mit einem Arduino angesteuert werden können und somit für Maker zugänglich geworden sind.

Funktionsweise

Die eigentliche Herausforderung bei diesem Aufbau liegt darin, alles in dem kleinen Gehäuse unterzubringen. Die vorgestellten Schritte dienen oft nur zur Orientierung, da jeder andere Bauteile zur Hand hat. Man schneidet Kabel in unterschiedlicher Länge zu, lötet sie anders an, und überhaupt ist das alles Handarbeit und man soll seinen eigenen Weg finden, um das Projekt umzusetzen. Deswegen gilt für die Umsetzung: erst den Text durchlesen, Gedanken machen, wie das am eigenen Gehäuse funktionieren könnte, einen Plan zur Umsetzung machen und erst dann Markierungen am Gehäuse machen und Löcher bohren. Leider ist das Gehäuse zu klein, um die Batterie aufzunehmen. Das ist der Nachteil der großen Arduino-Modelle und der Shields. Es wäre möglich, ein anderes Gehäuse zu finden, aber es soll ja auch noch in die Hand genommen werden. Eine nicht ganz einfache Herausforderung!

Themeninsel: SPI-Schnittstelle

SPI steht für Serial Peripheral Interface. Es wurde von Motorola als lockerer Standard entwickelt, um die synchrone, serielle Kommunikation zwischen Geräten auf einem Datenbus zu ermöglichen. Seriell bedeutet, dass die Daten hintereinander auf den Leitungen anliegen, im Gegensatz zur parallelen Kommunikation, wo die einzelnen Bits gleichzeitig auf mehreren Leitungen anliegen würden. Synchron bedeutet in diesem Zusammenhang, dass es ein Taktsignal gibt, das den Takt der Datenübertragung über diese Signalleitung festlegt. In einem SPI-Bus gibt es einen Master und einen oder mehrere Slaves. Alle angeschlossenen Systeme teilen sich drei Signalleitungen:

- MOSI: Master Output, Slave Input. Der Master sendet auf dieser Leitung serielle Daten.
- MISO: Master Input, Slave Output. Der Master empfängt auf dieser Leitung serielle Daten vom Slave.
- SCLK: Serial Clock. Der Master erzeugt dieses Taktsignal, das die synchrone Kommunikation ermöglicht.

Um bei mehreren Slaves festzulegen, mit welchem von ihnen der Master kommunizieren möchte, muss eine weitere Leitung an jeden einzelnen Slave angeschlossen werden. Sie nennt sich SS (Slave Select) oder CS (Chip

Select). Sie ist meist active low, das bedeutet, dass der Slave aktiviert ist, wenn auf der CS-Leitung ein LOW-Signal anliegt, also z. B. 0 Volt.

Da zwei Kommunikationsleitungen vorhanden sind, kann der Master gleichzeitig Daten an den Slave senden und welche von ihm empfangen. Diese Eigenschaft nennt man auch Vollduplexfähigkeit.

Bei dem Projekt in diesem Kapitel wird das OLED-Display als einziger Slave mit der SPI-Schnittstelle betrieben. Der Arduino ist der Master.

Themeninsel: I²C-Schnittstelle

I²C steht für Inter-Integrated Circuit. Es handelt sich um einen von Philips Semiconductors (heute NXP Semiconductors) entwickelten seriellen Datenbus. Das Patent lief erst im Oktober 2006 aus, und aus diesem Grund hatte die Firma Atmel, die u. a. die Mikrocontroller für den Arduino herstellt, einen anderen Namen für dieselbe Schnittstelle verwendet: TWI. TWI steht für Two-Twire-Interface und beschreibt die Kerneigenschaft der I²C-Schnittstelle – sie kommt mit nur zwei Leitungen aus. Dabei gibt es in diesem Bus immer einen Master und einen oder mehrere Slaves. Die beiden Leitungen müssen jeweils über einen sogenannten Pull-up-Widerstand verfügen. Das ist ein Widerstand, der am anderen Ende mit HIGH (beim Arduino 5 Volt) verbunden ist. Die beiden Leitungen heißen:

- SDA: Datenleitung
- SCL: Taktleitung

Da keine zusätzlichen Leitungen verwendet werden, muss im Gegensatz zur SPI-Schnittstelle ein anderer Mechanismus dafür sorgen, dass der Master eine eindeutige Kommunikation mit dem jeweiligen Slave aufbauen kann. Zu diesem Zweck hat jeder Slave in dem Bus eine eindeutige Adresse. Die Kommunikation zwischen Master und Slave ist beim I²C-Bus klar definiert. Jede Übertragung beginnt der Master mit einem Start-Signal. Darauf folgt die Adresse des Slaves. Der Slave bestätigt die Anfrage durch das ACK-Bit. Ein weiteres Bit namens R/W spezifiziert, ob Daten an den Slave gesendet oder von ihm empfangen werden sollen. Am Ende der Übertragung wird ein Stopp-Signal erzeugt. Im Gegensatz zur SPI-Schnittstelle ist bei I²C alles klar festgelegt. Das sorgt auch dafür, dass es feste Geschwindigkeiten gibt, die meist langsamer sind als die von SPI. Auch die Vollduplexfähigkeit von SPI macht sich bei der Kommunikation positiv bemerkbar. In diesem Kapitel verwendet der MLX90614-Sensor die I²C-Schnittstelle.

Schaltplan

Der Sensor muss genauso wie beim Aufbau auf dem Steckbrett mit dem Arduino verbunden werden. Der Schaltplan unterscheidet sich für diese Komponente nicht.

Das OLED-Display muss wie folgt mit dem Arduino verbunden werden:

Display-Pin	Arduino-Pin	Funktion
SDCS	3	ChipSelect der SD-Karte auf dem Display
SDCS	4	ChipSelect der SD-Karte auf dem Shield
DC	7	Data/Command-Umschaltung
RST	9	Reset des Displays
OLEDCS	10	ChipSelect des Displays
MOSI	11	Master Out Slave In
MISO	12	Master In Slave Out
SCLK	13	Taktleitung

Abbildung 15-12:
Der Schaltplan

Schaltung bauen

Schritt 1: OLED-Display verbinden

Zunächst sollten Steckbrücken mit einem Stecker und einer Buchse an jeden Pin des OLED-Displays gesteckt werden. Falls möglich, sollte GND mit einem schwarzen Kabel markiert werden und Vin mit einem roten. Nachdem alle Steckbrücken gesteckt wurden, sind sie mit Klebeband zu umwickeln. Das hat den Vorteil, dass ihre Reihenfolge fixiert ist und sie als ein einzelner Stecker vom Display getrennt werden können für die spätere Installation im Gehäuse.

Abbildung 15-13:
Klebeband fixiert die Kabel

Das Display muss nun mit dem Arduino Wireless SD Shield verbunden werden.

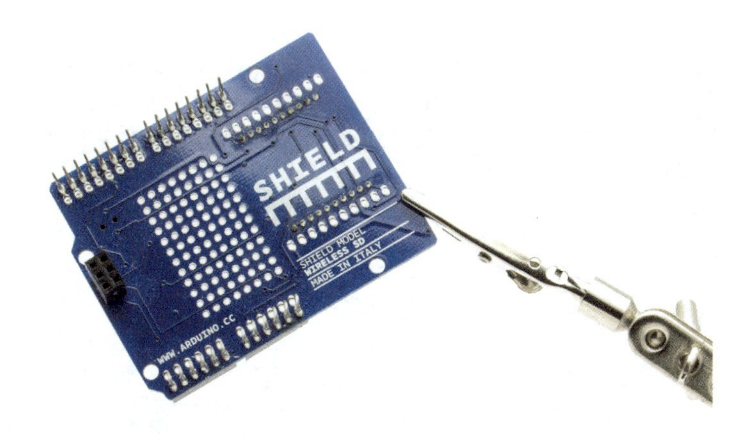

Abbildung 15-14:
Arduino Wireless SD Shield

Dazu sollen alle Stecker der verwendeten Steckbrücken direkt auf das Shield gelötet werden. Das folgende Bild zeigt das exemplarisch für die Steckbrücke, die mit dem MOSI-Signal ganz außen am Display verbunden ist. Sie muss mit Pin 11 des Shields verbunden werden. Dazu den Stecker von oben durch das Shield stecken:

Abbildung 15-15:
Alle Stecker müssen so angelötet werden wie der Stecker an Pin **11**

Von der Unterseite muss der Stecker sicher verlötet werden. Es ist empfehlenswert, den Stecker leicht zu biegen, so dass er auf der Unterseite gerade herauskommt, aber auf der Oberseite des Shields zur Mitte hin abknickt. Ein späteres Bild zeigt das gewünschte Ergebnis.

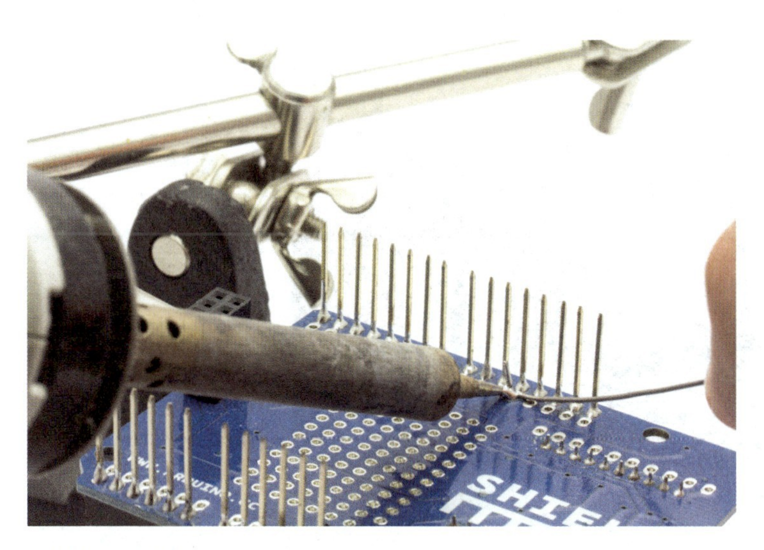

Abbildung 15-16:
Die Pins werden an das Shield gelötet

Dieser Schritt muss für alle Verbindungen ausgeführt werden. Die Tabelle im Abschnitt *Schaltplan* zeigt dabei, welcher Display-Pin an welchen Pin des Arduino-Shields gelötet werden muss.

Von unten sieht das Zwischenergebnis dann wie folgt aus:

Abbildung 15-17:
Ein Zwischenergebnis nach etwas Lötarbeit

Die kurzen Stecker, die auf der Lötseite herausstehen, können leicht abgeschnitten werden.

Abbildung 15-18:
Stecker mit einem Seitenschneider abknipsen

Die Beine des Wireless-SD-Shields dürfen nicht zu lang sein und sollten bei Bedarf ebenfalls auf eine sinnvolle Länge gekürzt werden. Aber nicht zu kurz! Der 6-polige ICSP-Verbinder des Arduino gibt die minimale Länge vor. Im Zweifelsfall die Beine lassen, wie sie sind. Es kann nur sein, dass zu lange Beine dafür sorgen, dass der Aufbau von der Gesamthöhe her nicht in das Gehäuse passt. Auch die Kabel haben eine gewisse Höhe. Man kann sie vorsichtig zur Seite biegen. Falls das Shield Kontakt mit der USB-Buchse des Arduino hat, empfiehlt es sich, sie mit einem Aufkleber zu isolieren.

Der Aufbau sieht von oben aus nun so aus:

Abbildung 15-19:
Die Stecker müssen so flach wie möglich abgelötet werden

Schritt 2: MLX90614 verbinden

Der Sensor soll nicht auf das Shield gelötet werden, sondern muss an der Gehäusewand befestigt werden, um die Temperatur außerhalb des Gehäuses zu messen. Es empfiehlt sich also, einen Stecker zu verwenden. Da der Sensor vier Beine hat, muss auch der Stecker vier Pfosten besitzen. Für diesen Aufbau wird etwas Streifenrasterplatine zurechtgeschnitten: 4 Streifen breit und mindestens 4 Löcher lang.

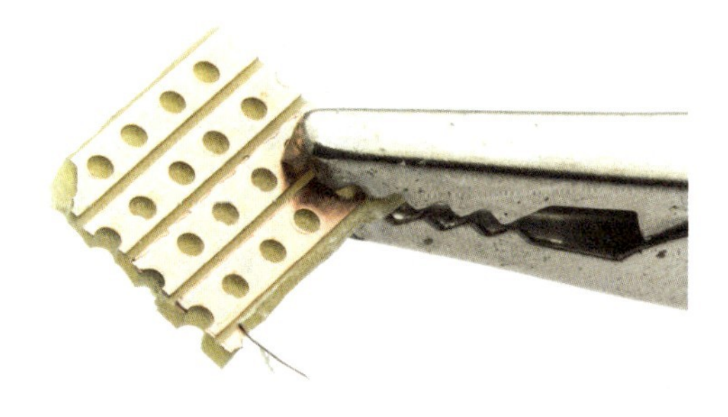

Abbildung 15-20:
Ein passendes Stück Streifenrasterplatine

Der Sensor wird von oben durch die Löcher gesteckt, so dass jedes Bein seinen eigenen Streifen auf der Unterseite hat. Eine Reihe Löcher muss frei bleiben, da dort die Stiftleiste hinkommt. Im folgenden Bild ist wieder die goldene Nase des Sensors ein interessanter Bezugspunkt:

Abbildung 15-21:
Der Sensor wird durch die Platine gesteckt

Von unten ist die Nase auch gut zu sehen:

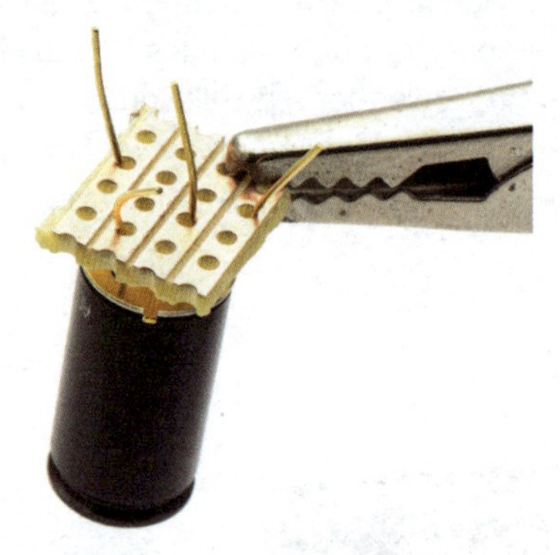

Abbildung 15-22:
Die Platine von unten

Die vier Beine des Sensors müssen gelötet werden:

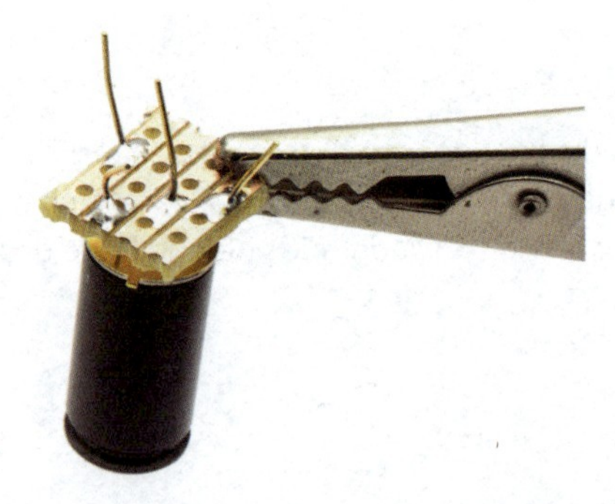

Abbildung 15-23:
Beinchen anlöten

Es empfiehlt sich, die beiden Pull-up-Widerstände direkt auf dieser Platine unterzubringen. Es ist nach wie vor wichtig, dass eine Reihe Löcher frei bleibt für die Stiftleiste! Die Widerstände müssen also kreativ und platzsparend angebracht werden. Jeweils ein Ende muss mit Vin verbunden werden (im Bild ganz links außen) und das andere Ende jeweils mit SCL bzw. SCK.

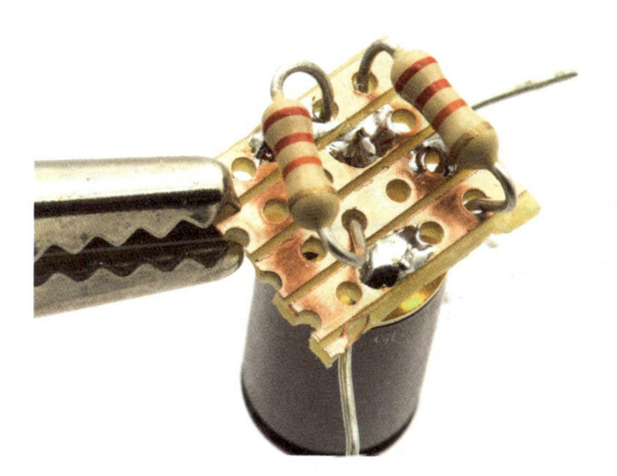

Abbildung 15-24:
Widerstände passen auch drauf

Die Stiftleiste wird am besten liegend montiert. Sie kann auch stehend angebracht werden, je nachdem, an welche Position im Gehäuse der Sensor am Ende seinen Platz finden wird. Unbedingt jetzt prüfen, ob der Sensor mit der Platine in das Gehäuse passen würde, wenn an einer Stelle ein Loch in die Wand geschnitten würde! Falls die Stiftleiste gar nicht passt, muss sie weggelassen werden, und stattdessen müssen die Kabel direkt auf die Platine gelötet werden. Die fertige Platine für den Sensor sieht dann so aus:

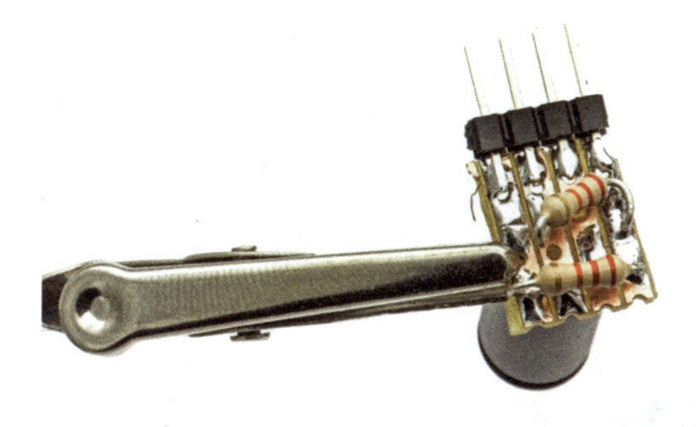

Abbildung 15-25:
Fertig!

Nun werden vier Steckbrücken (Stecker->Buchse) auf die Stiftleiste gesteckt. Vier verschiedene Farben helfen dabei, die Signale zu unterscheiden.

Abbildung 15-26:
Vier unterschiedliche Farben für die Kabel wählen

Folgende Farben wurden gewählt, und es soll auch schon festgelegt werden, an welchen Arduino-Pin die Kabel kommen:

Farbe	Sensor Pin	Arduino Pin
Rot	Vin	5 V
Schwarz	GND	GND
Gelb	SCL	A5
Blau	Sda	A4

Die vier Kabel müssen nun mit dem Arduino-Shield verbunden werden. Wieder sollen die Stecker von oben durch das Shield gesteckt und auf der Unterseite verlötet werden.

Abbildung 15-27:
Kabel an **A5**, **A4**, **VCC** und **GND** löten

Es gibt aber ein Problem: Das Shield hat nur einen 5 V-Pin! Er ist bereits fest mit dem Display verbunden. Die Lösung ist nicht schön, aber auch nicht weiter dramatisch: Das Kabel zwischen Display und 5 V muss aufgetrennt werden. Das ist im folgenden Bild das rote Kabel:

Abbildung 15-28:
Das rote Kabel (5 V) auftrennen

Beide Enden dieses aufgetrennten Kabels müssen abisoliert und mit dem roten Kabel des Sensors verbunden werden. Es empfiehlt sich, dazu ein kleines Stück Streifenrasterplatine zu verwenden. Alle drei roten Kabel auf einen Streifen löten. Ein Kabel geht an den 5 V-Pin des Arduino, eins an das Display und das dritte geht an den Sensor.

Abbildung 15-29:
Etwas Streifenrasterplatine verbindet mehrere Kabel

Gehäuse bauen

Das Gehäuse ist schon fertig und kann den Arduino samt Shield aufnehmen. Es muss nur eine Öffnung für den Sensor gefunden werden, und das Display muss seinen Platz finden.

Sensor anbringen Variante 1

Am einfachsten ist es, den Sensor dort anzubringen, wo das Gehäuse bereits eine Abdeckung über der USB-Buchse hat. Die Abdeckung kann mit einer Zange aus der Führung gezogen werden, und falls sie nicht lose ist, müssen Stege weggeschnitten werden.

Abbildung 15-30:
Abdeckung herausziehen

Mit einer Heißklebepistole kann Kleber auf die innere Wand des Gehäuses aufgetragen werden.

Abbildung 15-31:
Heißkleber aufbringen

Reichlich Kleber verwenden, damit die Platine mit dem Sensor gut hält. Aufpassen, dass kein Kleber in die Öffnung des Sensors gelangt!

Abbildung 15-32:
Die Platine bleibt, wenn der Kleber kalt wird

Der Sensor wird bei dieser Konstruktion aus dem Gehäuse herausgucken.

Abbildung 15-33:
Der Sensor hält am Gehäuse

Sensor anbringen Variante 2

Alternativ kann auch ein Loch in die Gehäusewand gebohrt werden. Jeder hat dafür eine eigene Technik, aber es ist sicher nicht verkehrt, wenn man die Maße des Sensors grob anzeichnet.

Abbildung 15-34:
Markierung auf dem Gehäuse

Mit einem Fräswerkzeug kann das Loch von Hand ausgeschnitten werden.

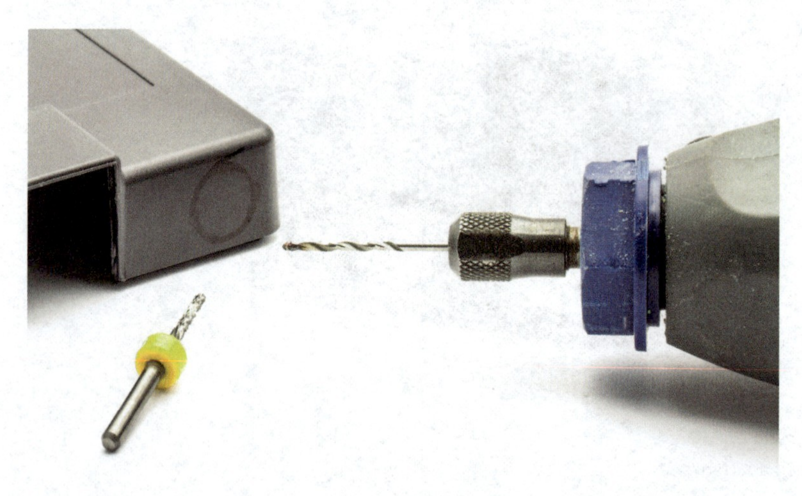

Abbildung 15-35:
Werkzeug zum Ausschneiden des Loches

Es ist oft hilfreich, wenn mit einem Bohrer ein Anfang gemacht wird. Das Fräsewerkzeug kann nun einfach ein Loch ausschneiden.

Abbildung 15-36:
Erst ein Loch bohren

Das Loch darf ruhig etwas größer als der Sensor sein, er wird nämlich mit Sugru in dem Loch festgeklebt. Sugru ist ein spezieller Kleber, der ähnlich wie Knete mit den Händen verarbeitet werden kann und nach einiger Zeit hart wie Plastik wird.

Abbildung 15-37:
Sugru – ein besonderer Kleber

Der Sensor ist mit Sugru zu umschließen.

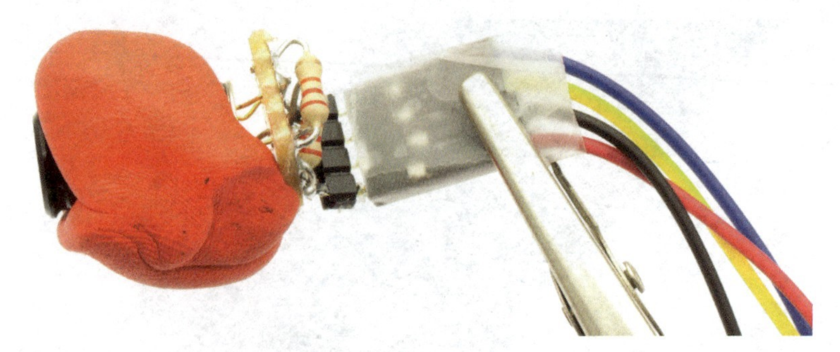

Abbildung 15-38:
Sugru umhüllt den Sensor

Der Sensor muss dann von innen durch das Loch gesteckt werden. Das Sugru im Inneren des Gehäuses an alle Wände drücken, die in der Nähe des Bohrlochs sind. So wird der Sensor sicher gehalten.

Abbildung 15-39:
... und hält am Gehäuse

Wichtig ist nur, dass der Stecker frei bleibt und problemlos mit dem Arduino verbunden werden kann. Das muss passieren, bevor das Sugru nach 24 Stunden ausgehärtet ist.

Von außen sieht das Ergebnis dann etwa so aus:

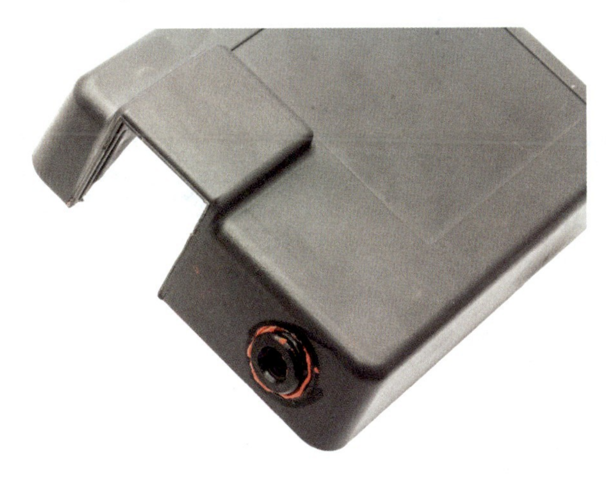

Abbildung 15-40:
Der mit Sugru fixierte Sensor

Anstelle von Sugru könnte auch Heißkleber verwendet werden. Sugru hat jedoch in diesem Fall den Vorteil, dass man mehr Zeit hat, um Änderungen vorzunehmen, da es länger aushärtet. Das Gehäuse sollte nun wieder geschlossen werden. Falls innere Trennwände im Weg sind, können sie mit einem Seitenschneider und einer Zange entfernt werden.

Display montieren

Das Gehäuse ist zu klein, um das Display von innen zu montieren, deswegen muss es von außen angebracht werden. Das sieht zwar nicht besonders professionell aus, ist jedoch optisch noch o.k. Am einfachsten ist es, wenn die Klappe des Gehäuses abgemacht und dort der Stecker auf die Stiftleiste des Displays gesteckt wird. Wenn diese Leiste soweit es geht an den äußeren Rand des Gehäuses geschoben wird, können zwei Löcher mit einem kleinen Bohrer in das Gehäuse gemacht werden, durch die zwei M2-Schrauben von zwei Muttern gehalten werden, um das Display so zu fixieren.

Arduino-Sketch

Wie das Thermometer ausgelesen wird, ist bereits vom Aufbau auf dem Steckbrett her bekannt. Neu ist der Code für das OLED-Display. Für das Display müssen zwei Bibliotheken installiert werden: *https://github.com/adafruit/Adafruit-SSD1351-library/archive/master.zip* und *https://github.com/adafruit/Adafruit-GFX-Library/archive/master.zip*

Dann kann der Sketch *OLED*Thermometer_ von der Downloadseite dieses Buches auf den Arduino gespielt werden.

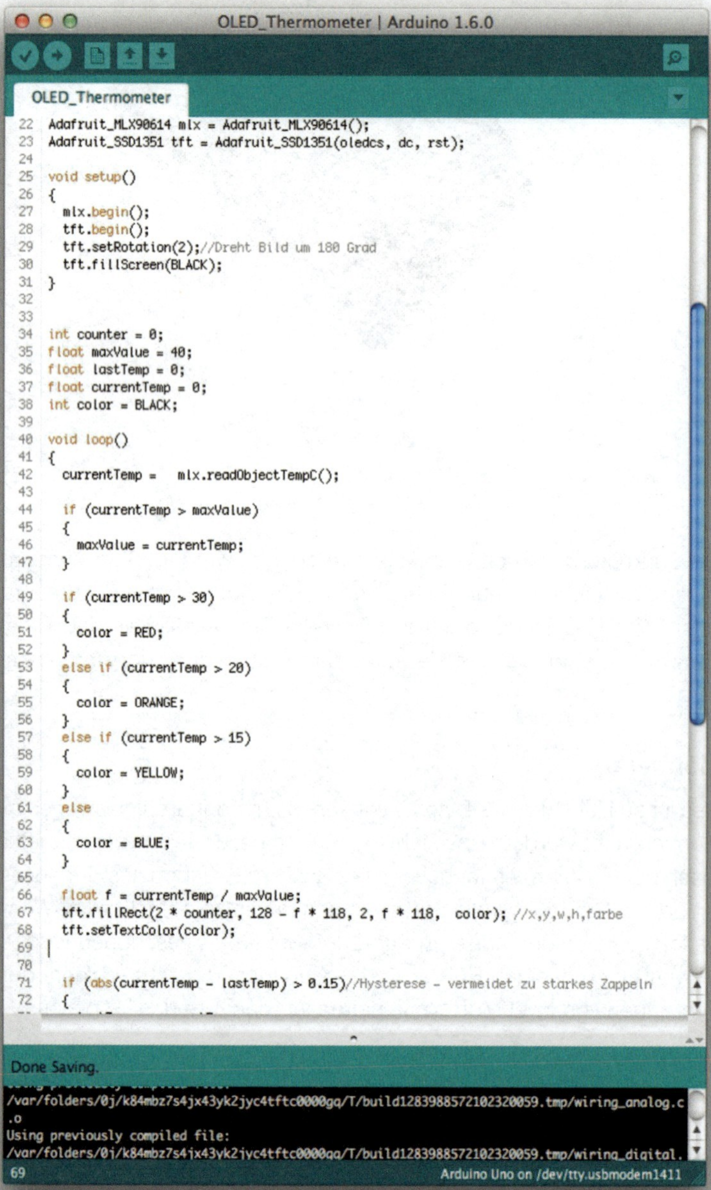

OLED_Thermometer | Arduino 1.6.0

OLED_Thermometer

```
22 Adafruit_MLX90614 mlx = Adafruit_MLX90614();
23 Adafruit_SSD1351 tft = Adafruit_SSD1351(oledcs, dc, rst);
24
25 void setup()
26 {
27   mlx.begin();
28   tft.begin();
29   tft.setRotation(2);//Dreht Bild um 180 Grad
30   tft.fillScreen(BLACK);
31 }
32
33
34 int counter = 0;
35 float maxValue = 40;
36 float lastTemp = 0;
37 float currentTemp = 0;
38 int color = BLACK;
39
40 void loop()
41 {
42   currentTemp =   mlx.readObjectTempC();
43
44   if (currentTemp > maxValue)
45   {
46     maxValue = currentTemp;
47   }
48
49   if (currentTemp > 30)
50   {
51     color = RED;
52   }
53   else if (currentTemp > 20)
54   {
55     color = ORANGE;
56   }
57   else if (currentTemp > 15)
58   {
59     color = YELLOW;
60   }
61   else
62   {
63     color = BLUE;
64   }
65
66   float f = currentTemp / maxValue;
67   tft.fillRect(2 * counter, 128 - f * 118, 2, f * 118,  color); //x,y,w,h,farbe
68   tft.setTextColor(color);
69
70
71   if (abs(currentTemp - lastTemp) > 0.15)//Hysterese - vermeidet zu starkes Zappeln
72   {
```

Done Saving.

```
/var/folders/0j/k84mbz7s4jx43yk2jyc4tftc0000gq/T/build1283988572102320059.tmp/wiring_analog.c
.o
Using previously compiled file:
/var/folders/0j/k84mbz7s4jx43yk2jyc4tftc0000gq/T/build1283988572102320059.tmp/wiring_digital.
```

69   Arduino Uno on /dev/tty.usbmodem1411

Abbildung 15-41:
Der Arduino-Sketch

Das Programm zeigt die aktuelle Objekttemperatur in Grad Celsius in der oberen Mitte des Displays an. Gleichzeitig wird ein Graph aufgebaut, in dem jeder Messwert durch einen schmalen Balken repräsentiert wird. Durch die Textfarbe und die Farbe des aktuellen Balkens kann man leicht sehen, wie warm es ist: Rot für Temperaturen über 30 Grad Celsius, Orange für Temperaturen zwischen 20 und 30 Grad Celsius, Gelb für Temperaturen zwischen 15 und 20 Grad Celsius und Blau für alle niedrigeren Temperaturen. Die Anzeige könnte z. B. so aussehen:

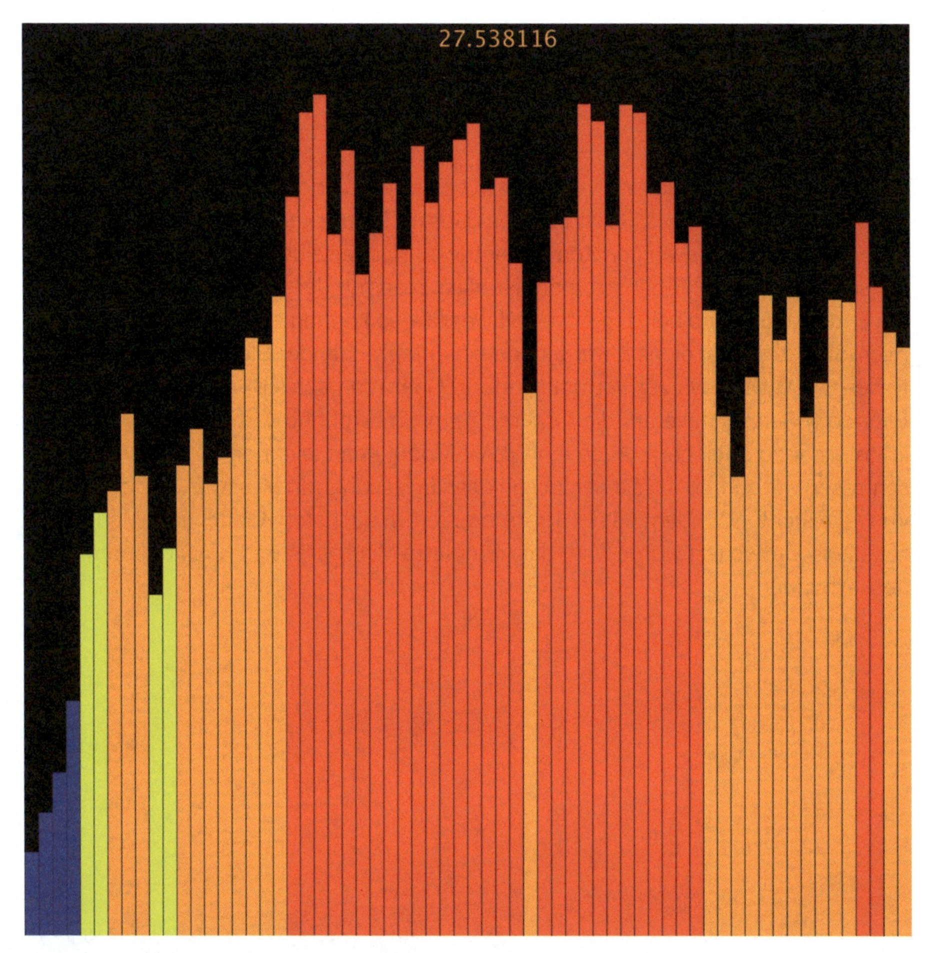

Abbildung 15-42:
Screenshot vom OLED-Display

Weiterführende Informationen

Mehr Informationen (auf Englisch) gibt es hier:

- Sensor:
  https://learn.adafruit.com/using-melexis-mlx90614-non-contact-sensors/
- Display:
  https://learn.adafruit.com/adafruit-1-5-color-oled-breakout-board/
- Shield:
  http://arduino.cc/en/pmwiki.php?n=Main/ArduinoWirelessShield

Ausblick

In diesem Projekt wurde ein Pyrometer mit einem Arduino gebaut. Auch wenn es viel günstiger ist, ein fertiges Gerät in einem Geschäft zu kaufen, ist es doch beeindruckend, was man mit wenigen Komponenten zu Hause selber bauen kann. Das Beste am selbstgebauten Messinstrument ist, dass man mit der vorgegeben Lösung nicht am Ende ist. Es kann beliebig erweitert werden, so können etwa Messwerte auf eine microSD-Karte gespeichert werden, da ein entsprechender Slot ja auf der Rückseite des OLED-Displays zur Verfügung steht. Oder man schließt an den Arduino eine Bluetooth-Schnittstelle an, die man mit dem Smartphone verbindet, um so Daten im Internet zu speichern. Auch ein WLAN-Modul kann leicht an den Arduino angeschlossen werden, so dass einer lückenlosen Erfassung von Messwerten nichts mehr im Wege steht. Nachdem das IR-Thermometer im nächsten Kapitel um einen Helligkeitssensor erweitert wurde, wird das komplette Messgerät via WLAN mit dem Internet verbunden.

Dunkelheitssensor: Wie dunkel ist es?

16

von René Bohne

Abbildung 16-1:
Der sensible Lichtsensor TSL237

Die meisten Messgeräte sind darauf spezialisiert, Helligkeiten bei Tageslicht zu bestimmen, etwa um die Belichtungsparameter an einer Fotokamera korrekt einzustellen. Es gibt jedoch wenig Messgeräte, die in schwachem Licht funktionieren. Wie dunkel ist es im Keller? Wie wenig Licht liefert ein Teelicht? Wie dunkel ist der Nachthimmel? Der Dunkelheitssensor aus diesem Kapitel liefert die Antworten!

Aufbau auf dem Steckbrett

Übersicht

Benötigte Komponenten:

- Lichtsensor TSL237
- optional: Kondensator 100 nF
- Arduino UNO
- Steckbrett
- Steckbrücken

Funktionsweise

Der Lichtsensor wandelt die Lichtintensität in ein Rechtecksignal um, das der Arduino auswerten kann. Je heller es ist, desto mehr Rechteckimpulse werden pro Sekunde abgeschickt. Das bedeutet, dass der Arduino eine höhere Frequenz messen wird, wenn auf den Sensor mehr Licht fällt. Wie viel Licht das ist und welche Einheiten exakt gemessen werden, soll für dieses Projekt nicht genau erörtert werden. Das Ziel dieses Instruments ist es, die Frequenz, die der Lichtsensor am Ausgangs-Pin ausgibt, mit dem Arduino zu messen. Der Benutzer kann diese Zahl dann selbst interpretieren. Der gewählte TSL237 Sensor ist sehr empfindlich und eignet sich besonders gut dafür, geringe Helligkeiten zu messen. Bei wenig Licht entstehen auch nur geringe Frequenzen am Ausgangs-Pin, die der Arduino leicht messen kann.

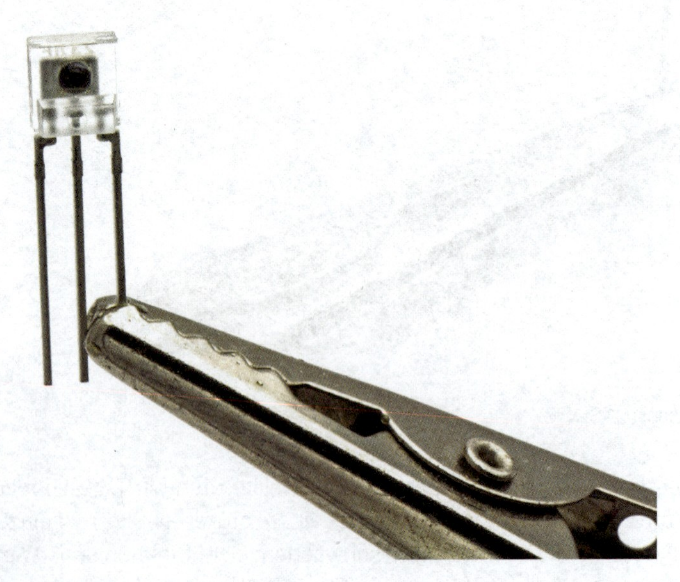

Abbildung 16-2:
Der TSL237 ist ein empfindlicher Lichtsensor

Schaltplan

Das Bauteil hat drei Beine: GND, Vdd und OUT. An den Vdd-Pin werden +5 V angeschlossen, und das Ausgangssignal liegt am Pin OUT an. Zwischen GND und Vdd sollte ein Kondensator mit 100nF platziert werden. Für den ersten Versuch kann er auch weggelassen werden, der Sensor wird trotzdem Signale aussenden.

Der Sensor muss an Pin 8 des Arduino angeschlossen werden.

Steckbrett

Genau wie oben beschrieben, müssen nur die drei Beine des Sensors mit dem Arduino verbunden und ein 100 nF Kondensator zwischen GND und Vdd des Sensors angebracht werden.

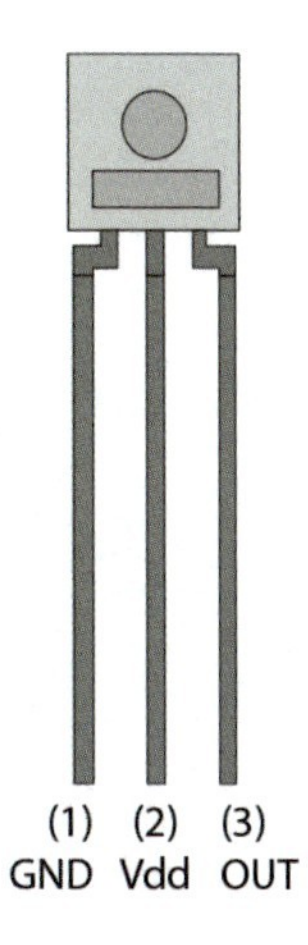

Abbildung 16-3:
Von vorne betrachtet hat der TSL237 drei Beine: GND, Vdd und das Ausgangssignal OUT

TSL237 Pin	Arduino-Pin
(1) GND	GND
(2) Vdd	5 V
(3) OUT	8

Arduino-Sketch

Die Software für dem Arduino ist ganz einfach. Der Arduino muss die Frequenz messen und das Ergebnis über die serielle Schnittstelle an den Computer senden. Zunächst muss die FreqMeasure-Bibliothek installiert werden. Sie ist auf folgender Webseite zu finden: *http://www.pjrc.com/teensy/tdlibsFreqMeasure.html*

Nachdem die Arduino-IDE neu gestartet wurde, befindet sich unter »Examples« ein neuer Menüpunkt namens FreqMeasure. Darin sind zwei Beispiele: LCD_Output und Serial_Output.

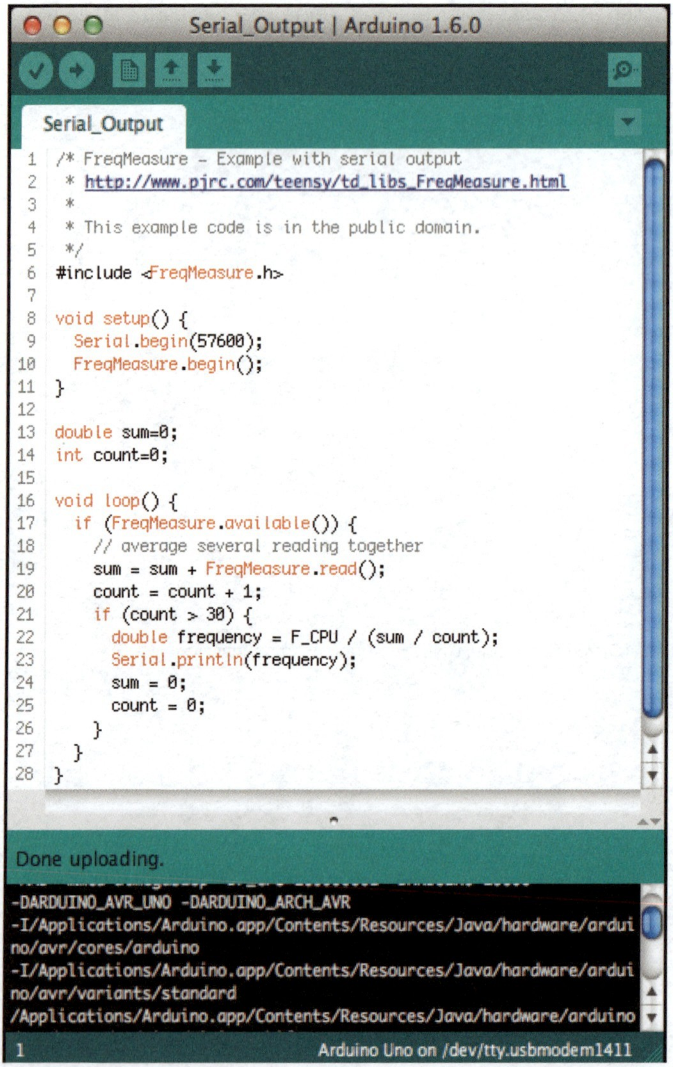

Serial_Output | Arduino 1.6.0

Serial_Output

```
/* FreqMeasure - Example with serial output
 * http://www.pjrc.com/teensy/td_libs_FreqMeasure.html
 *
 * This example code is in the public domain.
 */
#include <FreqMeasure.h>

void setup() {
  Serial.begin(57600);
  FreqMeasure.begin();
}

double sum=0;
int count=0;

void loop() {
  if (FreqMeasure.available()) {
    // average several reading together
    sum = sum + FreqMeasure.read();
    count = count + 1;
    if (count > 30) {
      double frequency = F_CPU / (sum / count);
      Serial.println(frequency);
      sum = 0;
      count = 0;
    }
  }
}
```

Done uploading.

```
-DARDUINO_AVR_UNO -DARDUINO_ARCH_AVR
-I/Applications/Arduino.app/Contents/Resources/Java/hardware/arduino/avr/cores/arduino
-I/Applications/Arduino.app/Contents/Resources/Java/hardware/arduino/avr/variants/standard
/Applications/Arduino.app/Contents/Resources/Java/hardware/arduino
```

1 Arduino Uno on /dev/tty.usbmodem1411

Abbildung 16-4:
Arduino-Sketch

Das Beispiel kann direkt auf den Arduino geladen werden, und wenn dann ein Serial Monitor aus der Arduino-IDE heraus geöffnet wird und auf 57600 Baud umgestellt wird, können dort die gemessenen Frequenzen abgelesen werden.

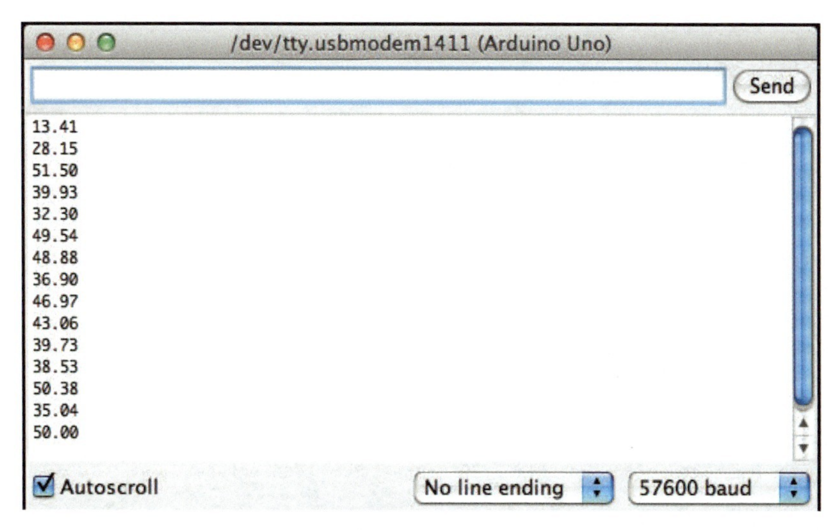

Abbildung 16-5:
Die gemessenen Frequenzen im Serial Monitor

Die FreqMeasure-Bibliothek ist ideal für Frequenzen zwischen 0,1Hz und 1kHz, da sie die Zeit misst, die pro Zyklus vergeht. Für höhere Frequenzen müsste man einen anderen Ansatz wählen, nämlich mann müsste die Anzahl an Zyklen pro fixem Zeitintervall messen, was z.B. die *FreqCount* Bibliothek macht. Sie ist für Frequenzen zwischen 1kHz und 8kHz optimiert. FreqMeasure misst die Frequenz, die an Pin 8 des Arduino anliegt. Deswegen wurde der OUT-Pin des Sensors an diesen Pin angeschlossen. Ein anderer Pin kann nicht verwendet werden!

Nachdem das Beispiel gut funktioniert hat, soll der Code für dieses Projekt etwas aufgeräumt werden. Die wichtigsten Details werden nun erklärt. Ganz oben in dem neuen Arduino-Sketch muss die FreqMeasure-Bibliothek eingebunden werden. Das geht wie gewohnt über das Menü der Arduino-IDE oder einfach im Code durch folgende Zeile:

```
#include <FreqMeasure.h>
```

In der Funktion *setup* wird nur die serielle Schnittstelle aktiviert. 9600 Baud sollen für dieses Beispiel ausreichen.

```
void setup()
{
    Serial.begin(9600);
}
```

Nun soll eine Funktion read_TSL237_Hz_ implementiert werden, die 30 Messungen macht und den Mittelwert in Hz zurückgibt:

```
float read_TSL237_Hz()
{
  double sum=0;//Summe aus 30 Messwerten
  double frequenz = 0.0f;//gemessene Frequenz des Sensors
  int count=0;//wird unten in der for-Schleife verwendet

  FreqMeasure.begin();////Frequenzmessung beenden
  for(count=0; count<30; count++)//30 Messwerte werden erfasst
  {
   while(!FreqMeasure.available())
   {
 //auf neuen Messwert warten
   }
      // Einzelmessungen summieren
      sum = sum + FreqMeasure.read();
  }
  FreqMeasure.end();//Frequenzmessung beenden
  frequenz = F_CPU / (sum / count);//F_CPU ist die Taktfrequenz des Arduino

  return frequenz;
}
```

Diese Funktion kann in der loop-Funktion aufgerufen und das Ergebnis an die serielle Schnittstelle übertragen werden:

```
void loop()
{
  float f = read_TSL237_Hz();
  Serial.println(f);
}
```

Mobile Version

Im letzten Kapitel wurde am Ende ein mobiles Thermometer vorgestellt. Es ist noch Platz in dem Gehäuse, und der TSL237 kann leicht zu dem mobilen Messgerät hinzugefügt werden.

Benötigte Komponenten

- TSL237
- 100nF-Kondensator mit 2,54 mm Rastermaß
- Streifenrasterplatine
- 3x Steckbrücken (Stecker->Buchse)
- dreipolige Stiftleiste

Platine löten

Der Sensor muss auf ein Stück Streifenrasterplatine gelötet werden. Drei Streifen breit, drei Löcher lang sollte die Platine sein. Der Sensor wird mit der empfindlichen Seite nach außen auf die Platine gesteckt.

Abbildung 16-6:
Die Platine von unten

Nachdem die drei Beine festgelötet wurden, muss ein 100nF-Kondensator zwischen VCC und GND platziert werden.

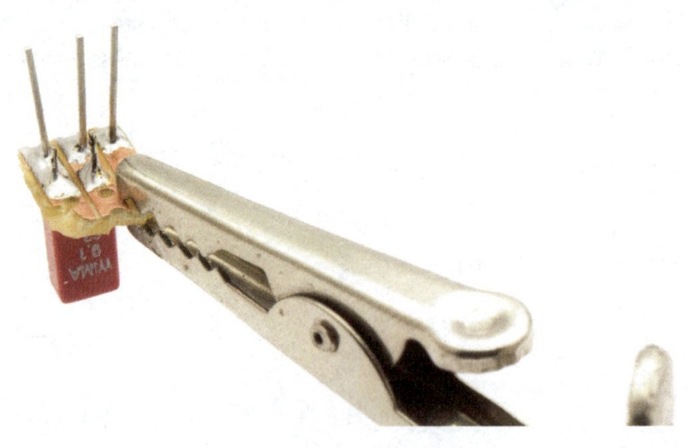

Abbildung 16-7:
Sensor und Kondensator auf Platine löten

Am Ende muss eine dreipolige Stiftleiste ans andere Ende der Platine gelötet werden. Bei Bedarf kann der Sensor um 90 Grad gebogen werden. Das kann praktisch sein, um die Konstruktion am Gehäuse zu fixieren.

Abbildung 16-8:
Der Sensor wird um 90 Grad gebogen

Es werden nun drei Steckbrücken auf die Pfostenleiste gesteckt. Das andere Ende muss – wie aus dem letzten Projekt bekannt – auf das Arduino Wireless SD Shield gelötet werden. Dabei kann folgende Farbkombination erkannt werden:

Farbe	Sensor Pin	Arduino Pin
Schwarz	GND	GND
Blau	+5 V	5 V
Gelb	Signal	8

Es sei darauf hingewiesen, dass das blaue Kabel mit den 5 V keinen Platz auf dem Shield findet, sondern dafür wurde beim mobilen Thermometer eine eigene kleine Streifenrasterplatine angelegt, auf der die 5 V verteilt werden.

Abbildung 16-9:
Unterschiedliche Farben für die Kabel wählen

Arduino-Sketch

Der Sketch des mobilen Thermometers kann leicht abgewandelt werden, damit er mit dem Helligkeitssensor funktioniert. Es sollen keine Temperaturen angezeigt werden, sondern die gemessene Frequenz des TSL237, die an Pin 8 des Arduino anliegt.

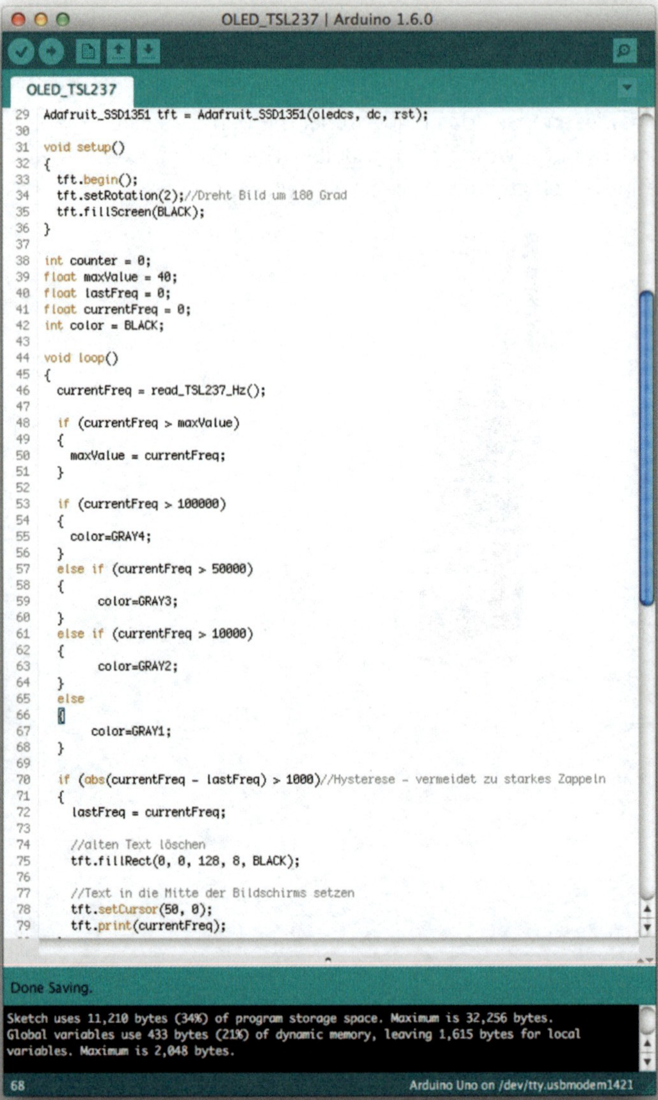

OLED_TSL237 | Arduino 1.6.0

OLED_TSL237

```
29 Adafruit_SSD1351 tft = Adafruit_SSD1351(oledcs, dc, rst);
30
31 void setup()
32 {
33   tft.begin();
34   tft.setRotation(2);//Dreht Bild um 180 Grad
35   tft.fillScreen(BLACK);
36 }
37
38 int counter = 0;
39 float maxValue = 40;
40 float lastFreq = 0;
41 float currentFreq = 0;
42 int color = BLACK;
43
44 void loop()
45 {
46   currentFreq = read_TSL237_Hz();
47
48   if (currentFreq > maxValue)
49   {
50     maxValue = currentFreq;
51   }
52
53   if (currentFreq > 100000)
54   {
55     color=GRAY4;
56   }
57   else if (currentFreq > 50000)
58   {
59       color=GRAY3;
60   }
61   else if (currentFreq > 10000)
62   {
63       color=GRAY2;
64   }
65   else
66   {
67      color=GRAY1;
68   }
69
70   if (abs(currentFreq - lastFreq) > 1000)//Hysterese - vermeidet zu starkes Zappeln
71   {
72     lastFreq = currentFreq;
73
74     //alten Text löschen
75     tft.fillRect(0, 0, 128, 8, BLACK);
76
77     //Text in die Mitte der Bildschirms setzen
78     tft.setCursor(50, 0);
79     tft.print(currentFreq);
```

Done Saving.

```
Sketch uses 11,210 bytes (34%) of program storage space. Maximum is 32,256 bytes.
Global variables use 433 bytes (21%) of dynamic memory, leaving 1,615 bytes for local
variables. Maximum is 2,048 bytes.
```

68 Arduino Uno on /dev/tty.usbmodem1421

Abbildung 16-10:
Arduino-Sketch

Die Frequenzen liegen zwischen 1000 und 200000 Einheiten in einem normalen Büro. Entsprechend wurde die Farbzuweisung angepasst, und das Licht wird mit Graustufen visualisiert und nicht mehr mit Farben. Die Hysterese hat ebenfalls eine Anpassung erfahren, damit die Werte nicht zu sehr zittern.

Für Experten

Im Datenblatt gibt es eine Formel, die die Frequenz *fo* am Ausgangs-Pin definiert: $f_o = f_d + R_e \cdot E_e$ mit:

- f_d Frequenz bei Dunkelheit
- R_e Sensitivität des Sensors für eine gegebene Wellenlänge in kHz/(µW/cm^2)
- E_e Bestrahlungsstärke in µW/cm^2

Der Sensor übersetzt also die einfallende Energie (in Watt) in eine Frequenz. Bei Dunkelheit sollten Frequenzen zwischen 0 und 2 Hz messbar sein; je heller es ist, desto größer ist die Frequenz, die am Pin gemessen werden kann.

Es ist möglich, wissenschaftliche Messungen mit dem Sensor durchzuführen und die Messwerte mit physikalischen Einheiten zu versehen. Dazu muss aber genau ins Datenblatt geschaut werden, und die Wellenlänge des einfallenden Lichts spielt dabei eine Rolle. Erkennbar ist, dass von µW/cm^2 in kHz umgewandelt wird. Die Ausgabe des Sensors (in kHz) ist abhängig von der einfallenden Lichtleistung (µW) pro Fläche (cm^2).

So geht es auch: Für Hobby-Astronomen

Hobby-Astronomen haben mit dem TSL237-Sensor ein Sky Quality Meter gebaut. Das ist ein Messgerät, das die Dunkelheit des Nachthimmels für astronomische Beobachtungen bestimmt. Die physikalische Größe, die sich für diese Messung etabliert hat, ist magnitudes/arcsec^2. In diesem Forum gibt es mehr Details zu dem Thema: *http://stargazerslounge.com/topic/183600-arduino-sky-quality-meter-working/* Dort befindet sich ein Arduino-Sketch, mit dem die Qualität des Nachthimmels in der Einheit magnitudes/arcsec^2 bestimmt werden kann. Das ursprüngliche Arduino-Sketch aus diesem Kapitel kann um die folgende Funktion read*TSL237*Msqm() erweitert werden:

```
float read_TSL237_Msqm()
{
  //Diese Konstante muss angepasst werden!
  float A = 22.0;

  //gemessene Frequenz des Sensors
  double frequenz = 0.0f;

  //Ergebnis in magnitudes/arcsec^2
  float Msqm = 0.0f;
```

```
    frequenz = read_TSL237_Hz();

    //Formel, um von Frequenz
    //zu magnitudes/arcSecond^2 kommen
    Msqm = A - 2.5*log10(frequenz);
    return Msqm;
}
```

Das ursprüngliche Sketch kann leicht angepasst werden, indem in der loop-Funktion nicht mehr read*TSL237*Hz, sondern die neue Funktion aufgerufen wird. Ein echter Astronom würde die gemessenen Werte mit einem echten Sky Quality Meter vergleichen und die Konstante A solange anpassen, bis beide Messgeräte oft genug die gleichen Werte anzeigen.

Verbindung mit dem Internet

In diesem Abschnitt wird der Dunkelheitssensor zu einem Teil des Internets der Dinge gemacht. Es gibt verschiedene Möglichkeiten, den Arduino mit dem Internet zu verbinden. Exemplarisch soll ein Wireless-SD-Shield mit einem WiFi-Modul verwendet werden. Die Daten werden in die Cloud gespeichert, konkret bei data.sparkfun.com, da dieser Dienst kostenlos und die Software open source ist.

Das WiFi-Modul

Abbildung 16-11:
WiFi-Modul mit XBee-Formfaktor

Normalerweise würde man auf das Arduino-Wireless-SD-Shield ein XBee-Modul stecken. XBee ist eine Funktechnologie mit geringem Energiebedarf und sehr gut geeignet, um lokale Sensornetzwerke zu errichten. Für dieses Projekt soll stattdessen jedoch WLAN verwendet werden, da man damit direkt ins Internet gelangt. Es gibt zum Glück ein Modul, das man anstelle eines XBee-Moduls auf das Shield stecken kann.

Es nennt sich RN-XV oder RN-171 von Roving Networks. Es kann problemlos auf das bereits modifizierte Wireless-SD-Shield gesteckt werden, da alle Pins, die das Modul benötigt, in den vergangenen Projekten frei gelassen wurden.

Abbildung 16-12:
Das WiFi-Modul auf dem Shield

Tatsächlich benötigt das Modul vor allem zwei Pins: Pin 0 (RX) und Pin 1 (TX) des Arduino. Das sind die Pins, die für die serielle Kommunikation über die USB-Schnittstelle benötigt werden. Es gibt auf dem Shield einen kleinen Schalter, der in zwei Stellungen betrieben werden kann:

- Micro: Der DOUT-Pin des Moduls ist mit dem RX-Pin des Mikrocontrollers verbunden und der DIN-Pin mit dem TX-Pin. In diesem Modus kann der Arduino das Funkmodul verwenden.
- USB: DOUT des Moduls wird mit dem RX-Pin des USB-Adapters verbunden und DIN mit dem TX-Pin. Somit kann ein angeschlossener Computer direkt mit dem Funkmodul kommunizieren. Aber damit das klappt, darf der Arduino nicht ebenfalls auf der seriellen Schnittstelle Daten senden. Es empfiehlt sich, das Blink-Sketch auf den Arduino zu spielen, wenn das WLAN-Modul mit einem PC verbunden werden soll.

Vor dem ersten Start muss einmal Folgendes getan werden:

- Blink-Sketch auf den Arduino spielen
- Wireless-SD-Shield mit WLAN-Funkmodul auf den Arduino stecken

- Den Schalter auf *USB* stellen
- Eine serielle Verbindung mit dem Serial Monitor der Arduino-IDE herstellen bei 9600 Baud und *kein Zeilenende* in der Auswahlbox auswählen
- Folgendes in das Terminalprogramm eingeben: `$$$`
- Das WLAN-Modul sollte mit *CMD* antworten.
- Das Modul ist nun im Kommandomodus.
- Den Serial Monitor umstellen auf *Zeilenumbruch (CR)*
- Folgende Eingaben nacheinander tätigen:
  - `set comm remote 0`
  - `set ip dhcp 1`
  - `set wlan auth 4`
  - `set wlan join 1`
  - `set wlan ssid <SSID DES EIGENEN WLANS>`
  - `set wlan phrase <WPA2 PASSWORT DES EIGENEN WLANS>`
  - `save`
  - `reboot`

Falls das WLAN-Modul bereits konfiguriert wurde und man es in den Auslieferungszustand zurücksetzen möchte, kann dies im Kommando-Modus durch diesen Befehl erreicht werden: `factory R`

Es kann auch ein Smartphone verwendet werden, bei dem WiFi Tethering aktiviert ist. Die Zugangsdaten dieses lokalen Hotspots können in das WLAN-Modul gespeichert werden, damit man unterwegs die Möglichkeit hat, Messwerte in die Cloud zu speichern.

Das Funkmodul ist nun konfiguriert und sollte sich automatisch mit dem WLAN verbinden. Es ist wichtig zu wissen, dass die Einstellungen geändert werden müssen, wenn sich das System in ein anderes WLAN einwählen soll. Es reicht in der Regel nicht aus, die entsprechenden Daten im Arduino-Sketch zu ändern.

data.sparkfun.com

Um die Messwerte in die Cloud zu speichern, muss ein Kanal bei data.sparkfun.com eingerichtet werden. Dafür muss auf der Startseite auf den Knopf »Create« gedrückt werden.

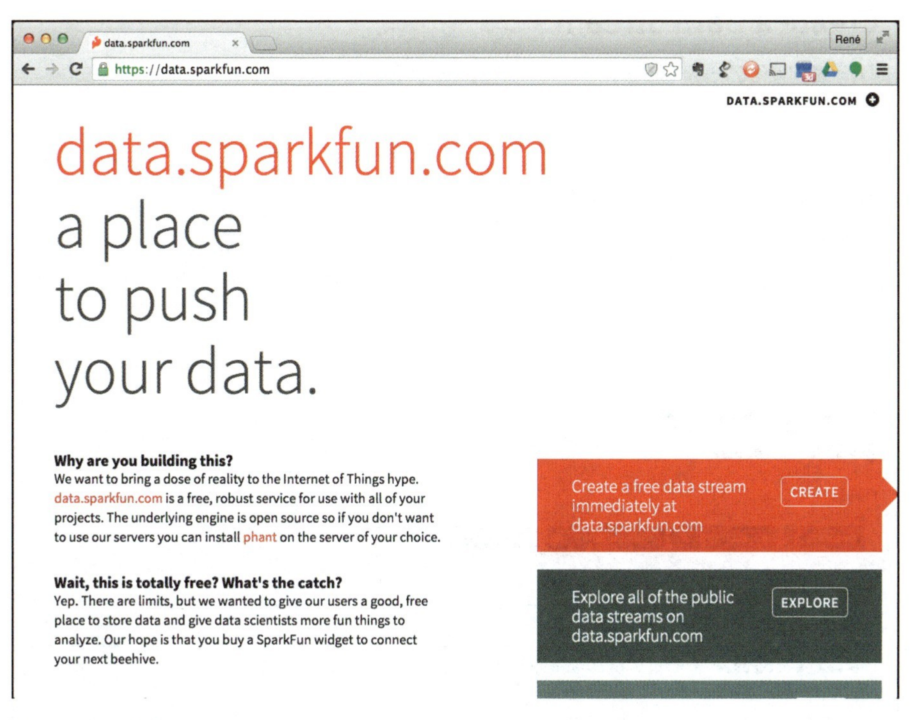

Abbildung 16-13:
data.sparkfun.com

Es erscheint ein Formular mit vielen Feldern. Unter *Title* muss der Titel des neuen Datenkanals eingetragen werden. *Description* soll eine kurze Beschreibung enthalten. *Visible* macht den Kanal öffentlich sichtbar, während *Hidden* ihn verbirgt. In *Fields* müssen die Datenfelder eingetragen werden. Ein Feld pro Messwert! Das optionale Feld *Stream Alias* kann benutzt werden, um einen einfach zu lesenden Namen für den Kanal zu setzen. Er muss einzigartig sein, darf also nicht zweimal vergeben werden auf data.sparkfun.com. Ein paar *Tags* helfen dabei, den Kanal leichter zu finden. Es ist außerdem hilfreich, wenn unter *Location* ein Ort angegeben wird, sas sollte bei stationären Sensoren der Standort des Geräts sein.

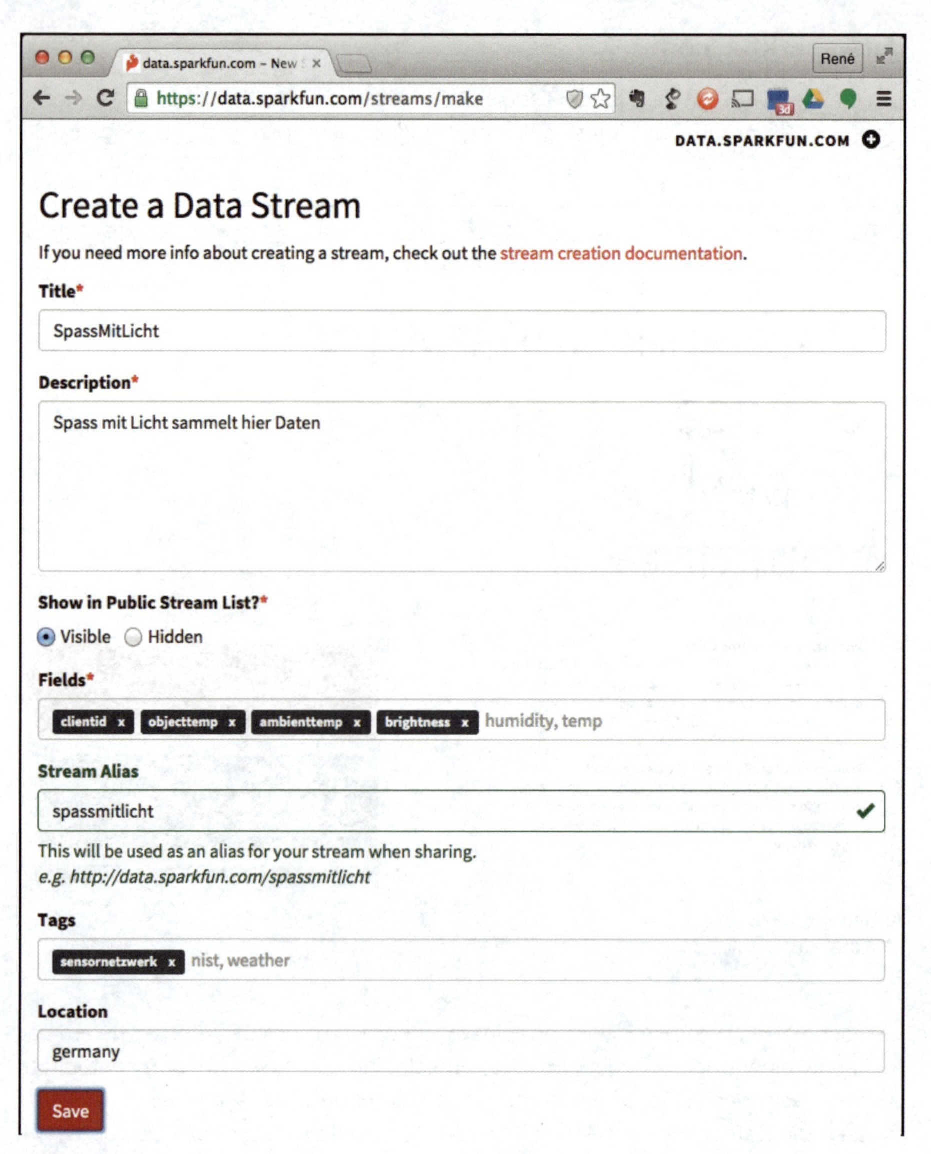

Abbildung 16-14:
Das Web-Formular

Die Eingabe kann mit *Save* übernommen werden, und es erscheint ein Bestätigungsformular mit den wichtigsten Informationen:

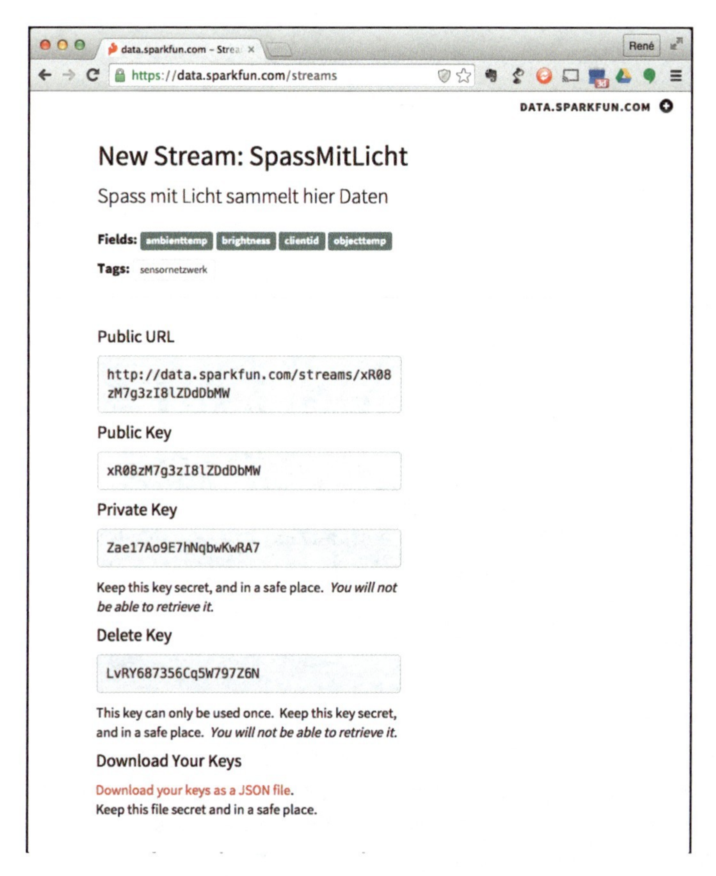

Abbildung 16-15:
Der neue Stream kann nun verwendet werden

Das Wichtigste auf dieser Seite sind die drei Schlüssel:

- **Public Key** ist der öffentliche Schlüssel. Er ist nicht geheim, sondern dient dazu, den Kanal eindeutig zu identifizieren. Er kann mit der URL *http://data.sparkfun.com.streams/<PublicKey>* benutzt werden, um die Daten des Kanals in einem Webbrowser anzuzeigen.
- **Private Key** ist ein geheimer Schlüssel, der es erlaubt, neue Daten in den Kanal zu schreiben und bestehende Daten zu verändern und zu löschen.
- **Delete Key** ist ein noch geheimerer Schlüssel, der dazu ermächtigt, den Kanal zu löschen. Löschen bedeutet in diesem Fall, den Kanal zu schließen, so dass er nicht mehr existiert. Es werden also nicht nur die Daten aus dem Kanal gelöscht, sondern er wird dauerhaft aus dem System entfernt.

Weiter unten auf dem Bildschirm gibt es noch ein ein paar Beispiele und die Möglichkeit, alle Informationen an eine E-Mail Adresse zu senden, was sehr empfehlenswert ist.

Public Key und Private Key müssen im Arduino-Sketch eingetragen werden.

Arduino-Sketch

Um das WLAN-Modul einfacher ansprechen zu können, soll die WiFly-Bibliothek der Firma SeeedStudio verwendet werden. Sie kann von hier installiert werden: *https://github.com/Seeed-Studio/WiFi_Shield*

Das Arduino-Programm muss an einigen Stellen angepasst werden. Zunächst müssen die Zugangsdaten zum WLAN-Netzwerk hier eingetragen werden: `#define SSID` `#define KEY`

Den Public Key von data.sparkfun.com trägt man hier ein: `#define HTTP_POST_URL` Und der Private Key ist Teil dieser Definition: `#define HTTP_POST_HEADER`

Nachdem das Programm auf den Arduino hochgeladen wurde, wird eine Verbindung mit dem WLAN aufgebaut, und dann werden, wie im letzten Kapitel, die Temperatur und die Helligkeit auf dem Display angezeigt. Nach 20 Messreihen (mit jeweils 32 Messungen) wird der Mittelwert von Raumtemperatur, Objekttemperatur und Lichtintensität in den Datenkanal geschrieben.

Ausblick

In diesem Kapitel wurde der empfindliche Lichtsensor TSL237 vorgestellt. Auf dem Steckbrett kann er innerhalb von Minuten in Betrieb genommen werden, und das Programm für den Arduino ist dank der FreqMeasure-Bibliothek sehr leicht zu verstehen. Vor allem Hobby-Astronomen profitieren vom Dunkelheitssensor, und da sie draußen beobachten, bietet sich eine mobile Lösung an, die eine schöne Ergänzung des Projekts aus dem letzten Kapitel ist. Für Langzeitmessungen bietet sich eine Anbindung an das Internet an. So kann der Sternenfreund aus der Ferne in einem Webbrowser nachsehen, ob es am Beoachtungsort schön dunkel ist. Aber auch andere Nutzergruppen profitieren von Sensoren im Internet. Wenn genug Leute mitmachen und ihre Daten in die Cloud speichern, entsteht daraus ein Sensornetzwerk. Da die Daten öffentlich zugänglich sind, wird Citizen Science möglich - Bürger werden zu Wissenschaftlern -, und vielleicht fällt einem guten Beobachter ja etwas in den gesammelten Daten auf, was die Welt der Wissenschaft auf ungeahnte Art nach vorne bringt. Wer sich für Wissenschaft weniger interessiert und stattdessen eher den schönen Künsten zugeneigt ist, kann es mit der Laserharfe im nächsten Projekt probieren, wobei das eine das andere natürlich nicht ausschließt.

Die Laserharfe oder Licht hörbar machen

17

von Mario Lukas

Abbildung 17-1:
Musizieren mit der Laserharfe

In der heutigen Zeit wird Musik häufig elektronisch erzeugt. Genau um dieses Thema geht es im folgenden Projekt. Es wird gezeigt, wie man sich eine Laserharfe selber bauen kann. Wie der Name schon sagt, besteht eine Laserharfe aus mehreren Laserstrahlen, welche die Saiten der Harfe darstellen. Die Töne werden ähnlich wie bei einer echten Harfe durch »Zupfen« am Laserstrahl erzeugt. Genauer gesagt, greift der

Musiker in den Laserstrahl und unterbricht ihn. Ein an der Laserharfe angeschlossener Synthesizer erzeugt dann einen Ton. Populär wurde dieses Instrument durch Konzerte von Jean-Michael Jarre.[1]

Im ersten Abschnitt wird beschrieben, wie der Rahmen für die Harfe gebaut wird. Im Rahmen sind die Laser und Sensoren zur Erkennung des Lasers angebracht. Im zweiten Abschnitt wird die Harfe mit einem Arduino ausgestattet. Es wird nach einem kurzen Exkurs zum Thema »MIDI« ein einfaches Programm für den Arduino geschrieben. Abschließend wird im letzten Abschnitt gezeigt, wie mithilfe von MIDI-Software mit der Laserharfe musiziert werden kann.

Für das Projekt Laserharfe ist ein Zeitaufwand von ca. 8 Stunden einzuplanen.

Benötigte Bauteile und Werkzeuge

Liste der Bauteile

- 5 Phototransistor (0,50 €)
- 5 Widerstände (0,10 €)
- 5 Laserpointer via Ebay (3 €)
- 1 Elektro-Installationsrohr (gerade) (4 €)
- 8 Elektro-Installationsrohr (Winkel) (6 €)
- 1 Arduino Uno (24 €)
- Isolierband und Kreppband (3 €)
- 10 O-Ringe mit dem Durchmesser der verwendeten Laserpointer (3 €)
- diverse Litzen/Kabel (1 €)

Liste der Werkzeuge

- USB-Kabel Typ B
- Puk-Säge
- Heißklebepistole
- Lötkolben
- Lötdraht
- Akkuschrauber
- 5 mm-Bohrer
- 12 mm-Lochfräse

Die Vorbereitung

Zunächst sollte man das nötige Werkzeug zum Bau des Rahmens griffbereit halten. Elektro-Installationsrohr findet man in der Elektroabteilung jedes Baumarkts. Für die Laserharfe wird ein gerades Rohr benötigt und acht Winkelstücke. Da das gerade

[1] Jean-Michael Jarre ist ein französischer Musiker, Komponist und Musikproduzent.

Stück ca. 2,50 m lang ist, sollte man zum Sägen genügend Platz haben. Sobald das Rohr in die entsprechenden Stücke gesägt ist, kann an einem normalen Tisch weitergebastelt werden. Es empfiehlt sich, beim Bohren ein Holzbrett als Unterlage zu benutzen.

Beim Projekt Laserharfe kommen Laser zum Einsatz. Die für das Projekt gewählten Laser sind zwar nur Laserpointer, wie man sie für Präsentationen kennt, man sollte dennoch **niemals** direkt in den Strahl schauen. Auch solch kleine Laserpointer können zur Schädigung der Augen führen.

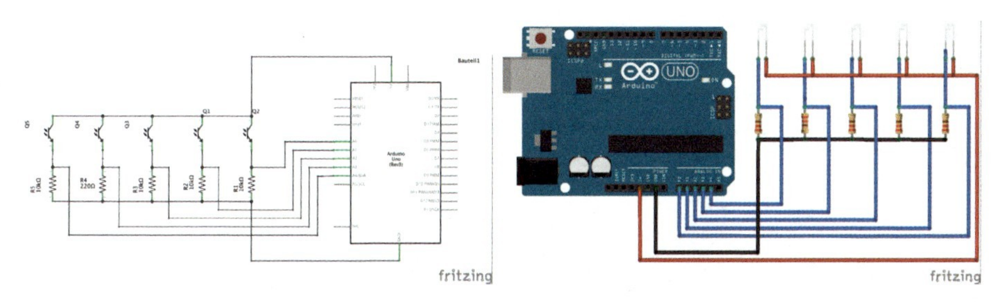

Abbildung 17-2:
Links: Schaltplan; Rechts: Verkabelungsplan

Die Umsetzung

Der Aufbau des Rahmens

Es geht los mit dem Aufbau des Rahmens. Der Rahmen besteht aus PVC-Elektro-Installationsrohr. In entsprechende Bohrungen werden die Laserpointer eingesetzt. Die gegenüberliegende Seite der Laserpointer wird mit Bohrungen für die Sensoren versehen.

Zuerst sägt man mit der Puk-Säge das lange gerade Rohr in sechs Stücke mit folgenden Längen:

- 2 × 36 cm
- 2 × 22 cm
- 2 × 8 cm

Die so entstandenen Rahmenteile werden nach dem Sägen zusammengesteckt. Hierzu werden vier Winkel verwendet. Die jeweils 36 cm und 22 cm langen Teile werden mittels der Winkel zu einem geschlossenem Rahmen zusammengefügt. Die beiden 8 cm langen Rohrstücke werden an jedem Ende mit je einem Winkel versehen. Sie dienen später als Ständer für den Rahmen. Bei zu lockeren Steckverbindungen verleiht ein Stück Kreppband an den Rohrenden den nötigen Halt.

Wenn alles zusammenpasst, kann eins der beiden 26 cm langen Rohrstücke wieder aus dem Rahmen genommen werden. An diesem Stück werden im Anschluss die Laserpointer befestigt.

Abbildung 17-3:
Das Rohr in Stücke gesägt zum Bau des Rahmens

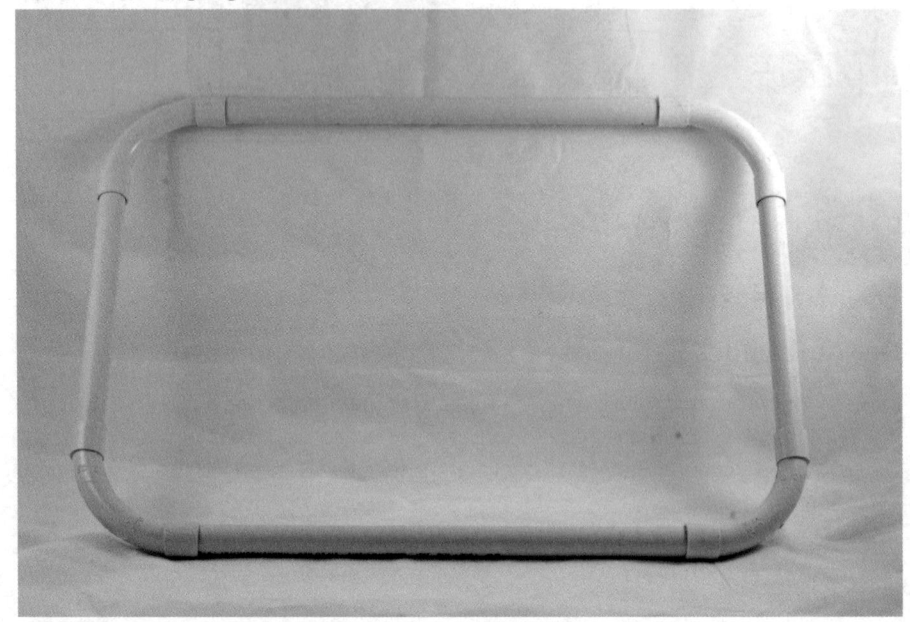

Abbildung 17-4:
Der zusammengesteckte Rahmen ohne Bohrungen

Die Laser positionieren

Als Laser kommen handelsübliche Laserpointer zum Einsatz. Man kann sie bei Amazon oder Ebay kaufen. Um die Laserpointer befestigen zu können, müssen zunächst Löcher in das entsprechende Rahmenstück gebohrt werden.

Mit einem Stift werden Markierungslinien auf das Rohr gezeichnet. Die Maße können dem folgenden Bild entnommen werden.

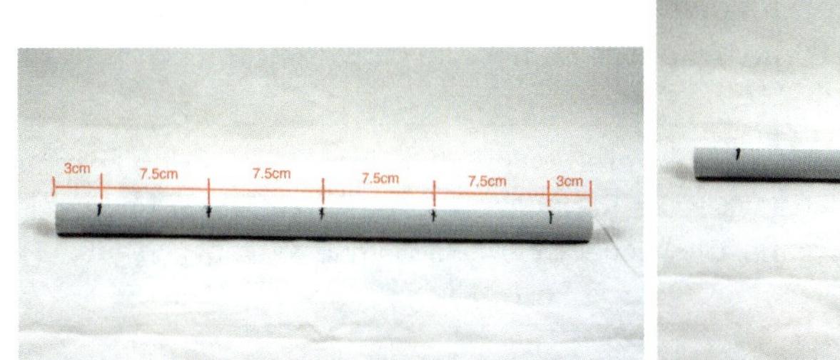

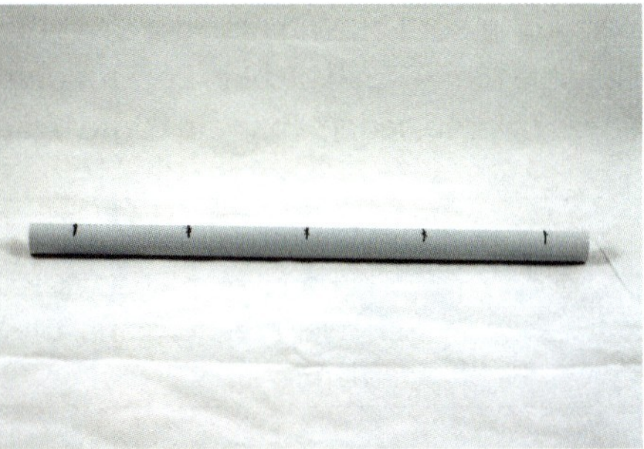

Abbildung 17-5:
Rohrstück mit eingezeichneten Markierungen

Da die Bohrungen auf der gleichen Höhe liegen müssen, ist es hilfreich, die eingezeichneten Abstandsmarkierungen mit einer durchgezogenen Linie zu verbinden. Hierzu nimmt man eine Holzlatte, eine Wasserwaage oder Ähnliches zur Hand, legt sie entlang des Rohrstücks und zieht mit dem Stift eine durchgehende Linie über die Markierungen.

Abbildung 17-6:
Markierungen auf einer Höhe mit Linie verbinden

Dann legt man das Rohrstück mit den Markierungen nach oben auf ein Holzbrett. Mit dem Akkuschrauber und einem 8 mm-Holzbohrer setzt man exakt an einer Markierung an und bohrt ein Loch. Der Bohrer sollte beide Seiten des Rohrstücks durchdringen. Diesen Schritt wiederholt man für alle fünf Markierungen. An jedem Bohrloch wird jeweils die obere Bohrung mit dem Teppichmesser großzügig so vergrößert, dass der Laserpointer durchgesteckt werden kann. Zu unbeweglich sollte der Laserpointer jedoch nicht in der Öffnung stecken. Später kann man die Laserpointer etwas fixieren, indem man sie vorne mit etwas Klebeband umwickelt.

Das Bohren der Löcher und Vergrößern mit dem Teppichmesser sollte man vorher an einem Reststück des Rohrs üben, da das Rohr beim Bohren reißen oder brechen kann. Die Löcher müssen so genau wie möglich gebohrt werden.

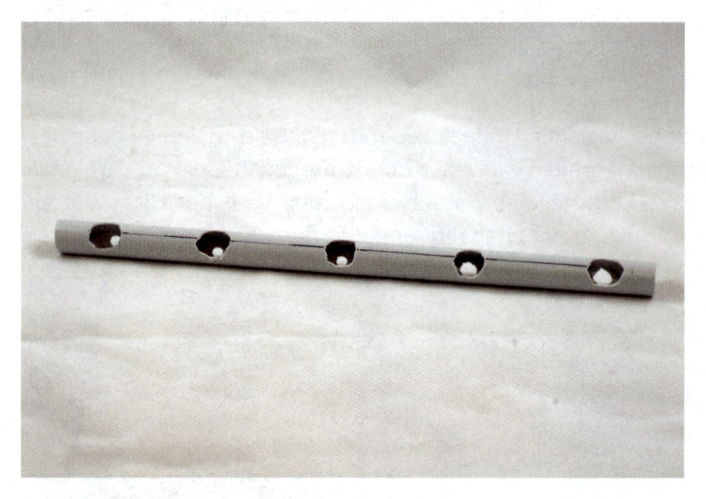

Abbildung 17-7:
Rohr mit Laserpointer

Abbildung 17-8:
Laserpointer mit O-Ringen versehen

Der Taster zum Einschalten der Lasers befindet sich an der Seite des Laserpointers. Die Laserpointer werden vor und hinter dem Taster mit einem O-Ring versehen. Um den Laser einschalten zu können, wird einer der O-Ringe auf den Taster verschoben. Der Taster bleibt somit in eingeschalteter Position. Alternativ können auch Gummibänder verwendet werden.

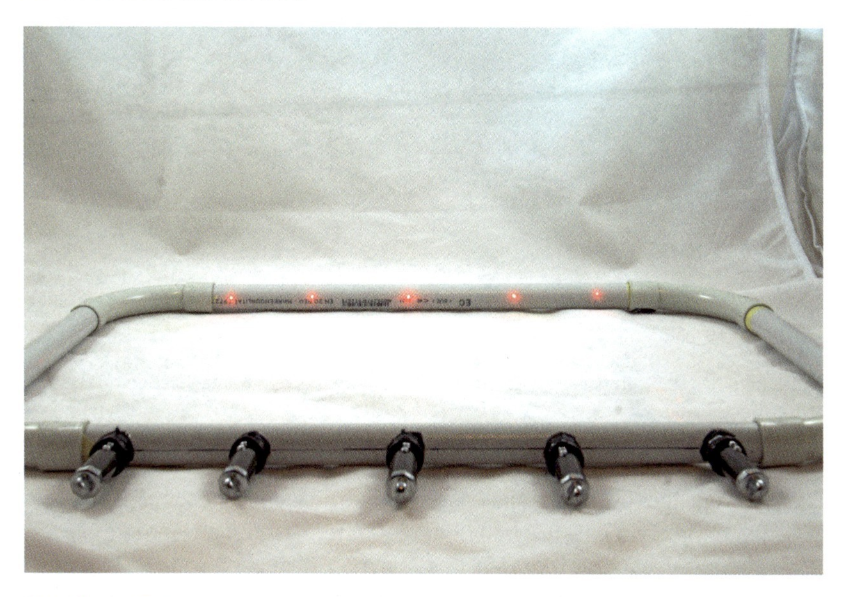

Abbildung 17-9:
Laserpointer im Rohr positioniert.

Die Sensoren positionieren

In diesem Abschnitt werden die Phototransistoren verkabelt und im unteren Rahmenteil als Sensoren für die Laser eingebaut.

Phototransistoren sind bereits bekannt aus dem Projekt »Die Lichtschranke«. Für jeden Laser wird ein Phototransistor benötigt. Die Verkabelung der Phototransistoren ist dem Bild zu entnehmen. Insgesamt werden ein 10 kΩ-Widerstand und je eine rote Schaltlitze für 5 V, eine schwarze Schaltlitze für GND und eine grüne Schaltlitze für Signal angelötet. Die Schaltlitzen sollten eine Länge von ca. 20 cm haben. Der 5 V-Anschluss wird am längeren der beiden Phototransistor-Beinchen angelötet. Am kurze Beinchen wird der 10 kΩ-Widerstand angelötet. Das freibleibende Ende des Widerstands wird mit der Leitung für GND versehen. Jetzt wird es etwas kniffeliger. Die Signalleitung muss zusätzlich zum Widerstand am kurzen Beinchen des Phototransistors angelötet werden. Anschließend müssen die Beinchen mit etwas Isolierband gegen Kurzschlüsse gesichert werden.

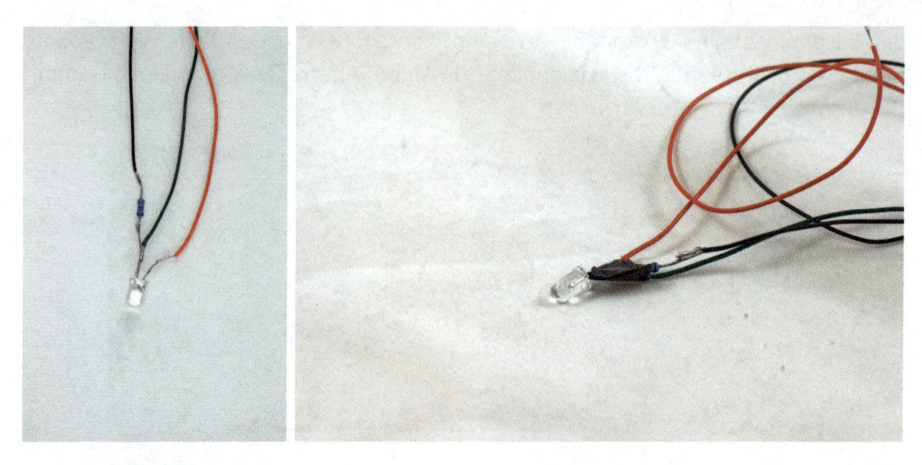

Abbildung 17-10:
Links: Verkabelung eines Phototransistors; Rechts: Isolierband hilft gegen Kurzschließen der Leitungen

Wenn alle Phototransistoren wie auf der Abbildung verkabelt sind, kann der Rahmen wieder zusammengesteckt werden. Alle Laserpointer müssen eingeschaltet werden, indem die O-Ringe wie oben beschrieben über die Taster geschoben werden. Die Laserpointer sollten so ausgerichtet werden, dass sie möglichst genau auf die Mitte des Rohrs im unteren Rahmenbereich strahlen. Hier muss man in einigen Fällen die Löcher im Rohr mit dem Teppichmesser nachschneiden. Dort, wo die Laserstrahlen auf das Rohr treffen, werden mit einem Stift fünf Markierungen eingezeichnet.

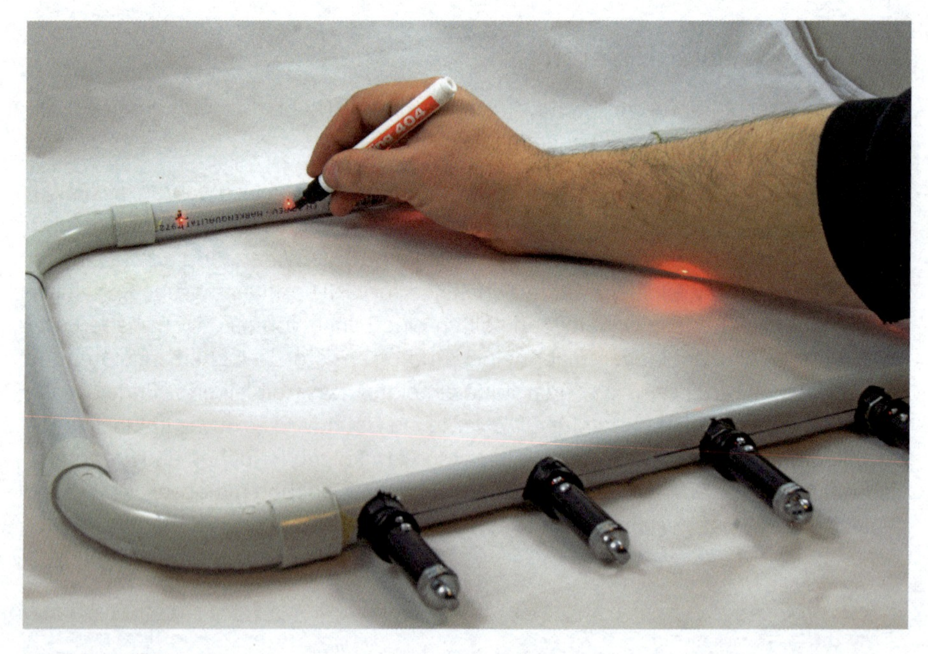

Abbildung 17-11:
Markierungen auf dem unteren Rahmen für Phototransistoren

An diesen Markierungen werden mit einem 5 mm-Bohrer Löcher gebohrt. Für diesen Arbeitsschritt sollte der Rahmen wieder auseinandergenommen werden. Auch diese Löcher sollten durchgehend, also zweimal komplett durchs Rohr, gebohrt werden. Die Phototransistoren werden durch diese Löcher geführt, so dass sie wie auf dem Foto an der oberen Rohrseite etwas herausragen. Die Phototransistoren können in dieser Position mithilfe einer Heißklebepistole fixiert werden.

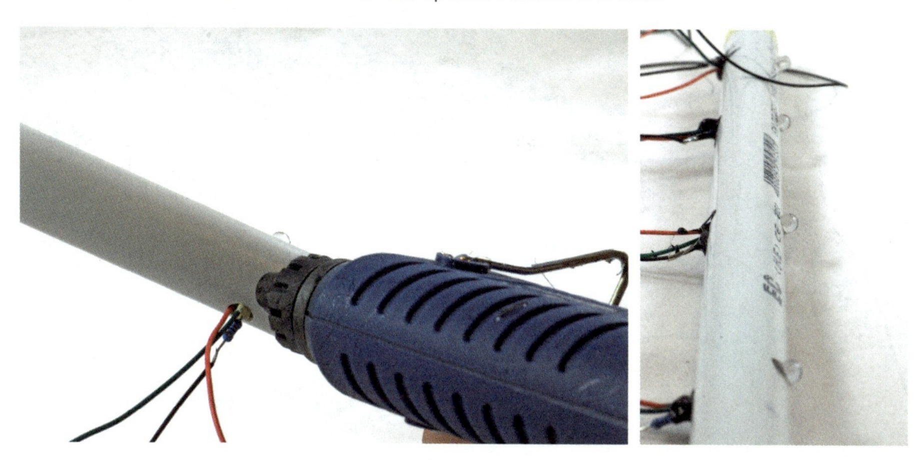

Abbildung 17-12:
Links: Fixieren der Phototransistoren mit der Heißklebepistole; Rechts: Alle Phototransistoren sind am unteren Rahmenteil angebracht

Der Rahmen kann wieder zusammengesteckt werden. Anschließend müssen die Laserpointer der Reihe nach solange bewegt werden, bis sie exakt auf die Phototransistoren strahlen. In diesem Zustand müssen die Laserpointer mithilfe der Heißklebepistole endgültig fixiert werden.

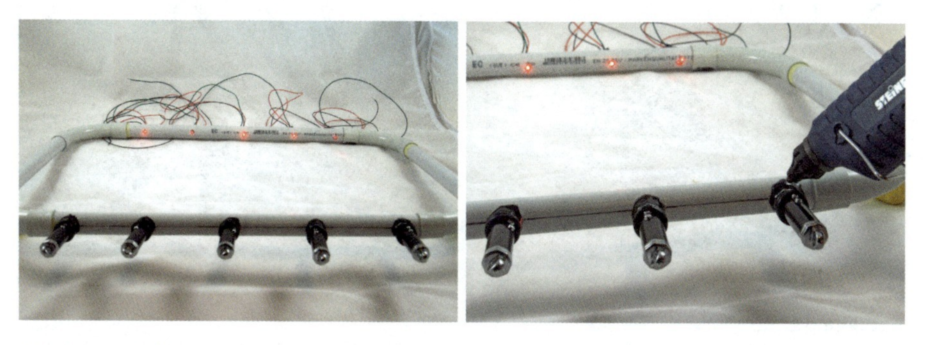

Abbildung 17-13:
Links: Laser strahlen genau auf die Phototransistoren; Rechts: Laserpointer werden endgültig fixiert

Die Arbeiten am Rahmen können mit dem Anbringen der Standfüße abgeschlossen werden. Hierzu nimmt man die beiden gebastelten Fußstücke und klebt sie mit Heißkleber je rechts und links an das Rohr mit den Phototransistoren, so dass der Rahmen von selbst aufrechtstehen kann.

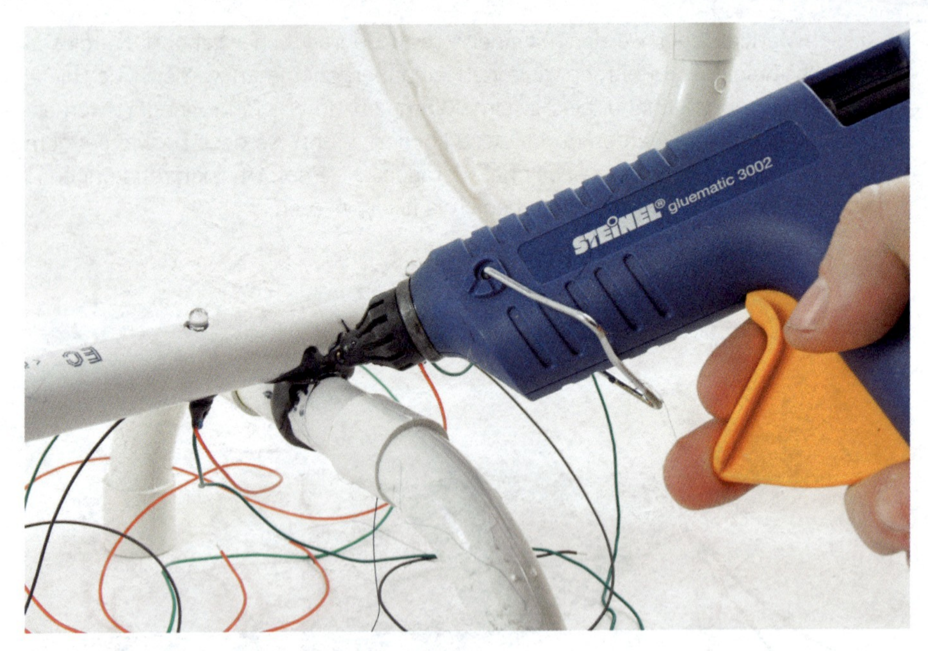

Abbildung 17-14:
Ankleben der Standfüße

Alle 5-Volt-Leitungen der Phototransistoren werden miteinander verbunden und schließlich am 5-Volt-Pin des Arduino angeschlossen. Analog wird mit den GND-Leitungen der Phototransistoren verfahren. Die Signalleitungen werden an die analogen Eingänge A0-A4 des Arduino geführt. Kabelbinder hilft beim Bändigen zu langer oder überstehender Kabel.

Abbildung 17-15:
Pinbelegung am Arduino Verkabelung der Phototransistoren mit dem Arduino

Dem Rahmen fehlen nur noch die Ständer. Man kann sie mit Heißkleber unten am Rahmen anbringen. Der Rahmen und die Verkabelung sind nun komplett. Die Laserharfe sollte dem Aufbau auf dem Bild ähneln.

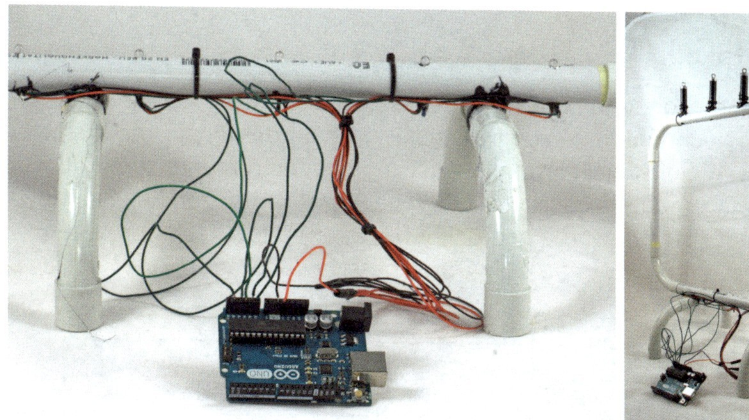
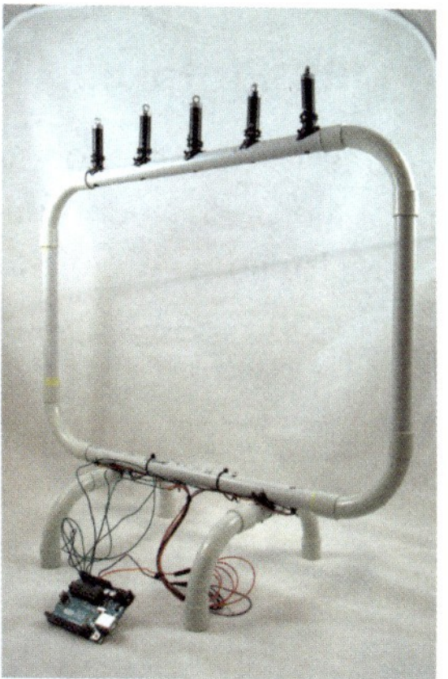

Abbildung 17-16:
Links: Der fertig verkabelte Arduino am Rahmen; Rechts: Der fertig verkabelte Rahmen

Die Programmierung

In diesem Abschnitt wird der Laserharfe das Erzeugen von Tönen beigebracht. Es wird gezeigt, wie ein kleines Programm zur MIDI-Kommunikation mit einem Computer aussehen kann.

Themeninsel: MIDI

MIDI steht für »Musical Instrument Digital Interface«. MIDI beschreibt also eine digitale Schnittstelle für Musikinstrumente. Durch diese Schnittstelle werden musikalische Steuerinformationen zwischen MIDI-fähigen Geräten ausgetauscht. Solche Geräte können Instrumente, Keyboards, Synthesizer oder Computer sein. Der erste MIDI-Standard wurde im August 1982 von Dave Smith eingeführt.

MIDI-Hardware

MIDI-Geräte werden meist über eine fünfpolige DIN-Buchse miteinander verbunden. Sie verfügen oft über mehrere solcher Buchsen. Es wird zwischen drei Arten von Anschlussbuchsen unterschieden:

- MIDI-In wird von einem Gerät zum Empfang von Signalen anderer Geräte verwendet
- MIDI-Out wird zum Senden von Signalen zu anderen Geräten verwendet
- MIDI-Thru sendet Signale, die an MIDI-In empfangen wurden, unverändert an andere Geräte weiter

MIDI-Protokoll

Das MIDI-Protokoll kommuniziert über sogenannte Messages (auch Signale oder Nachrichten genannt). Drückt man auf dem Instrument eine Taste, so wird ein Signal vom MIDI-Ausgang des Instruments zum MIDI-Eingang des Computers übermittelt. Solche Signale enthalten Befehle wie z. B. »Taste für Note x wurde gedrückt« (Note-on) oder »Taste für Note x wurde losgelassen« (Note-off). Ein Signal besteht dabei aus 3 Byte.

	Statusbyte		Datenbyte 1	Datenbyte 2
	Type	Kanal	Note	Anschlag
Binär	1001	0001	1111 00	0101101
Dezimal	144 ≙ Kanal 1		60 ≙ Note C	93 ≙ Dauer Aufschlag

Abbildung 17-17:
Aufbau des MIDI-Protokolls anhand eines Beispiels

Ein solches Signal kann von einem MIDI-fähigem Gerät gelesen und in hörbare Töne umgewandelt werden.

Der verwendete Arduino UNO besitzt leider keine MIDI-Schnittstelle. Es gibt aber ein MIDI-Shield, das mit entsprechenden MIDI-Buchsen ausgestattet ist. Auf dieses Shield wird beim Projekt »Laserharfe« aber aus Kostengründen verzichtet. Damit der Arduino UNO trotzdem mit einem Computer als Klangerzeuger kommunizieren kann, wird für die Laserharfe ein kleiner Trick angewandt. Die MIDI-Signale werden dabei via USB an den Computer übermittelt. Dieser Abschnitt beschreibt, wie diese Signale im Arduino zusammengebastelt und verschickt werden.

Zunächst müssen ein paar Variablen deklariert werden. Begonnen wird mit dem MIDI-Kanal. Im einfachsten Fall ist das schlichtweg der erste Kanal.

```
byte MIDIkanal = 1;
```

Als Nächstes wird ein kleines Feld mit den Tönen für der Laserharfe definiert. Es wurden fünf Phototransistoren als Sensoren verbaut, also können insgesamt fünf verschiedene Noten gespielt werden. Der Wert 60 steht dabei für die Note C, 61 für D und so weiter...

```
byte note[5] = {60,61,62,63,64};
```

Dann wird im Setup mit der folgenden Zeile die Kommunikation über die serielle Schnittstelle (USB) eingeleitet.

```
Serial.begin(57600);
```

Um die Kommunikation über die serielle Schnittstelle zu vereinfachen, erstellt man sich eine kleine Hilfsfunktion zum Senden der MIDI-Daten. Im Funktionsrumpf ist das MIDI-Protokoll wieder zu erkennen.

```
void MIDI_SENDEN(byte zustand, byte note, byte anschlag)
{
  Serial.write(zustand + MIDIkanal);
  Serial.write(note);
  Serial.write(anschlag);
}
```

Die Funktion sendet eine 3 Byte große Nachricht, wobei in der ersten Zeile der Funktion der MIDI-Kanal und der Status der Note codiert werden. Das zweite Byte gibt an, welche Note gesendet werden soll. Das dritte und letzte Byte gibt die Anschlaggeschwindigkeit für den Ton an. Hier kann später mit Werten zwischen 0–127 experimentiert werden. Für den Anfang wählt man die goldene Mitte, also den Wert 64.

Das eigentliche Programm folgt nun im Arduino-Hauptprogramm, der `loop`-Funktion Im Hauptprogramm wird immer wieder eine Abfrage der Sensoren durchgeführt. Wird der Laserstrahl eines Phototransistors unterbrochen, also an einem der analogen Eingänge des Arduino der Wert LOW festgestellt, wird eine MIDI-Nachricht zum Einschalten eines Tons versendet. Trifft der Laserstrahl hingegen auf den Phototransistor, dann wird ein Signal zum Abschalten des Tons versendet. Das folgende Code-Beispiel veranschaulicht eine solche Abfrage für den ersten Sensor.

```
if(digitalRead(A0) == LOW){
 MIDI_SENDEN(144, PadNote[0], 64);
} else {
    MIDI_SENDEN(128, PadNote[0], 64);
}
```

Die Funktion MIDI_SENDEN wird mit den drei zuvor beschriebenen Parametern aufgerufen. Interessant ist an dieser Stelle jedoch der erste Parameter. Er dient zum Einschalten eines Tons 144 (Hexadezimal-Darstellung 0x90) und zum Ausschalten des Tons 128 (Hexadezimal-Darstellung 0x80). Diese beiden Werte sind durch den MIDI-Standard festgelegt.

Damit man nicht ständig nachdenken muss, was welcher dieser beiden Zahlenwerte tut, ist es hilfreich, diese Werte am Anfang des Programms in eine Variable zu schreiben.

```
byte einschalten = 144;
byte ausschalten = 128;
```

Die Abfrage ändert sich also zu:

```
if(digitalRead(A0) == LOW){
 MIDI_SENDEN(einschalten, note[0], 64);
} else {
   MIDI_SENDEN(ausschalten, note[0], 64);
}
```

Mit `note[0]` wird auf den ersten Eintrag des `note`-Felds zugegriffen, also auf den Wert 60, der der Note C entspricht.

Die Abfrage wird für jeden Sensor genau gleich ausgeführt, lediglich der Wert für den jeweiligen Pin und die Feldvariable wird um 1 erhöht.

Mit diesem Programm ist der Arduino in der Lage, MIDI-Daten über das USB-Kabel an einen Computer zu senden. Das fertige Programm kann jetzt auf den Arduino geladen werden.

```
// MIDI-Kanal
byte MIDIkanal = 1;

// Ton ein- oder ausschalten
byte einschalten = 144;
byte ausschalten = 128;

// Feld, das alle von der Laserharfe spielbaren Töne beinhaltet,
                                                 begonnen wird mit dem Ton C.
byte note[5] = {60,61,62,63,64};


void setup(){
  // Serielle Schnittstelle für Kommunikation vorbereiten
  Serial.begin(115200);
}

// Hilfsfunktion zum Senden der MIDI-Signale
void MIDI_SENDEN(byte zustand, byte note, byte anschlag)
{
  Serial.write(zustand + MIDIkanal);
  Serial.write(note);
  Serial.write(anschlag);
}

void loop(){

    // Prüfen, ob der Laser auf die Phototransistoren trifft.
// Falls dies zutrifft, die Note über die serielle Schnittstelle
                                                          (USB) senden. //

   if(digitalRead(A0) == LOW){
  MIDI_SENDEN(einschalten, note[0], 64);
```

```
  } else {
   MIDI_SENDEN(ausschalten, note[0], 64);
  }

  if(digitalRead(A1) == LOW){
   MIDI_SENDEN(einschalten, note[1], 64);
  } else {
   MIDI_SENDEN(ausschalten, note[1], 64);
  }

  if(digitalRead(A2) == LOW){
   MIDI_SENDEN(einschalten, note[2], 64);
  } else {
   MIDI_SENDEN(ausschalten, note[2], 64);
  }

  if(digitalRead(A3) == LOW){
   MIDI_SENDEN(einschalten, note[3], 64);
  } else {
   MIDI_SENDEN(ausschalten, note[3], 64);
  }

  if(digitalRead(A4) == LOW){
   MIDI_SENDEN(einschalten, note[4], 64);
  } else {
   MIDI_SENDEN(ausschalten, note[4], 64);
  }

     // Kurz Warten
     delay(100);
 }
```

Musizieren mit der Laserharfe

In diesem Abschnitt wird erklärt, wie der Computer die vom Arduino gesendeten MIDI-Signale empfangen und in Töne umwandeln kann. Dazu werden zwei Open-Source-Programme vorgestellt. Zum einen eine sogenannte MIDI-Serial-Bridge und zum anderen das Programm »Software Virtual MIDI Piano Keyboard«. Allerdings sind einige Vorbereitungen auf den unterschiedlichen Betriebssystemen nötig, damit die Programme zusammenarbeiten. Diese Vorarbeiten sind aber mit wenigen Klicks erledigt.

Installationsvorbereitungen unter Windows

Unter Windows wird ein kleines Zusatzprogramm benötigt, damit die serielle MIDI-Brücke zum Arduino aufgebaut werden kann. Das Programm trägt den Namen »loopbBe Internal MIDI« und stellt eine Art virtuelle Kabelbrücke zwischen »MIDI Serial Brigde« und »Virtual MIDI Piano Keyboard« dar. Zur Installation muss das Programm nur von der Webseite heruntergeladen und über das Installationsprogramm installiert werden. Wenn die Installation abgeschlossen ist, sollte sich rechts unten in der Taskleiste ein kleines schwarzes Tray-Icon in Form eines MIDI-Steckers befinden.

Installationsvorbereitungen unter OSX

OSX bringt bereits alles mit, was zur virtuellen Verkabelung benötigt wird. Allerdings muss noch der sogenannte IAC-Treiber aktiviert werden. Hierzu öffnet man das Programm »Audio-MIDI-Setup«. In der Menüleiste aktiviert man über Fenster das »MIDI-Studio«. Es erscheint ein Kasten mit drei Icons. Eines der Icons ist rot und trägt den Namen »IAC-Treiber«. Mit einem Doppelklick öffnet sich ein weiterer Dialog. Dort muss das Häkchen mit der Beschriftung »Gerät bereit« gesetzt werden. Der MIDI-Treiber ist anschließend aktiviert und kann verwendet werden.

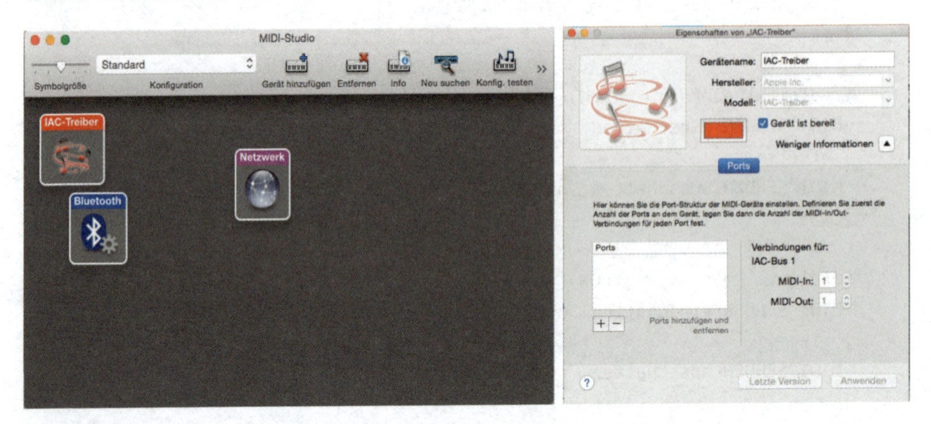

Abbildung 17-18:
Links: MIDI-Setup OSX; Rechts: IAC Treiber aktivieren

Installationsvorbereitungen unter Linux

Unter Linux benutzt man ein Werkzeug namens »JACK Audio Connection Kit oder JACK« zum virtuellen Verkabeln. Das »JACK Audio Connection Kit« (siehe Abbildung 17-19) oder JACK kennt alle Ein- und Ausgänge von geöffneten Audio-Programmen. Die im Folgenden beschriebenen Programme müssen vorher gestartet und eingerichtet werden. Es müssen also nur noch die »MIDI Serial Bridge« und »Virtual MIDI Piano Keyboard« über ein virtuelles Kabel miteinander verbunden werden.

Die Serielle MIDI-Brücke als Vermittler

Der Computer kann ohne zusätzliche Software mit den MIDI-Signalen vom USB-Port erst einmal nichts anfangen. Es wird ein zusätzliches Programm benötigt, das die Signale, die am USB-Port ankommen, über das virtuelle Kabel an das Programm »Virtual MIDI Piano Keyboard« weiterleitet. Für diese Aufgabe wird das Programm »Hairless MIDI to Serial Bridge« eingesetzt. Diese Software ist für alle gängigen Betriebs-

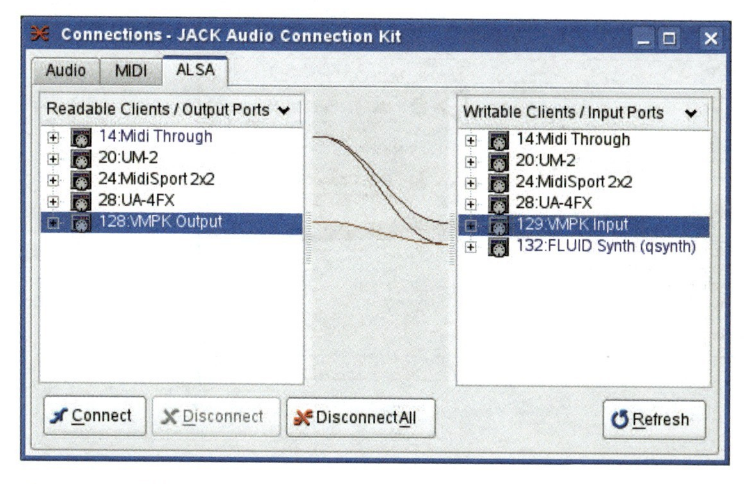

Abbildung 17-19:
Jack Connection Kit

systeme erhältlich und kann auf der Webseite des Entwicklers kostenlos heruntergeladen werden.

Das Programm muss nicht installiert werden. Es wird als ausführbare Datei ausgeliefert und ist sofort nach dem Start betriebsbereit. »Hairless MIDI to Serial Bridge« verhält sich auf allen Betriebssystemen gleich, deshalb erfolgt an dieser Stelle eine allgemeine Beschreibung.

Wenn »Hairless MIDI to Serial Bridge« gestartet wurde, erscheint ein Fenster, in dem drei Komboboxen zu sehen sind: auf der linken Seite eine und auf der rechten Seite zwei. Die Kombobox auf der linken Seite dient der Auswahl der seriellen Schnittstelle, über die das MIDI-Signal empfangen werden soll. Im Fall der Laserharfe ist hier die serielle Schnittstelle des Arduino zu wählen. Auf der anderen Seite können der MIDI-Ausgang und der MIDI-Eingang der Soundkarte eingestellt werden. Da die Laserharfe nicht in der Lage ist, Signale zu empfangen, ist lediglich die Kombobox mit der Beschriftung »MIDI-Out« interessant. Dort wählt man die MIDI-Schnittstelle des vorher für das Betriebssystem eingestellten virtuellen Kabels (unter Windows zum Beispiel loopbBe). Somit werden alle Signale, die an der USB-Schnittstelle ankommen, sofort über das gewählte virtuelle Kabel weitergeleitet.

Sobald das Häkchen mit der Beschriftung »Serial <-> MIDI Bridge On« in der oberen linken Ecke von »Hairless MIDI to Serial Bridge« gesetzt ist, empfängt die Soundkarte Signale von der Laserharfe. Durch den grün leuchtenden Punkt neben der jeweiligen Kombobox wird signalisiert, dass ein Signal übermittelt wurde. Das Häkchen für »Debug MIDI messages« kann zusätzlich gesetzt werden, um weitere Informationen zu den empfangenen MIDI-Signalen auszugeben.

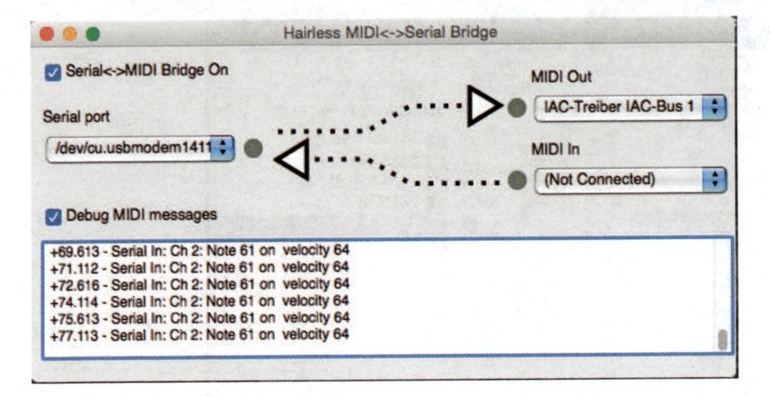

Abbildung 17-20:
Hairless MIDI to Serial Bridge

Wenn der Arduino während des Experimentierens neu programmiert werden soll, beispielsweise weil man die Tonfolge ändern möchte, so muss zuerst das Häkchen für »Serial <-> MIDI-Bridge On« wieder entfernen, da sonst die USB-Schnittstelle blockiert wird.

Software »Virtual MIDI Piano Keyboard« einrichten

Zum Erzeugen und Einstellen der Klänge wird die Software »Virtual MIDI Piano Keyboard« oder kurz VMPK eingesetzt. Dieses Programm ist für Windows, Linux und OSX erhältlich. Deshalb wird hier auch nicht auf jede einzelne Konfiguration eingegangen. Nach dem Start des Programms erscheint eine Tastatur auf dem Bildschirm. Über das Kombobox-Programm kann das Instrument gewechselt werden.

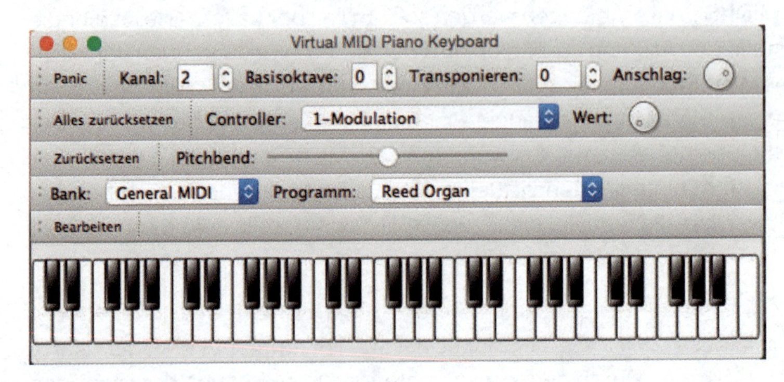

Abbildung 17-21:
Virtual MIDI Piano Keyboard Start Ansicht

Um die Verknüpfung zwischen VPKM und der seriellen MIDI-Brücke herzustellen, müssen noch einige Einstellungen im Einstellungsdialog von VPKM vorgenommen werden. Das Häkchen für »MIDI-Eingang aktivieren« muss gesetzt sein. Außerdem wählt man als MIDI-IN-Treiber den für das jeweilige Betriebssystem entsprechenden

Treiber. Interessant ist die Einstellung »Verbindung des MIDI-Eingangs«. Dort wählt man die vorher angelegte virtuelle Verbindung.

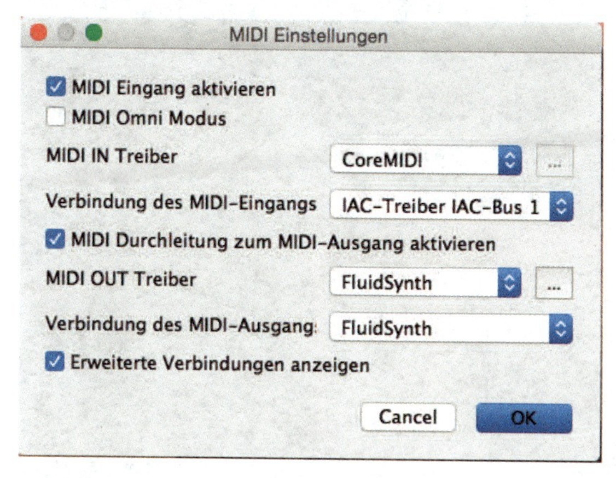

Abbildung 17-22:
"Virtual MIDI Piano Keyboard"-Einstellungsdialog

Windows-Benutzer sollten die Version 0.5.1 von VMPK verwenden, da es mit der neuesten Version (0.6.0) zu Problemen mit dem Programm »loopbBe Internal MIDI« kommen kann.

Wenn die MIDI-Software miteinander verknüpft ist und korrekt arbeitet, kann die Laserharfe benutzt werden. Um einen Ton zu erzeugen, greift man mit der flachen Hand in den Laserstrahl, so dass die Verbindung zum jeweiligen Phototransistor unterbrochen wird. Es entsteht ein Ton.

Am effektvollsten wirkt die Laserharfe jedoch, wenn eine Nebelmaschine zur Verfügung steht (siehe Abbildung 17-23). Durch den Nebel werden die Strahlen des Lasers erst richtig sichtbar, und man hat den Eindruck, dass es sich wirklich um Saiten eines Instruments handelt. Eine kleine Nebelmaschine kann man sich mit wenig Aufwand selber bauen. Einen Link zu diesem Thema findet man am Ende dieses Kapitels.

Fehlerbehebung

Es ist kein Ton zu hören

Zunächst sollte der Kanal überprüft werden, der im Arduino-Programm gesetzt wurde. Er muss auch im Programm VMPK eingestellt werden.

»MIDI Serial Bridge« zeigt seltsame Ausgaben

Die Übertragungsrate, die im `setup()` des Arduino-Programms eingestellt wurde, muss mit der Übertragungsrate in den Einstellungen von »Hairless MIDI Serial

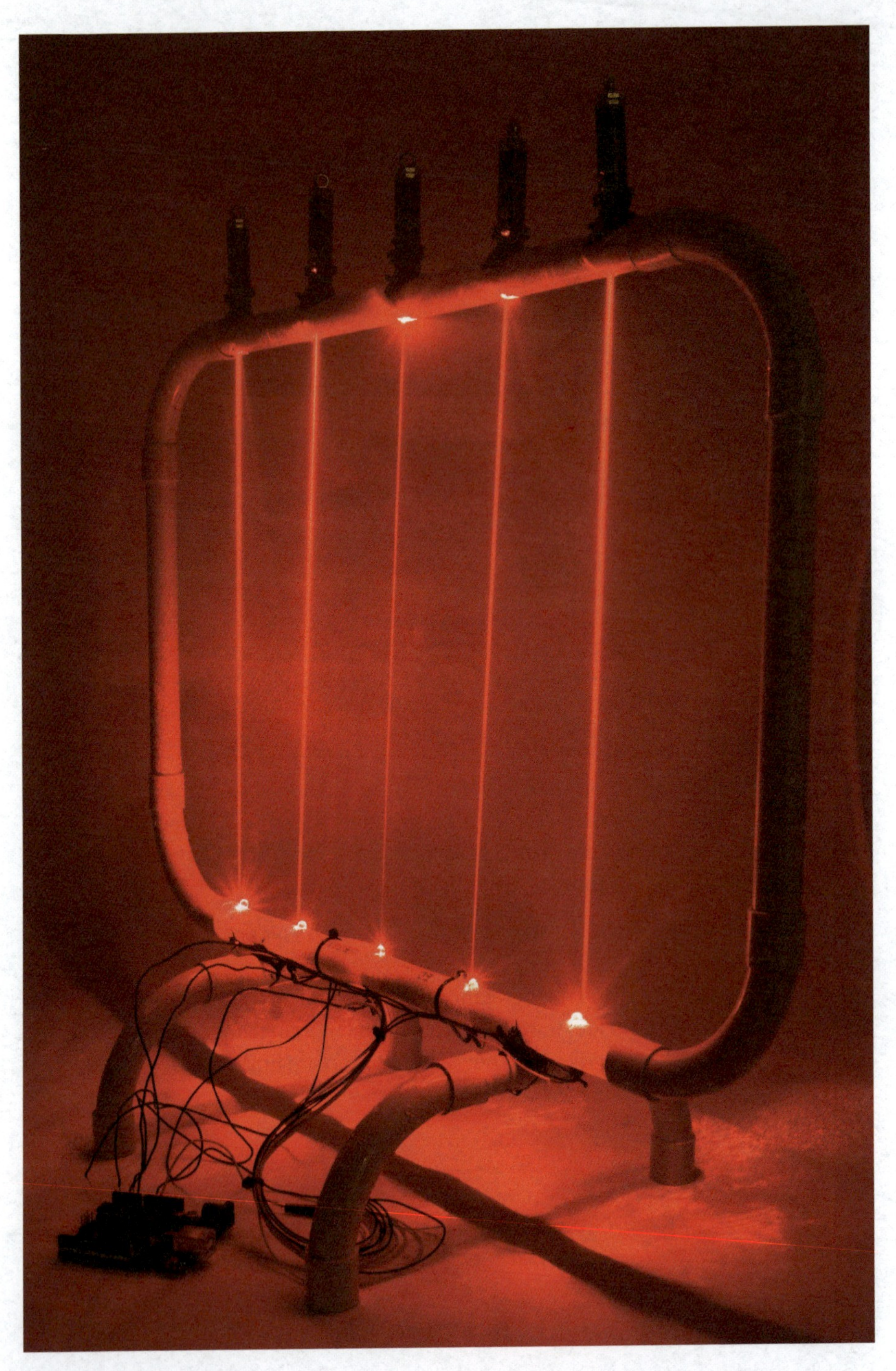

Abbildung 17-23:
Laserharfe im Nebel

Bridge« übereinstimmen. Stimmen die Werte nicht überein, werden die eingehenden Daten falsch interpretiert und führen zu einem seltsamen Zeichensalat in der Konsolenausgabe von »Hairless MIDI Serial Bridge«.

»MIDI Serial Bridge« lässt sich unter Windows nicht mehr starten

In diesem Fall sollte der Arduino aus dem USB-Port des Rechners gezogen werden und »Hairless MIDI Serial Bridge« erneut gestartet werden. Anschließend können die Einstellungen neu vorgenommen und der Arduino wieder eingesteckt werden.

OSX Zeigt keinen IAC-Treiber an

Wenn der IAC-Treiber nicht angezeigt wird, sollte man die MIDI-Setup-Einstellungen ein weiteres Mal überprüfen.

Es wird ununterbrochen ein Ton erzeugt

Wenn die Töne ununterbrochen abgespielt werden, treffen die Laserstrahlen nicht exakt auf die Phototransistoren. Ebenfalls sollte man überprüfen, ob alle Laser noch eingeschaltet sind. Leere Batterien führen auch zu diesem Fehler.

So geht es auch

In der hier beschriebenen Variante wurden nur fünf Laser und fünf Sensoren verbaut. Mit dieser Laserharfe können also auch nur fünf verschiedene Töne erzeugt werden. Da der verwendete Arduino aber über weitaus mehr digitale Eingänge verfügt, kann die Laserharfe durch Hinzunahme von mehreren Lasern und Sensoren vergrößert werden. Man muss lediglich die Software und den Rahmen entsprechend erweitern.

Zusätzlich zu den verwendeten Phototransistoren können Abstandssensoren zum Einsatz kommen. Mit solchen Sensoren kann der Abstand zur Hand gemessen werden. Mit solchen Messwerten kann der Ton beispielsweise in seiner Höhe variiert werden.

Jeder beliebige Sensor ist am Arduino geeignet, um auf die beschriebene Weise ein MIDI-Signal zu erzeugen. Der Phantasie sind keine Grenzen gesetzt, und im Internet findet sich genügend Material zu diesem Thema.

Links zu Projekten

Link zu den Arduino-Programmen zum Buch auf GitHub:
https://github.com/LichtUndSpass

Aufbauanleitung zu einer kleinen Nebelmaschine:
http://www.kinderei.de/nebelmaschine-selbst-gemacht/

Mehr Informationen zum Thema »Photodioden und Phototransistoren« findet man unter:
http://www.mikrocontroller.net/articles/Lichtsensor/Helligkeitssensor

Hairless MIDI to Serial Bridge
http://projectgus.github.io/hairless-MIDIserial/

Virtual MIDI Piano Keyboard
http://vmpk.sourceforge.net

LoopBe1 für Windows
http://www.nerds.de/en/loopbe1.html

Jack Audio Connection Kit für Linux
http://jackaudio.org

Dank an Ruth Stiefelhagen für die Erstellung der Fotos in diesem Kapitel.

Mit Licht die Zeit lesen: die Wortuhr

18

von Mario Lukas

Abbildung 18-1:
Wortuhr im Wohnzimmer

Die Wortuhr oder auch »Word Clock« genannt, ist ein sehr beliebtes Bastelprojekt. Im Internet finden sich zahlreiche Varianten der Wortuhr. Die Wortuhr, die in diesem Kapitel beschrieben wird, ist sehr kostengünstig und einfach nachzubauen.

Das Projekt besteht aus drei Teilen. Im ersten Teil wird beschrieben, wie der Rahmen und die Wortmaske der Uhr vorbereitet werden. Im zweiten Teil wird die Elektronik in den Rahmen eingebaut. Im dritten Teil des Wortuhr-Projekts wird der Uhr das Ticken beigebracht. Es wird gezeigt, wie man die Uhr mithilfe eines Arduino und eines Real-Time-Clock(RTC)-Moduls in Betrieb nimmt.

Für den Bau der Wortuhr sollte man ein ganzes Wochenende einplanen. Es bietet sich an, am ersten Tag den Rahmen und die Lötarbeiten vorzunehmen und am nächsten Tag die Programmierung.

Benötigte Bauteile und Werkzeuge

Liste der Bauteile

- 1 Bilderrahmen (tief, bspw. von IKEA) (5–10 €)
- 4 Overhead-Folien, bedruckbar (1 €)
- 1 Rolle Butterbrotpapier
- 2 m WS2812 LED-Streifen (50 €)
- 1 Arduino (25 €)
- 1 Watterott RTC RV-8523-C3 Breakout-Modul (10 €)
- 1 5 V-Netzteil, 2000 mA (8 €)
- 1 Holzplatte MDF, 217 mm x 217 mm x 5 mm (3 €)
- jeweils 1 x rote, schwarze und blaue Schaltlitze (3 €)
- 1 Hohlstecker-Buchse 2,1 mm (0,30 €)
- 1 Widerstand 220Ohm (0,05 €)

Liste der Werkzeuge

- USB-Kabel Typ B
- Akkuschrauber
- 8 mm-Bohrer
- 12 mm-Kegelsenker
- Schere
- Seitenschneider oder Zange
- Säge
- Lötkolben
- Heißklebepistole
- Lineal/Geodreieck
- Drucker
- Bleistift
- Schleifpapier

Die Vorbereitung

Auch bei diesem Projekt ist der ideale Arbeitsplatz ein großer Tisch. Man sollte ein Brett als Unterlage zum Bohren bereitlegen. Das Brett sollte mindestens so groß wie der Bilderrahmen sein. Außerdem kann man sich vorher im Baumarkt ein 6 mm starkes Stück MDF-Platte mit dem Maßen 217 mm x 217 mm zuschneiden lassen, das erspart mühseliges Zurechtsägen.

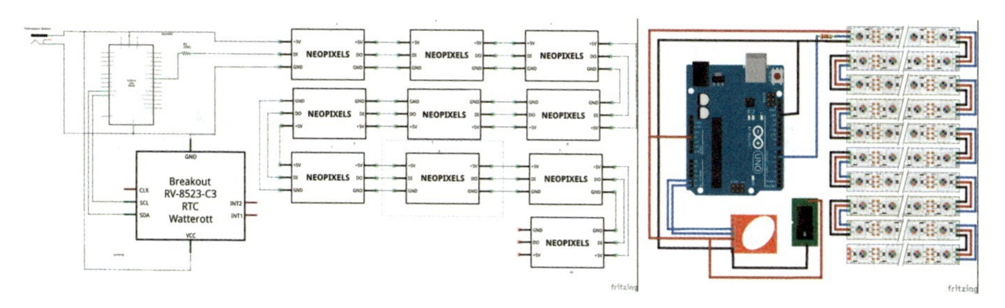

Abbildung 18-2:
Links: Verkabelungsplan; Rechts: Schaltplan

Die Umsetzung

Rahmen und Wortmaske

Zuerst nimmt man sich den 2 m langen LED-Streifen zur Hand. Von diesem Streifen schneidet man mit der Schere zehn Stücke mit jeweils 11 LEDs ab. Als Schnittkante wählt man die schwarze Linie, die zwischen je zwei LEDs zu erkennen ist.

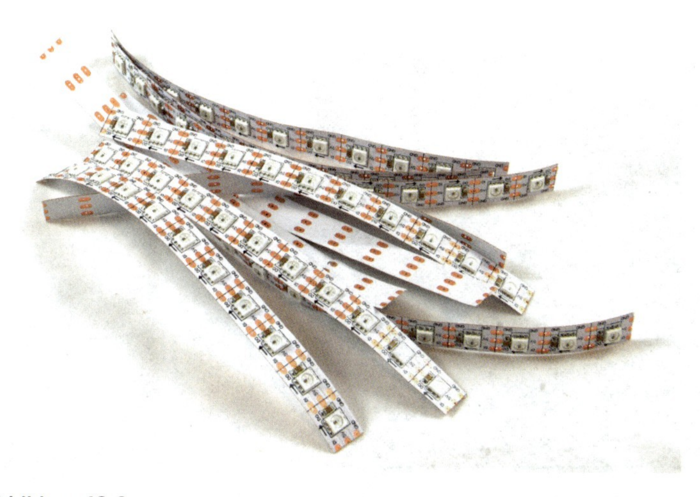

Abbildung 18-3:
LED-Streifen in Stücke schneiden

Der Bilderrahmen besteht aus zwei Holzrahmen. Einem Außenrahmen und einem Innenrahmen. Die MDF-Platte sollte genau in den Innenrahmen passen. Auf eine Seite der MDF-Platte zeichnet man mit einem Bleistift ein Raster. Die Maße des Rasters können der Skizze entnommen werden.

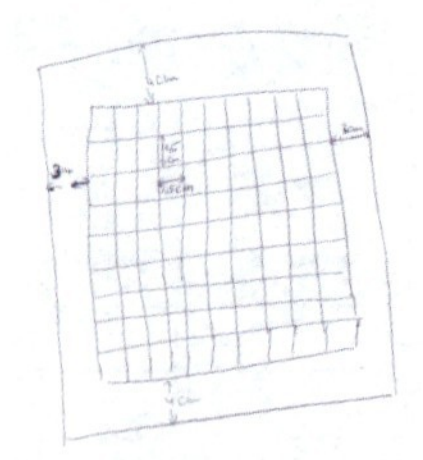

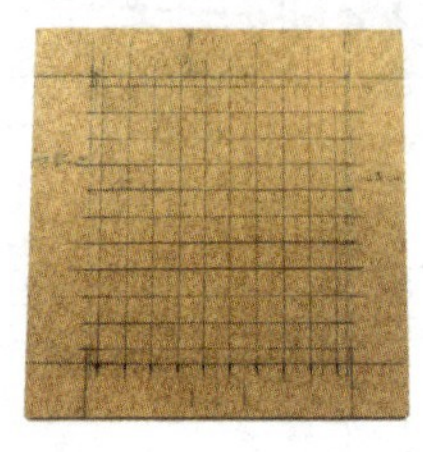

Abbildung 18-4:
Links: MDF-Platte anpassen. Mitte: Skizze der Rastermaße, Rechts: Aufgezeichnete Rastermaße

Sollte die Platte im Baumarkt zugeschnitten worden sein und nicht sofort in den Rahmen passen, kann man mit Schleifpapier die Kanten der Platte so lange nachschleifen, bis die Platte in den Rahmen passt.

Anhand dieses Rasters werden die Löcher für die LED-Streifen gebohrt. Damit sich beim Messen keine Fehler summieren, sollte jeder Abstand vom gleichen Bezugspunkt aus gemessen werden. Dort, wo sich die Linien kreuzen, befindet sich später je eine Bohrung für eine LED. Man sollte vor dem Bohren durch Anlegen eines LED-Streifens am Raster prüfen, ob das Raster genau genug aufgezeichnet wurde. Die aufgezeichneten Linien sollten etwa in der Mitte der LEDs liegen.

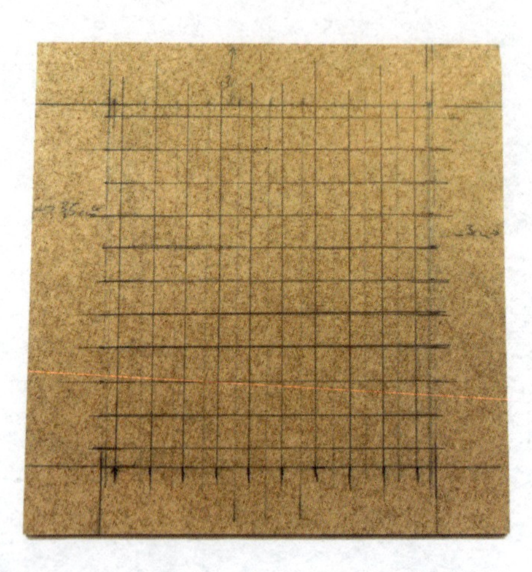

Abbildung 18-5:
Prüfen, ob die LEDs zum Raster passen

Nachdem das Raster auf die MDF-Platte gezeichnet ist, nimmt man den Akkuschrauber mit einem 10 mm-Bohrer zur Hand und bohrt an jedem Schnittpunkt auf dem Raster ein Loch. Beim Bohren sollte möglichst genau gearbeitet werden, denn auch hier kann eine Verschiebung der Bohrungen dazu führen, dass die LEDs nicht mehr in die Löcher passen. Wenn alle 110 Löcher gebohrt sind, wechselt man den 10 mm-Bohrer gegen einen Kegelsenker. Mit dem 12 mm-Kegelsenker wird jedes Loch noch einmal gesenkt. Das Senken führt zu sauberen Bohrlöchern und einer kegelförmigen Vertiefung. Die Kegelform sorgt später für eine bessere Ausleuchtung der Buchstaben.

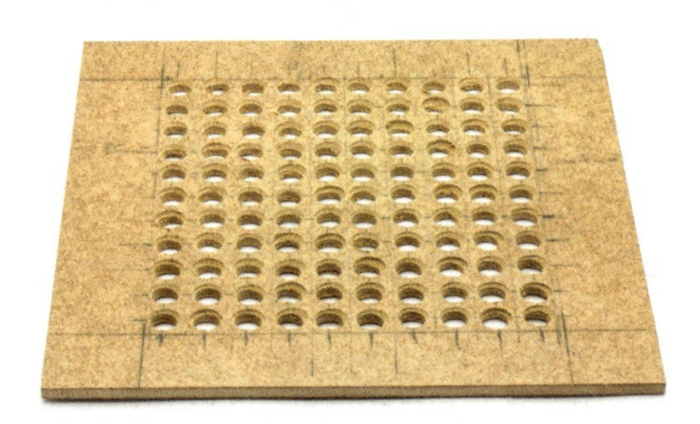

Abbildung 18-6:
MDF-Platte mit gebohrten Löchern

Zur Herstellung der Wortmaske wird die PDF-Vorlage mit einem Laserdrucker auf transparente Folien gedruckt. Da die Maske möglichst schwarz sein sollte, muss sie mehrfach ausgedruckt werden. Legt man die Drucke übereinander, sollten nur noch die Buchstaben lichtdurchlässig sein. Um das Ergebnis zu kontrollieren, hält man den so entstandenen Folienstapel am besten gegen eine eingeschaltete Lampe. Sollte die Maske nicht dicht genug sein, fügt man weitere Folien hinzu, bis das gewünschte Ergebnis erreicht ist. In der Regel sollten 5–6 Folienschichten ausreichen. Zur Ausrichtung der Folienschichten beginnt man am besten mit zwei Folien. Diese verschiebt man so lange, bis die Buchstaben genau übereinander liegen. Die so ausgerichteten Folien können mit einigen Streifen Tesafilm fixiert werden. So fügt man Folie um Folie zu einem Stapel zusammen.

Als Diffusor schneidet man in der Größe der Maske noch ein Stück Butterbrotpapier zurecht. Das Butterbrotpapier bildet später die letzte Schicht der Wortmaske. Die Herstellung der Wortmaske ist abgeschlossen. Die Teile können zunächst zur Seite gelegt werden.

Abbildung 18-7:
Wortmaske auf mehrere Folien drucken

Das Uhrwerk

Ein klassisches Uhrwerk wird natürlich nicht in der Wortuhr verbaut, vielmehr handelt es sich um einen Arduino UNO und ein RTC-Modul in Kombination mit den bereits zurechtgeschnittenen LED-Streifen.

Das RTC(Real Time Clock)-Modul ist ein Baustein, der eine eingebaute Uhr besitzt. Die Uhrzeit kann über den I2C-Bus vom RTC-Modul gelesen werden. Eine Batterie sorgt dafür, dass die Uhr im Modul auch dann weiterläuft, wenn die Wortuhr nicht an ein Netzteil angeschlossen ist.

An einem der 10 LED-Streifen werden auf beiden Seiten jeweils eine schwarze Schaltlitze für GND, eine rote Schaltlitze für 5 V sowie eine blaue Schaltlitze für DI (Digital In) und eine weitere Schaltlitze für DO (Digital Out) angelötet. Zusätzlich wird am DI des ersten LED-Streifens zur Absicherung vor Beschädigungen der LEDs noch ein Vorwiderstand von 220Ohm angelötet. Ein weiterer LED-Streifen wird zur Seite gelegt. Die restlichen 8 LED-Streifen werden nur auf der DO-Seite, also der Seite, auf die die aufgedruckten Pfeile zeigen, mit entsprechenden Schaltlitzen versehen. Dann werden die LED-Streifen wie auf dem Bild auf die MDF-Platte gelegt. Es ist wichtig, auf die Richtung der Pfeile zu achten. Die müssen in jeder Zeile in entgegengesetzte Richtung zeigen. Der LED-Streifen mit den auf beiden Seiten angelöteten Litzen liegt ganz oben. Der zur Seite gelegte LED-Streifen ohne angelötete Litzen bildet den Abschluss. Die LED-Streifen werden in dieser Position mit Heißkleber fixiert. Es sollte kein Heißkleber auf die äußeren freien Kontaktflächen tropfen, denn sie müssen noch mit den bereits angelöteten Schaltlitzen verbunden werden.

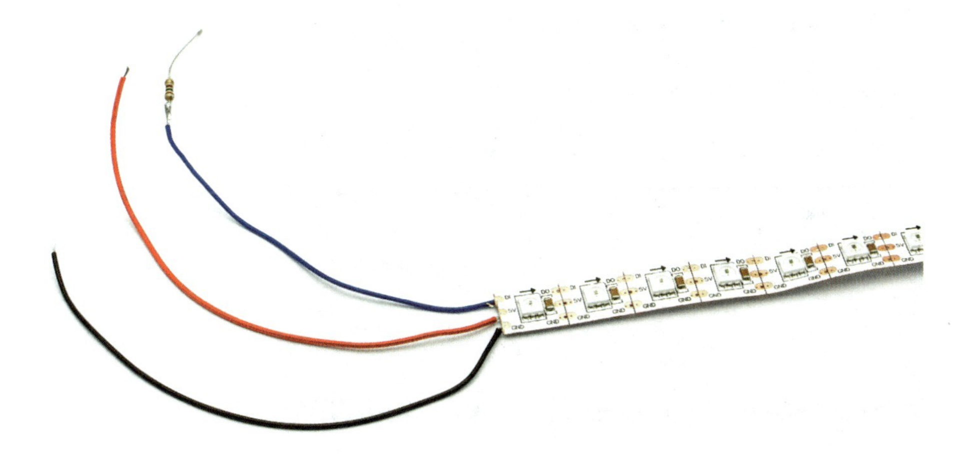

Abbildung 18-8:
Erster LED-Streifen mit Vorwiderstand

Nachdem alle Streifen fixiert sind, greift man wieder zum Lötkolben. Die rote Schaltlitze (5 V) wird nun mit dem mittleren Kontakt des darunter liegenden LED-Streifens verlötet. Man fährt mit den Kontakten für die GND-Leitung fort. Als Letztes verlötet man die blaue Schaltlitze DO (Digital Out) mit der DI(Digital IN)-Kontaktfläche des unteren LED-Streifen-Nachbarn. Da die LED-Streifen auf der Rückseite nicht beschriftet sind, kann man den Streifen an der Seite etwas anheben, um zu sehen, welche Kontaktfläche die richtige ist. Somit entsteht eine serpentinenförmige Verkabelung zwischen allen 10 LED-Streifen.

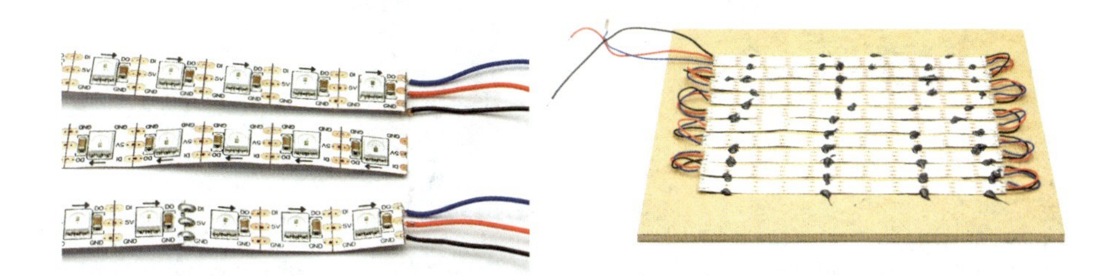

Abbildung 18-9:
Links: Richtung der LED-Streifen einhalten; Rechts: Alle LED-Streifen serpentinenförmig angebracht

Die 5 V- und GND-Leitung des ersten Streifens werden wie auf dem Bild mit der Hohlstecker-Buchse verlötet. Zusätzlich werden je eine weitere rote und schwarze Schaltlitze an der Hohlstecker-Buchse angelötet. Sie dienen später als Spannungsversorgung für den Arduino. Die blaue Schaltlitze, an der sich der 200-Ohm-Widerstand befindet, wird nun mit dem Widerstandsbeinchen an Pin A3 des Arduino gesteckt. Die vorher angelötete rote (5 V) und schwarze (GND) Schaltlitze werden jeweils an den 5 V- und GND-Pin des Arduino gesteckt.

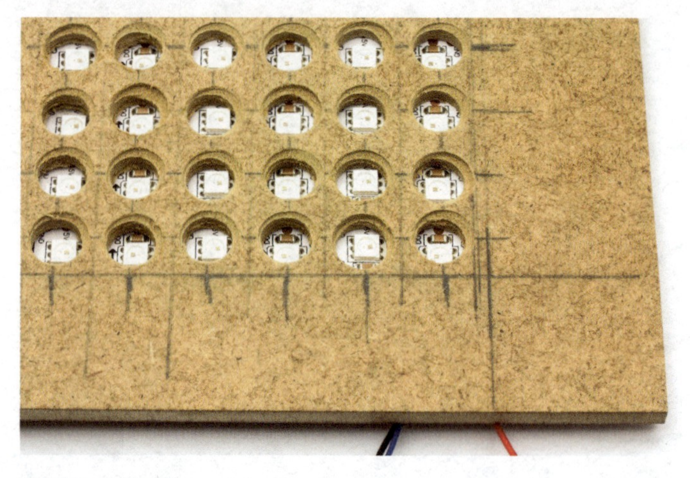

Abbildung 18-10:
MDF-Platte, Vorderseite mit LEDs

Es gibt auch Hohlstecker-Buchsen zum Verschrauben. Sie sind ein wenig teurer, ersparen aber das Einkleben und führen zu einem saubereren Endergebnis.

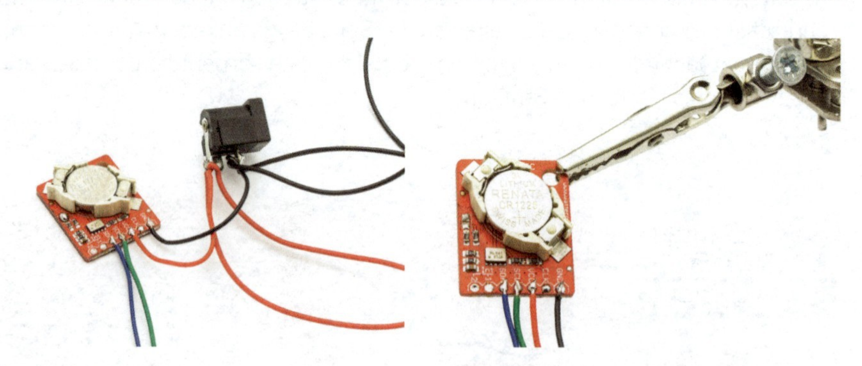

Abbildung 18-11:
Links: Schaltlitzen angelötet an der Hohlstecker-Buchse und RTC-Modul; Rechts: Verkabelung Übersicht am RTC-Modul

Am RTC-Modul werden wiederum eine rote Schaltlitze an VCC (5 V) und eine schwarze an GND gelötet, außerdem zwei weitere farbige Schaltlitzen an die Pins, die mit SDA und SCL beschriftet sind. Die beiden Litzen mit 5 V und GND können ebenfalls an der Hohlstecker-Buchse an den entsprechenden Litzen mit gleicher Farbe angelötet werden. SCL wird mit dem PIN A5 und SDA mit dem PIN A4 am Arduino verbunden.

Das verwendete RTC-Modul kommuniziert über den I2C-Bus. Der I2C-Bus ist bereits aus vorherigen Kapiteln bekannt. Wie auch in den anderen Kapiteln werden sogenannte Pull-up-Widerstände benötigt. Die Pull-up-Widerstände befinden sich bereits auf dem RTC-Modul und müssen noch aktiviert werden. Hierzu werden zwei Kontakte auf der RTC-Modul-Platine mit etwas Lötzinn überbrückt. Die folgende Abbildung zeigt die Position der zu überbrückenden Kontakte. Damit ist das RTC-Modul für den Einsatz vorbereitet.

Abbildung 18-12:
Links: RTC-Modul zu überbrückende Kontakte, Rechts: Lötbrücke am RTC-Modul

Es ist nun an der Zeit, die LED-Streifen auf Funktionalität zu testen. Im letzten Abschnitt des Kapitels findet sich ein Link zu einem Testprogramm. Wenn das Testprogramm auf den Arduino geladen wurde, schaltet es alle LEDs nacheinander ein. Wenn alle LEDs leuchten, ist die Verkabelung der LEDs korrekt. In diesem Fall kann mit den folgenden Abschnitten fortgefahren werden. Sollten einige LEDs nicht leuchten, findet man im Abschnitt »Fehlerbehebung« nützliche Tipps zum Lösen des Problems.

Abbildung 18-13:
Verkabelung Übersicht am Arduino

Das mit dem Bilderrahmen gelieferte Passepartout muss noch mit einem Teppichmesser auf die Größe der Wortmaske geschnitten werden. Hierzu überträgt man die

Maße der Wortmaske mit einem Bleistift mittig auf das Passepartout. Mithilfe des Teppichmessers wird das Passepartout auf die passende Größe zurecht geschnitten.

Alle Teile der Uhr können anschließend zusammengebaut werden. Als Erstes legt man den inneren Rahmen auf den Tisch. Dort wird die MDF-Platte, mit den LEDs nach oben zeigend, eingelegt. Hier sollte man etwas unterlegen, so dass die MDF-Platte und der innere Rahmen ungefähr auf einer Höhe abschließen. Danach klebt man mit Tesafilm das zurechtgeschnittene Butterbrotpapier mittig auf die MDF-Platte.

Abbildung 18-14:
Links: Butterbrotpapier als Diffusor auf der Lochplatte; Mitte: Folien-Wortmaske als nächste Schicht; Rechts: Passepartout als vorletzte Schicht

Die gestapelte Folien-Wortmaske bildet die nächste Schicht. Am einfachsten lässt sich die Wortmaske positionieren, wenn das Testprogramm noch aktiv ist. Die Wortmaske wird so lange hin und her geschoben bis alle Buchstaben gut lesbar ausgeleuchtet sind. Dann wird auch die Wortmaske mit Tesafilm an der MDF-Platte verklebt. Das Passepartout folgt als letzte Schicht vor der Glasscheibe. Wenn alle Schichten so positioniert sind, kann der äußere Rahmen über den so entstandenen Stapel geschoben werden.

Die ganze Konstruktion kann nun vorsichtig umgedreht werden. Auf der Rückseite werden im Inneren des Rahmens Arduino und RTC-Modul mit Klebeband gegen Verrutschen gesichert. Dazwischen sollte allerdings noch ein Blatt Papier oder ein Stück Pappe gelegt werden, um sicherzustellen, dass kein Kurzschluss durch die blanken LED-Streifen-Kontakte entsteht. In die Rückplatte des Bilderrahmens wird ein 8 mm großes Loch gebohrt. Dort verklebt man die Hohlstecker-Buchse. So kann das Netzteil für die Uhr bequem von außen eingesteckt werden. Die Hohlstecker-Buchse kann alternativ auch an der Seite angebracht werden für den Fall, dass die Uhr an der Wand hängen soll.

Abbildung 18-15:
Links: Hohlstecker-Buchse verkleben mit der Abdeckplatte; Rechts: Hohlstecker-Buchse außen mit Netzteil

Die Programmierung

Das Wichtigste an einer Uhr ist logischerweise die Anzeige der Uhrzeit. Sie muss beim Wortuhr-Projekt glücklicherweise nicht selbst vom Arduino erzeugt werden. Diese Arbeit erledigt das RTC-Modul. Für das Modul wird eine Arduino-Bibliothek benötigt. Sie wird, wie in den vorherigen Kapiteln beschrieben, im Library-Ordner installiert. Einen Link zur Bibliothek findet man am Ende des Kapitels in der Rubrik »Links zu Projekten«.

Einstellen der aktuellen Uhrzeit

Zum Einstellen der Uhr wird ein spezielles Arduino-Programm verwendet. Lediglich die Zeile mit dem Aufruf `rtc.set(...)` ist interessant. Mit den übergebenen Parametern wird die Uhrzeit festgelegt. Die Reihenfolge der Parameter ist dabei von links nach rechts wie folgt gewählt: Sekunden, Minuten, Stunden, Tag, Monat, Jahr.

Die beiden Zeilen vorher stellen das RTC-Modul von 24 Stunden auf 12 Stunden und auf »Battery Switch Over«-Modus ein. Dieser Modus sorgt dafür, dass die Zeit im RTC-Modul erhalten bleibt, wenn kein Netzteil an die Uhr angeschlossen ist. Die Uhrzeit muss also nicht jedes Mal nach Entfernen der Spannungsversorgung neu eingestellt werden.

Der »Battery Switch Over«-Modus funktioniert nur dann, wenn die mitgelieferte Knopfzelle im Batteriehalter des RTC-Moduls eingelegt ist.

```
#include <Wire.h>
#include <RV8523.h>

RV8523 rtc;

void setup()
{
  Serial.begin(115200);
```

```
  while(!Serial); //wait for serial port to connect -
                                                    needed for Leonardo only

  //init RTC
  Serial.println("Init RTC...");

  rtc.set12HourMode();
  rtc.batterySwitchOverOn();

  rtc.set(55, 59, 11, 7, 3, 2015);

  //start RTC
  rtc.start();
}

void loop(){

}
```

Wenn das Programm auf den Arduino geladen wurde, ist die Uhrzeit eingestellt. Das Ergebnis kann durch Öffnen des Serial Monitors geprüft werden. Dort erscheint in jeder Sekunde die aktuelle Uhrzeit in einer neuen Zeile.

Anzeigen der Uhrzeit

Die Uhr ist zwar auf die korrekte Zeit eingestellt, aber ohne ein weiteres Programm wird noch keine Uhrzeit angezeigt. Das Programm zum Anzeigen der Uhrzeit in Worten wird im folgenden Abschnitt erläutert. Viele Zeilen wiederholen sich, deshalb wird auch nur auf die interessanten Teile des Programms im Detail eingegangen. Am Ende des Abschnitts ist der komplette Programm-Code noch einmal abgedruckt.

Die RTC-Bibliothek wird am Anfang des Programms mittels `#include <RV8523.h>` eingebunden. In der `setup()`-Routine wird das RTC-Modul dann gestartet.

```
#include <RV8523.h>
RV8523 rtc;

void setup(){
  rtc.start();
}
```

Mit der folgenden Zeile wird bei jedem Durchlauf der `loop()`-Hauptschleife die Uhrzeit vom RTC-Modul gelesen und in den Variablen sekunde, minute, stunde, tag, monat, jahr abgelegt.

```
rtc.get(&sekunde, &minute, &stunde, &tag, &monat, &jahr);
```

Mit den folgenden Zeilen wird der LED-Streifen eingerichtet. Die LEDs sind am PIN A3 des Arduinos angeschlossen. Insgesamt sollen 110 LEDs ansteuerbar sein. In der letzten Zeile wird die Farbe angegeben, in der die Wörter der Uhr später leuchten sollen, im hier verwendeten Beispiel durch den RGB-Wert 0, 100, 0 ein knalliges Grün.

```
#define RGBLEDPIN   A3
#define N_LEDS      110
Adafruit_NeoPixel ledstreifen = Adafruit_NeoPixel(N_LEDS, RGBLEDPIN,
                                                  NEO_GRB + NEO_KHZ800);
uint32_t farbe = ledstreifen.Color(0, 100, 0)
```

In den folgenden Code-Beschreibungen wird davon ausgegangen, dass die entsprechenden Bibliotheken für den Umgang mit LED-Streifen bereits installiert sind. Sollte dies jedoch nicht der Fall sein, empfiehlt es sich, das Kapitel 7 im Buch zu lesen.

Um die Wörter auf der Uhr auszugeben, müssen die entsprechenden LEDs der Wortmaske eingeschaltet werden. Damit nicht jedes Mal eine Schleife über alle LEDs läuft, werden die LED-Positionen für jedes Wort am Anfang des Programms in je einem Feld abgelegt. Der folgende Code-Abschnitt zeigt dies am Beispielwort »ES«.

```
int ES[] = {10,9,-1};
```

Die Zahlen 9 und 10 sagen also aus, dass sich die Buchstaben für das Wort »ES« an der neunten und zehnten Position im LED-Streifen befinden. Die Zahl -1 wird verwendet, um das Wortende zu markieren. Das Wort kann anschließend mit dem Aufruf der folgenden Funktion angezeigt werden:

```
void schreibeWort(int arrWort[], uint32_t intColor){
 for(int i = 0; i < led.numPixels() + 1; i++){
    if(arrWort[i] == -1){
      ledstreifen.show();
      break;
    }else{
      ledstreifen.setPixelColor(arrWort[i],intColor);
    }
  }

}
```

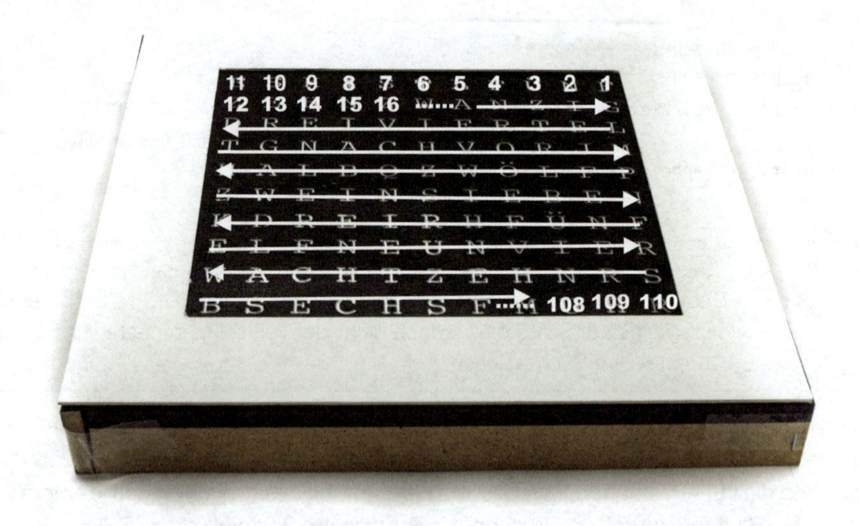

Abbildung 18-16:
Bild mit eingezeichneten Positionen

Die Funktion erhält als Parameter ein Wort und eine Farbe, in der das Wort angezeigt werden soll. Eine Schleife läuft über alle Pixel (LEDs) im Streifen. Falls eine Position im Streifen mit einer Position im Wort Feld übereinstimmt, wird die jeweilige LED im Streifen gesetzt. Taucht der Wert -1 im Wort auf, wird der LED-Streifen eingeschaltet und die Hilfsfunktion beendet.

Der Aufruf dieser Funktion kann beispielsweise wie folgt aussehen:

```
// Schreibe das Wort "ES" in Farbe Grün
schreibeWort(ES, farbe);
```

Es folgt eine Liste von Entscheidungsanweisungen, um die von der RTC gelesene Uhrzeit auszuwerten. Im folgenden Beispiel wird etwa geprüft, ob die Uhrzeit 10 Minuten vor oder nach der vollen Stunde beträgt. Trifft dies zu, wird das Wort »ZEHN« geschrieben. Mit dem Aufruf der Funktion `schreibe_vor_oder_nach()` wird je nach aktueller Uhrzeit das Wort »VOR« oder »NACH« ausgegeben.

```
// Zehn vor oder nach
  if(((minute <= 10) && (minute > 5) ) || (( minute >= 50) &&
                                                  (minute < 55))) {
      schreibeWort(ZEHN_NV,farbe);
      schreibe_vor_oder_nach();
  }
```

Das komplette Programm sieht am Ende wie folgt aus:

```
#include <Adafruit_NeoPixel.h>
#include <Wire.h>
#include <RV8523.h>

RV8523 rtc;

#define RGBLEDPIN    6
#define N_LEDS 110

Adafruit_NeoPixel ledstreifen = Adafruit_NeoPixel(N_LEDS, RGBLEDPIN,
                                                  NEO_GRB + NEO_KHZ800);

uint32_t farbe = ledstreifen.Color(0, 100, 0);

// Definition der Wörter
// Jede Zahl steht für die Position im Led led.
// -1 schließt das Wort ab.

int ES[] = {10,9,-1};
int IST[] = {7,6,5,-1};

int NACH[] = {35,36,37,38,-1};
int VOR[] = {39,40,41,-1};
int HALB[] = {51,52,53,54,-1};
int UHR[] = {107,108,109,-1};

int FUENF_NV[] ={0,1,2,3,-1};
int ZEHN_NV[] = {11,12,13,14,-1};
int ZWANZIG_NV[] = {15,16,17,18,19,20,21,-1};
int VIERTEL_NV[] = {22,23,24,25,26,27,28,-1};


int EINS[] = {57,58,59,60,-1};
int ZWEI[] = {55,56,57,58,-1};
int DREI[] = {72,73,74,75,-1};
int VIER[] = {84,85,86,87,-1};
int FUENF[] = {66,67,68,69,-1};
int SECHS[] = {100,101,102,103,104,-1};
int SIEBEN[] = {60,61,62,63,64,65,-1};

int ACHT[] = {94,95,96,97,-1};
int NEUN[] = {80,81,82,83,-1};
int ZEHN[] = {90,91,92,93,-1};
int ELF[] = {77,78,79,-1};
int ZWOELF[] = {45,46,47,48,49,-1};

uint8_t sekunde, minute, stunde, tag, monat;
```

```
uint16_t jahr;

// Setzen einiger Initalwerte.
void setup(){
   Serial.begin(9600);
  led.begin();
  led.setBrightness(30);  // Lower brightness and save eyeballs!
  led.show(); // Initialize all pixels to "off"
  rtc.start();
  rtc.setBatterySwitchOver(true);
  rtc.get(&sekunde, &minute, &stunde, &tag, &monat, &jahr);
}

void loop(){
  rtc.get(&sekunde, &minute, &stunde, &tag, &monat, &jahr);

  // "ES IST" wird immer geschrieben...
  schreibeWort(ES,farbe);
  schreibeWort(IST,farbe);

  // Uhrzeit vor der nächsten vollen Stunde
  // Bspw. 3:40 wird zu 20 vor 4
  // 5:30 wird zu halb sechs
  if (minute >= 25)  stunde++;

  // Fünf vor oder nach
  if(((minute <= 5) && (minute > 0)) || ((minute >= 55)  &&
                                                    (minute <= 59))) {
     schreibeWort(FUENF_NV,farbe);
     schreibe_vor_oder_nach();
  }

  // Zehn vor oder nach
  if(((minute <= 10) &&  (minute > 5) ) ||(( minute >= 50) &&
                                                     (minute < 55))) {
     schreibeWort(ZEHN_NV,farbe);
     schreibe_vor_oder_nach();
  }

  // Fünfzehn vor oder nach
  if(((minute <= 15) && (minute > 10)) || ((minute >= 45) &&
                                                    (minute < 50 ))) {
     schreibeWort(VIERTEL_NV,farbe);
     schreibe_vor_oder_nach();
  }

  // Zwanzig vor oder nach
  if(((minute <= 20) && (minute > 15)) || ((minute >= 35) &&
                                                    (minute < 45)) ) {
```

```
    schreibeWort(ZWANZIG_NV,farbe);
    schreibe_vor_oder_nach();
}

// Sonderfall
// Fünf vor oder nach halb
if(((minute < 30) && (minute > 20)) || ((minute > 30 ) &&
                                                        (minute < 35)) ) {

    schreibeWort(FUENF_NV,farbe);
    schreibeWort(HALB,farbe);
    // Spezialfall
    if (minute <= 29)
     schreibeWort(VOR,farbe);
    else
     schreibeWort(NACH,farbe);
}

// Sonderfall halbe Stunde
if (minute == 30){
   schreibeWort(HALB,farbe);
}

// Die Stunde auswerten und schreiben
switch(stunde){
   case 1:
    schreibeWort(EINS, farbe);
   break;
   case 2:
    schreibeWort(ZWEI, farbe);
   break;
   case 3:
    schreibeWort(DREI, farbe);
   break;
   case 4:
    schreibeWort(VIER, farbe);
   break;
   case 5:
    schreibeWort(FUENF, farbe);
   break;
   case 6:
    schreibeWort(SECHS, farbe);
   break;
   case 7:
    schreibeWort(SIEBEN, farbe);
   break;
   case 8:
    schreibeWort(ACHT, farbe);
   break;
```

```
      case 9:
       schreibeWort(NEUN, farbe);
      break;
      case 10:
       schreibeWort(ZEHN, farbe);
      break;
      case 11:
       schreibeWort(ELF, farbe);
      break;
      case 12:
       schreibeWort(ZWOELF, farbe);
      break;

    }

    // Schreibe das Wort "UHR" zu jeder vollen Stunde.
    if (minute == 0){
      schreibeWort(UHR,farbe);
    }

    // 30 Sekunden warten, bis der Vorgang wiederholt wird.
    delay(30000);

    // Alle Wörter wieder löschen.
    ledstreifen.clear();
}

// Hilfsfunktion ist es vor oder nach?
void schreibe_vor_oder_nach(){
  if (minute <= 29)
    schreibeWort(NACH,farbe);
  else
    schreibeWort(VOR,farbe);
}

// Hilfsfunktion zum Schreiben der Wörter
void schreibeWort(int arrWort[], uint32_t intColor){
  for(int i = 0; i < led.numPixels() + 1; i++){
    if(arrWort[i] == -1){
      ledstreifen.show();
      break;
    }else{
      ledstreifen.setPixelColor(arrWort[i],intColor);
    }
  }
}
```

Fehlerbehebung

Einige LEDs in der Mitte des Streifens leuchten nicht

Unter den Download-Links am Ende des Kapitels findet man einen Arduino-Sketch, der alle LEDs der Reihe nach einschaltet. Damit kann überprüft werden, ob eine oder mehrere LEDs kaputt sind. In diesem Fall müssen einzelne LEDs ggf. ausgetauscht werden. Da die LED-Streifen an jeder Stelle aufgeschnitten werden können, ist der Austausch kein Problem. Lediglich das Zusammenlöten einzelner LED-Streifen-Teile kann sich etwas mühsam gestalten. Mit ein wenig Übung sollte dies jedoch auch gelingen.

Ein ganzer Abschnitt der Uhr leuchtet nicht

In diesem Fall handelt es sich meist um eine fehlende oder falsche Verbindung. Es ist dann zu prüfen, ob alle DI-Eingänge auch tatsächlich mit DO-Ausgängen verlötet sind. Ebenfalls sollte man prüfen, ob alle GND- bzw. 5 V-Leitungen miteinander verbunden sind.

Meine Uhr verstellt sich beim Einschalten

Dieser Fehler hängt mit dem RTC-Modul zusammen. Möglicherweise ist die Batterie leer oder eine der Leitungen SDA bzw. SCL nicht richtig mit dem Arduino verbunden. Zum Stellen der Uhr findet man ebenfalls ein Sketch bei den Download-Links am Ende des Kapitels.

So geht es auch

Die Uhr aus diesem Projekt bildet nur die Basis. Man kann zum Beispiel das Ändern der Uhrzeit über zwei angebrachte Taster regeln statt über den Computer.

Es gibt zahlreiche Ideen zu Wortuhr-Varianten im Internet. Eine der beliebtesten Variationen ist die Verwendung eines Dialektes.

Da die Uhr keine Minuten zwischen den Fünferschritten anzeigt, wäre eine Anzeige der Minuten eins bis vier eine praktische Erweiterung; auch dazu gibt es bereits verschiedene Ansätze.

Es lohnt sich also, im Internet zum Thema »Word Clock« zu recherchieren.

Kreative Programmierer können auch Animationen auf die Uhr zaubern. Alternativ zur Wortmaske kann auch nur ein Diffusor verwendet werden, um Spiele wie Tetris, Pong oder Snake zu realisieren.

Da im Inneren der Uhr noch genügend Platz vorhanden ist, kann als alternative Spannungsversorgung auch eine USB-Powerbank verbaut werden.

Links zu Projekten

Link zu den Arduino-Programmen und Schablonen zum Buch auf GitHub:
https://github.com/LichtUndSpass

Link zu einer Ideensammlung für die Wortuhr:
http://www.mikrocontroller.net/articles/Word_Clock

Dokumentation zum RTC-Modul:
https://github.com/watterott/RTC-Breakout

RV8523 Arduino_Bibliothek für RTC-Modul:
https://github.com/watterott/Arduino-Libs

Index

1-mm-Bohrer, 40
74HC595, 145
74LS247, 147
Ω (Ohm-Zeichen), 44

A

Abstandssensoren, 117
Adafruit, 89
Ätzbad, 48
Ätz-Set, 41
Akkumulator, 128
An/Aus-Schalter, 26
ANSI Standard Y32, 73
Arduino, 78
  Beispielprogramme, 81
  Entwicklungsumgebung, 81
  Real-Time-Clock-Modul, 302
  Sketch, 81
  Uno, 78
ATmega328, 78
Auftrennwerkzeug, 190

B

Banzi, Massimo, 78
Batterie, 1, 4
  Anode, 4
  Kathode, 4
Batteriehalterung, 3
Battery Switch Over-Modus, 311
Beize, 169
Beschleunigungssensor, 195, 196
Bipolartransistoren, 115
BPW40, 116
Breadboard, 61
  Stromversorgung, 59
  Universal-Spannungsversorgung, 71
Buchsenleisten, 198
Butterbrotpapier, 305

C

Color-Twister, 29
Crimp-Kontakte, 193
Crimpzange, 137, 141
Cuartielles, David, 78

D

Datenblatt, 63
Diffusor, 305
Diodentester, 55
Drache, 8
Drahtbrücken, 48, 200
Drehpotentiometer, 65
Dritte Hand, 51
Dunkelheitssensor, 261

E

Einmalhandschuhe, 48
elektrischer Schalter, 22
Elektro-Installationsrohr, 280
Emitter, 115
Energiesparlampen, 31

F

Farbtemperatur, 31
Farbübergänge, 31
Farbwirbel, 29
Fräswerkzeug, 254
FreqMeasure, 265
Frequenz, 30
Fritzing, 73
Funkelscheibe, 171
Funktechnologie, 272

G

Geschenkanhänger, 39
GitHub, 90
Glasfaser, 164
Glasfasern
  schmelzen, 178
Glasfaserqualle, 173
Glasfaserspitzen, 178
Glühwürmchen-Glas, 19
GND, 67
Ground, 67

H

Heißklebepistole, 24
Heißkleber, 106
Helligkeitssensor, 270
Hexentreppe, 2
Hexentreppentier, 1
Hobby-Astronomen, 271
Hohlstecker, 59
Hohlstecker-Buchsen, 308
Holzbohrer, 188
Hosenträger, 77

I

IC-Sockel, 197
IDE (Integrated Development Enviroment), 79
IEC 60617, 73
Infrarotbereich, 230
Infrarot-LED, 113
Infrarot-Thermometer, 229
Integrated Circuit, 63
Integrierter Schaltkreis (IC), 63
I^2C-Schnittstelle, 241
IR-Sensor, 230

J

Jumper Wires, 61

K

Kabel
  Farbwahl, 67
  löten, 15
Kaltweiß, 31
Kapazitive Tasten, 215
Kegelsenker, 305
Kerze, 40
Klettband, 102
Knopfzelle, 4
Knopfzellenhalter, 21
Konservenglas, 20, 27
Korken, 12
Korkenmaus, 11
Kurztaster, 40

L

Laffe, 17
Laser, 157
Laserharfe, 279
Laserlicht, 156
Laserpointer, 156, 281
Laser-Pong, 135
  Quellcode, 153
Launometer, 57
LED, 6
  Minuspol, 6
  Pluspol, 6
  Polung, 6
LED-Bibliothek, 89
LED-Streifen, 89, 222, 306

LED-Würfel, 186
Leiterbahnen
  Unterbrechung, 54
Leiterplatte, 39
  Ätzen, 48
Leitungen
  Überschneidungen, 74
Leselampen, 226
Leuchtdiode, 6
Leuchtqualle, 175
Licht, 30
Lichtschranke, 109
Lichtwecker, 213
LM3915, 62
Lochsäge, 33
Löten, 14, 34
Lötkolben, 14
Lötzinn, 14
Logic-Level-Mosfet, 125

M

Marienkäfer, 8
Masse, 67
MDF-Platte, 303
MIDI, 289
  Hardware, 289
  Protokoll, 290
Mikrocontroller, 78
Milchstraße, 163
MLX90614, 230
mobiles Thermometer, 237
Mosfet-Transistor, 125
Multimeter, 35
Multiplexing, 210

N

Nachthimmel, 271
Natriumpersulfat, 48
Nebelmaschine, 296
NeoPixel Library, 89
nootropic, 144
NPN-Transistor, 124
Nut, 42

O

Objekttemperatur, 259
Ohm, 44
OLED, 239

P

Passepartout, 309
Pegelwandler, 212
Pfostenbuchse, 193
Photodiode, 110
Phototransistor, 114
  Schaltzeichen, 115
PNP-Transistor, 124
Poti, 65
Programmiersprache, 79
PVC-Schlauchstücke, 176
Pyrometer, 260

Q

QTR-L-1RC, 118

R

Rainbow-LED, 31
Reaktionsspiel, 135
Real-Time-Clock(RTC)-Moduls, 302
RGB-LED, 89
Rotationsmotor, 151
Roving Network, 273
RTC-Modul, 306
Rüttelschalter, 34

S

Säurebad, 41
Sample and Hold-Kondensator, 215
Schalter, 22
Schaltplan, 72
Schaumstoff, 209
Schematic, 72
Schleifpapier, 34
Schlitzschraubenzieher, 18
Schnur, 36
Schraubstock, 51
Schraubzwinge, 33
Schutzbrille, 42
Seitenschneider, 53

Sensor, 111
Serial Peripheral Interface, 196
Servo, 151
Silberdraht, 191
Silikon, 180
Silikonschlauch, 102
Sketch, 81
Sky Quality Meter, 272
SMBus, 232
SMD (Surface-Mounted Device), 46
Solarzelle, 110, 127
Sollbruchkante, 42
Spannungsteiler, 65
SPI, 196
Spiritus, 42
SPI-Schnittstelle, 240
Spitzzange, 142
Steckbrett, 61, *siehe* Breadboard
StepUp-Schaltung, 59
Sternenhimmel-Set, 165
Stichsäge, 42
Stiftleisten, 203
Strandtest, 93
Stromkreis, 22

T

Tasten, 215
Taster, 55, 66
Teppichmesser, 309
Tiger, 9
Transistor, 124
  bipolarer, 124
TWI, 232
Two-Wire-Interface (TWI), 232

U

UDN 2981, 204
Überschneidungen, 74
Uhrwerk, 306
ULN 2803, 204

V

VCC, 67
Versorgungsspannung, 44
Virtual MIDI Piano Keyboard, 293
Vorwärtsspannung, 44
Vorwiderstand, 32, 44
VPKM, 296

W

Wärmestrahlung, 230
Wannenstecker, 192
Warmweiß, 31
Weckzeit, 226
Wellen, 30
Wellenlängenbereich, 30
Widerstand, 45
  Farbschema, 45
Widerstandsuhren, 45
Widerstandswert, 44
WiFi-Modul, 272
Wireless-SD-Shield, 272
Wortuhr, 301
  Varianten, 319

X

XBee-Modul, 272

Z

Zentrifugalkraft, 35

Über die Autoren

René Bohne ist Diplom-Informatiker und Forschungsassistent an der RWTH Aachen. Er ist der Lab Manager vom FabLab Aachen und beschäftigt sich mit Benutzerschnittstellen für 3D-Drucker und anderen digitalen Fabrikationsgeräten. Neben der reinen Fabrikation liegt ihm viel am offenen Austausch von Daten und Wissen in diesem Bereich. Er betreute u.a. die Projekte VisiCut (Software für Lasercutter) und FabScan (ein low-cost DIY 3D-Scanner). Er ist Autor des Buchs "Making Things Wearable", das einen einfachen Einstieg in die Welt der DIY Wearables gibt. Sein neustes Open-Source Projekt heißt WEAR-LEDS.COM und es soll dabei helfen, LEDs in Kleidung zu integrieren.

Christoph Emonds kam erst spät mit der Maker-Bewegung in Berührung. Er ist passionierter Software-Entwickler und hatte daher wenig Kontakt mit Hardware. Erst durch die einfache Benutzbarkeit der Arduino-Plattform gelangen die ersten Gehversuche mit elektronischen Schaltungen. Seine Projekte müssen immer leuchten und blinken und vor allem spielerisch erfahrbar sein. Dazu zählen ein LED-Tisch mit alten Arcade-Spielen wie Pong und Tetris oder auch "Hau den Lukas", der mit einem Smartphone funktioniert. Er ist regelmäßiger Teilnehmer des Aachener dorkbots und auch auf Maker Faires anzutreffen.

Mario Lukas gehört zu den bekanntesten deutschen Makern und ist fast immer auf zahlreichen Ausstellungen und Maker Faires vertreten. Hauptsächlich beschäftigt er sich mit den Themen 3D-Druck und 3D-Scannen. Mehrfach konnte er bei nationalen und internationalen Wettbewerben mit seinen Kreationen gute Platzierungen belegen. So gewann er zweimal den "Make Light"-Wettbewerb des Bundesministeriums für Bildung und Forschung, errang den 2. Platz bei "Mach Flott den Schrott" beim renommierten Heise-Verlag und kam im ersten internationalen Hackaday-Prize mit seinem selbst entwickelten Stereolithografie-Drucker "OpenExposer" in das Halbfinale. International große Bekanntheit erreichten sein Toilettenpapierdrucker und ein 3D-Drucker aus alten Computerteilen. Er betreibt ein eigenes Blog unter www.mariolukas.de und teilt regelmäßig interessante Beiträge zum Thema "Maker" unter seinem Twitter-Handle @l_ke sowie auf seiner Facebookseite.

Roksaneh Martina Krooß wurde 1985 in Aachen geboren. Sie studierte Geschichte und Französisch auf Lehramt (Sek II) an der RWTH. Neben ihrem Studium war sie von 2009-2014 am Lehrstuhl für Medieninformatik (Media Computing Group) und am FabLab Aachen sowie teilweise zeitgleich (2011-2012) am Institut für Erziehungswissenschaften der RWTH als studentische Hilfskraft tätig. Ihre Schwerpunkte liegen vor allem im Bereich der Medienpädagogik/Medienbildung und Theorie des Konstruktionismus nach Seymour Papert.

Lina Wassong schließt derzeit ihr Bachelorstudium in Bekleidungstechnik und Management ab. Hierbei setzt sie sich vorrangig mit der Frage auseinander, wie elektronische Elemente sicher und anwenderfreundlich in Bekleidung integriert werden können.

Alex Wenger wollte schon als Kind wissen, wie die Welt in ihrem Inneren funktioniert und kein elektrisches Gerät war vor ihm sicher. Nach dem Physik- und Dipl. Ing. Informationstechnikstudium entwickelt er hauptberuflich Software und Elektronik für Display-Anwendungen. Zu seinen weiteren Beschäftigungen gehört die Arbeit als Medienkünstler und Dozent.